普通高等教育"十二五"规划教材

Applied Multivariate Statistical Analysis

应用多元统计分析

（第 2 版）

韩 明 编著

U0324157

同济大学 出版社
TONGJI UNIVERSITY PRESS

内容提要

本书共分 12 章,在介绍多元统计分析的有关概念、背景的基础上,突出统计思想,着重讲解常用方法,主要包括:多元数据的表示、线性回归分析、逐步回归与回归诊断、广义线性模型与非线性模型、方差分析、聚类分析、判别分析、主成分分析、因子分析、对应分析、典型相关分析. 注重体现多元统计分析在各个领域的应用,将应用案例贯穿理论讲解的始终,并给出了 R 软件、MATLAB 的相关程序. 本书汲取了国内外教材中流行的直观、灵活的教学方法以及通过图表和应用案例进行教学的长处.

本书可以作为高等院校有关专业本科生、研究生"多元统计分析"课程的教材或参考书,也可作为全国大学生(研究生)"数学建模竞赛"、全国大学生"统计建模大赛"的培训教材或参考书,还可以供有关专业的教师、研究人员和工程技术人员参考.

图书在版编目(CIP)数据

应用多元统计分析/韩明编著. —2 版. --上海:同济大学出版社,2017.7

ISBN 978-7-5608-7211-7

Ⅰ.①应… Ⅱ.①韩… Ⅲ.①多元分析—统计分析—高等学校—教材 Ⅳ.①O212.4

中国版本图书馆 CIP 数据核字(2017)第 169592 号

普通高等教育"十二五"规划教材

应用多元统计分析(第 2 版)

韩 明 编著

责任编辑 张 莉   **责任校对** 徐春莲   **封面设计** 潘向蓁

出版发行 同济大学出版社   www.tongjipress.com.cn
(地址:上海市四平路 1239 号 邮编:200092 电话:021-65985622)

经   销 全国各地新华书店
印   刷 浙江广育爱多印务有限公司
开   本 787 mm×960 mm 1/16
印   张 20
字   数 400 000
版   次 2017 年 7 月第 2 版   2017 年 7 月第 1 次印刷
书   号 ISBN 978-7-5608-7211-7

定   价 48.00 元

前　言

　　本书的第 1 版(2013 年)出版以来,受到广大师生的关心和厚爱,在此作者表示衷心的感谢.

　　面对我国高等教育的新形势,教学改革是一个永恒的主题. 无论是一门课程,还是相关的教材,我们都需要勇于探索,不断地进行教学改革.

　　在本书的第 1 版出版以后,作者继续关注国内外"多元统计分析"课程教学改革的有关动态. 本次修订结合了广大师生在使用本书第 1 版的过程中提出的意见和建议,并结合作者近些年来的教学实践、教学研究心得和体会等进行的. 作者试图借鉴国内外同类教材的成功经验,并注重汲取其中的养分,努力提高教材的质量,突显本书的特色.

　　本书作者经过多年来的教学实践,深感一本内容简练、实用,又适合当前教学改革精神的《多元统计分析》教材的重要性,并一直在努力探索该课程的教学改革,已将其中的部分教学研究成果融入了本书中.

　　在本次修订中,作者修改了第 1 版中的不当之处,对部分内容的叙述进行了改写,调整、补充了个别例题和思考与练习题,保留了第 1 版的内容体系和大部分内容.

　　受同济大学出版社的委托,王家宝教授曾审阅过本书第 1 版的初稿;在本书第1 版出版后,王家宝教授又认真审阅(对书中的一些程序亲自上机验证),并提出了修改意见和建议,给作者很多具体指导和鼓励,在此作者表示感谢.

　　作者虽然努力使本书成为一本既有特色又便于教学的教材,但由于水平有限,书中难免还有一些疏漏甚至错误,恳请专家和读者批评指正. 希望继续得到广大师生的关心和厚爱,让我们共同努力,把这本教材建设好.

韩　明

2017 年 3 月

第1版前言

本书在介绍多元统计分析的有关概念、背景的基础上，突出统计思想，着重讲解常用方法，并侧重于应用，书名为《应用多元统计分析》(*Applied Multivariate Statistical Analysis*)，着意于"应用". 对一些严格的数学推导被略去而只列出结论(降低了数学基础的要求)，读者学习时关键是理解这些结果，清楚它们的意义和背景，对一些被略去的推理论证部分可参考书后列出的有关文献.

作者在多年来的教学实践中，深感一本内容简练但又实用的"多元统计分析"教材的重要性. 随着我国高等教育进一步"大众化"，特别是相关软件的普及，学习"多元统计分析"的人越来越多，人们不再只满足于学习一些理论知识，而且大家学习它更重要的是作为工具借助计算机和相关软件进行数据处理和分析.

本书中的例题可以分为两类，一类是为了说明有关理论或方法的简单问题，这类问题一般不需要借助软件；另一类是为了应用有关理论或方法解决一些比较复杂一些的问题(应用案例)，这类问题一般需要借助软件才能实现.

考虑到作为一款免费软件，R 软件具有丰富的资源、良好的扩展性和完备的帮助系统；另外，考虑到 MATLAB 在工程等领域中应用广泛性、在国内外各高等院校使用的普及性，本书的应用案例采用 R 软件和 MATLAB，并给出了相应的程序.

本书的初稿完成后，许家清高级统计师、尹志博士审读第 1—6 章，梁方楚副教授审读第 7—12 章；受同济大学出版社的委托，王家宝教授审阅了本书初稿. 以上各位对本书的初稿提出了许多宝贵的意见，这对提高本书的质量起到了重要作用，作者在此一并致谢. 除了作者写作的内容外，本书的部分内容参考了书后所列的参考文献，在此对参考文献的作者表示感谢.

虽然作者力图使本书写成一本既有特色又便于教学(或自学)的教材，但由于水平所限，书中难免还存在一些疏漏甚至是错误，恳请专家和读者批评和指正.

韩　明

2013 年 6 月

目　录

1 | 绪 论

多元统计分析(Multivariate Statistical Analysis)是应用统计方法来研究多变量(多指标)问题的理论和方法,它是一元统计学的推广.

在实际问题中,很多随机现象涉及的变量不是一个,而经常是多个变量,并且这些变量之间又存在一定的联系.我们常需要处理多个变量的观测数据,那么如何对多个变量的观测数据进行有效的分析和研究呢?一种做法是把多个变量分开分析,一次处理一个地去分析和研究;另一种做法是同时对多个变量进行分析和研究.显然前者的做法有时是有效的,但一般来说,由于变量多,避免不了变量之间有相关性,把多个变量分开处理不仅会丢失一些信息,往往也不容易取得很好的研究结果.而后一种做法通常可以用多元统计分析方法来解决,通过对多个变量的观测数据的分析,来研究变量之间的相互关系以及揭示这些变量内在的变化规律.

1.1 多元统计分析概述

如果说一元统计分析是研究一个变量统计规律的学科,那么多元统计分析则是研究多个变量之间的内在统计规律的统计学科.

早在19世纪就出现了处理二维正态总体的一些方法,但系统地处理多维概率分布总体的统计分析问题,则开始于20世纪.多元统计分析起源于20世纪初,1928年,Wishart发表的论文《多元正态总体样本协方差阵的精确分布》,可以说是多元统计分析的开端.之后Fisher,Hotelling,Roy,许宝𬭤等人作出了一系列奠基性的工作,使多元统计分析在理论上得到迅速的发展.

20世纪40年代,多元统计分析在心理、教育、生物等方面有不少的应用,但由于计算量大,使其发展受到影响.20世纪50年代,随着计算机的出现和发展,使多元统计分析在地质、医学、气象、社会学等方面得到了广泛的应用.20世纪60年代,通过应用和实践又完善和发展了理论,由于新理论和新方法的不断出现又促使它的应用范围更加扩大.20世纪七八十年代,在我国才受到各个领域的极大关注.

近 40 年来,我国在多元统计分析的理论和应用上取得了许多显著的成绩.

进入 21 世纪后,人们获得的数据正以前所未有的速度迅速增加,产生了海量数据、超大型数据库等,遍及超级市场销售、银行存款、天文学、粒子物理、化学、医学、生物学以及政府统计等领域,多元统计分析与人工智能、数据库技术等相结合,已经在经济、商业、金融、天文、地理、农业、工业等方面取得了成功的应用.

"多元统计分析"也称为"多元分析"(Multivariate Analysis). 例如 Mardia et al. (1979)的书,书名 *Multivariate Analysis*. 英国著名的统计学家 Kendall 在《多元分析》一书中,把多元统计分析所研究的内容和方法概括为以下几个方面:

(1) 简化数据结构(降维问题)

简化数据结构就是将某些复杂的数据结构通过变量变换等方法,使相互依赖的变量变成互不相关的;或把高维空间的数据投影到低维空间,使问题得到简化而损失的信息又不太多. 例如,主成分分析、因子分析、对应分析等就是这样的一类方法.

(2) 分类与判别(归类问题)

归类问题就是对所考察的观测点(或变量)按照相近程度进行分类(或归类).例如,聚类分析、判别分析等就是解决这类问题的统计方法.

(3) 变量间的相互联系

相互依赖关系:分析一个或几个变量的变化是否依赖于另外一些变量的变化?如果是,建立变量之间的定量关系式,并用于预测或控制——回归分析.

变量之间的相互关系:分析两组变量之间的相互关系——典型相关分析.

(4) 多元数据的统计推断

这是关于参数估计和假设检验的问题. 特别是多元正态分布的均值向量和协方差矩阵的估计和假设检验等问题.

(5) 多元统计分析的理论基础

多元统计分析的理论基础包括多维随机向量(特别是多维正态随机向量),以及由此定义的各种多元统计量,推导它们的分布并研究其性质,研究它们的抽样分布理论.

1.2 多元统计分析的应用

多元统计分析可以应用于几乎所有的领域,主要包括:经济学、农业、地质学、医学、工业、气象学、金融、精算、物理学、地理学、军事科学、文学、法律、环境科学、考古学、体育科学、遗传学、教育学、生物学、管理科学、水文学等,还有一些交叉学科或方向等.多元统计分析的应用实在是难以一一罗列,以下简要地介绍一下多元统计分析在文学、数据挖掘(作为交叉学科或方向的代表)领域的应用.

在**文学**方面,自从 20 世纪 30 年代末,英国著名的统计学家 Yule 把统计方法引入到文学词汇的研究以来,这个领域已经取得了不少进展,其中最有名的是 Mosteller 与 Wallace 在 20 世纪 60 年代初对美国立国三大文献之一的《联邦主义者》文集的研究.

在 1985—1986 年,复旦大学李贤平教授对我国名著《红楼梦》的著作权进行了研究.使用的统计方法主要是多元统计分析.先选定数十个与情节无关的虚词作为变量,把《红楼梦》一书中的 120 回作为 120 个样品,统计每一回(即每个样品)选定的这些虚词(即变量)出现的频数.由此得到的数据矩阵作为分析的依据.

在《红楼梦》著作权的研究中使用较多的是聚类分析、主成分分析、典型相关分析等方法,由分析结果可以看出:

(1) 前 80 回和后 40 回截然地分为两类,证实了前 80 回和后 40 回不是出于一个人的手笔;

(2) 前 80 回是否为曹雪芹所写? 通过曹雪芹的另一著作,做类似的分析,结果证实了用词手法完全相同,断定为曹雪芹一人手笔;

(3) 而后 40 回是否为高鹗写的? 分析结果发现后 40 回依回目的先后可分为几类,得出的结论推翻了后 40 回是高鹗一人所写.后 40 回的成书比较复杂,既有残稿也有外人笔墨,不是高鹗一人所续.

以上这些论证在红学界引起了轰动.他们用多元统计分析方法提出了关于《红楼梦》作者和成书过程的新学说.

李贤平教授等还把这类方法用于其他作家和作品,结果证明统计方法的分辨能力是很强的.

在**数据挖掘**方面,随着科学技术的发展,利用数据库技术来存储、管理数据,利用机器学习的方法来分析数据,从而挖掘出大量的隐藏在数据背后的知识,这种思想的结合形成了深受人们关注的非常热门研究领域:数据库中的知识发现(knowledge discovery in databases),数据挖掘(data mining)技术便是其中的一个最为关键的环节.数据挖掘、机器学习(machine learning)等为统计学(包括"多元统计分析")提供了一个新的应用领域,同时也提出了很多挑战.多元统计分析中的聚类分析(cluster analysis)是按照某种相近程度,将用户数据分成一系列有意义的集合,例如在金融领域中,将贷款对象分为低风险和高风险等.数据挖掘是一个交叉学科,它涉及到:数据库、人工智能、统计学、并行计算等不同学科和领域,近年来受到各界的广泛关注.应该指出 Johnson & Wichern 在 *Applied Multivariate Statistical Analysis*(6th ed. 2007)中补充了"数据挖掘"部分以及多元统计分析方法在数据挖掘中的应用. 数据挖掘与统计学有着密切的关系, 那么统计学如何为数据挖掘服务呢? 这是在"数据挖掘"飞速发展的今天统计学必须回答的一个问题(令人高兴的是, 现在可以从统计学在数据挖掘领域里的研究与应用情况看到对这个问题的各种回答). 数据挖掘对统计学带来的挑战, 无疑将推动统计学的发展(韩明:数据挖掘及其对统计学的挑战, 统计研究, 2001).

1.3　有关软件介绍

相关软件的种类很多, 有些功能齐全, 有些价格便宜, 有些容易操作, 有些需要更多的实践才能掌握. 这里简要介绍最常见的几种.

(1) SAS　这是功能非常齐全的软件; 尽管价格相当不菲, 许多公司, 特别是美国制药公司都在使用, 这多半因为其功能众多和某些美国政府机构一些人的偏爱. 尽管现在已经尽量"傻瓜化", 但仍然需要一定的训练才可以进入. 也可以对它编程, 但对于基本统计课程则不那么方便.

(2) SPSS　这是一个很受欢迎的统计软件; 它容易操作, 输出漂亮, 功能齐全, 价格合理. 它也有自己的程序语言, 但基本上已经"傻瓜化". 它对于非专业统计工作者是很好的选择.

(3) Excel　它严格地说来并不是统计软件, 但作为数据表格软件, 必然有一定统计计算功能. 而且凡是有 Microsoft Office 的计算机, 基本上都装有 Excel. 但要注意, 有时在装 Office 时没有装数据分析的功能, 那就必须装了才行. 当然, 画图功能是已经具备的了. 对于简单分析, Excel 还算方便, 但随着问题的深入, Excel 就不那么"傻瓜化", 需要使用宏命令来编程; 这时就没有相应的简单选项了. 多数专门一些的统计推断问题还需要其他专门的统计软件来处理.

(4) S-plus　这是统计学家喜爱的软件. 不仅由于其功能齐全, 而且由于其强大而又方便的编程功能, 使得研究人员可以编制他们的程序来实现其自己创造的理论和方法. 它也在进行"傻瓜化"以争取顾客. 但仍然以编程方便为顾客所青睐.

(5) R 软件　这是完全免费的(在网站 http://cran. r-project. org/bin/windows/base 上可下载到 R 软件的 Windows 版, 按照提示安装即可), 由志愿者管理的软件. 其编程语言与 S-plus 所基于的 S 语言一样, 很方便. 还有不断加入的从事各个方向研究者编写的软件包和程序. 在这个意义上可以说, 其函数的数量和更新远远超过其他软件. 它的所有计算过程和代码都是公开的, 它的函数还可以被用户按需要改写. 它的语言结构和 C++, Fortran, MATLAB, Pascal, Basic 等很相似, 容易举一反三. 对于一般非统计工作者来说, 主要问题是它没有"傻瓜化".

(6) MATLAB 这也是应用于各个领域的以编程为主的软件,在工程上应用广泛.编程类似于 S 和 R.MATLAB(matrix laboratory)提供了一个人机交互的数学系统环境,并以矩阵作为基本的数据结构,可以大大节省编程时间.MATLAB具有强大的符号演算、数值计算和图形分析功能.

当然,还有很多其他的软件,这里就不一一罗列了.其实,读者只要学会使用一种软件,使用其他的软件也不会困难,最多看看帮助和说明即可.学习软件的最好方式是需要时在使用中学.

本书的案例采用 R 软件和 MATLAB(吴喜之教授用 SPSS,SAS 和 R 写的教材《统计学:从数据到结论》影响很大,值得一读).

1.4 本书的基本框架和内容安排

"多元统计分析"课程已经被越来越多将来需要与大量数据打交道的本科生、研究生相关专业列为必修课或选修课.《多元统计分析》的教材版本众多,其中有的教材侧重理论的讲述(传统的相关教材大多属于此类),读者需要具备较深厚的数学基础;有的教材则注重模型的应用,理论和技术细节不是重点.本书在介绍多元统计分析的有关概念、背景和常用方法的基础上,侧重于应用,书名为《应用多元统计分析》(*Applied Multivariate Statistical Analysis*),着意在"应用".

为了吸引广大读者学习多元统计分析,本书不得不在某种程度上牺牲内容难度的一致性;有些章节的难度可能会略大一些,因而初次阅读时会感到一些困难,希望教师们能在选择适合学生的章节时设法弥补这种不平衡,必要时可以降低一些要求.本书将一些严格的数学推导略去而只列出结论(降低了数学基础的要求),读者学习时关键是理解这些结果,清楚它们的意义和背景,对一些被略去的推理论证部分可参考书后列出的有关文献.

考虑到作为一款免费软件,R 软件具有丰富的资源(涵盖了多种行业数据分析中几乎所有的方法),良好的扩展性(方便的编写函数和程序包,可以胜任复杂数据的分析、绘制精美的图形),完备的帮助系统(每个函数都有统一格式的帮助);另外,考虑到 MATLAB 在工程等领域中应用广泛性、在国内外各高等院校使用的普及性,本书的案例采用 R 软件和 MATLAB.

本书在介绍有关概念、背景的基础上,突出统计思想,重点介绍多元统计分析中的常用方法,主要包括:多元数据的表示、线性回归分析、逐步回归与回归诊断、广义线性模型与非线性模型、方差分析、聚类分析、判别分析、主成分分析、因子分析、对应分析、典型相关分析.注重体现多元统计分析在各个领域的应用,将应用案例贯穿于理论讲解的始终,并给出了 R 软件、MATLAB 的相关程序.本书汲取了国内外教材中流行的直观、灵活的教学方法以及通过图表和应用案例进行教学的长处.

本书中的例题可以分为两类,一类是为了说明有关理论或方法的简单问题(这类问题一般不需要借助软件),另一类是为了应用有关理论或方法解决一些比较复杂一些的问题(应用案例),这类问题一般需要借助软件才能实现.

说明:本书不再给出关于 R 软件、MATLAB 的"使用说明",建议需要的读者可参考:

(1) 关于 R 软件的"使用说明",可参考:Cryer & Chan(2008);薛毅,陈立萍(2007);汤银才(2008);何春雄,朱锋峰,龙卫江(2012);吴喜之(2013)等.

(2) 关于 MATLAB 的"使用说明",可参考:Freedman(2008);包科研(2011);韩明,王家宝,李林(2015)等.

1.5　思考与练习题

1. 根据你感兴趣的领域,查阅有关资料并说明多元统计分析在该领域中的应用情况.

2. 根据你感兴趣的软件(例如 R 软件、MATLAB 等),请选择一种安装在你的个人计算机上(或已安装该软件),为配合本课程的学习请熟悉该软件的基本操作.

2 | 多元数据的表示

    每天翻开报纸或打开电视,就可以看到各种数据. 比如,高速公路通车里程、物价指数、股票行情、外汇牌价、犯罪率、房价、流行病的有关数据;当然还有国家统计局定期发布的各种国家经济数据、海关发布的进出口贸易数据,等等. 从这些数据中,各有关方面可以提取对自己有用的信息.

    某些企业每年都要花数目可观的经费来收集和分析数据. 他们调查其产品目前在市场中的状况和地位并确定其竞争对手的态势;他们调查不同地区、不同阶层的民众对其产品的认知程度和购买意愿,以改进产品或推出新品种以争取新顾客;他们还收集各地方的经济、交通等信息,以决定如何保住现有市场和开发新市场. 市场信息数据对企业是至关重要的. 面对着一堆数据,我们该如何简洁明了地反映出其中规律性的东西或所谓的信息呢? 一般首先对收集来的数据进行描述性分析,以发现其内在的规律性,然后再选择进一步分析的方法.

    数据作为信息的载体,当然要分析其中包含的主要信息,也就是分析数据的主要特征——数字特征. 对一元数据,即样本数据(或观测值) x_1 , x_2 , $\cdots$, x_n 是从一元总体中抽取的. 一元数据的数字特征主要有:均值 $\bar{x} = \dfrac{1}{n} \sum\limits_{i=1}^{n} x_i$ 、方差 $s^2 = \dfrac{1}{n-1} \sum\limits_{i=1}^{n} (x_i - \bar{x})^2$ 、标准差 $s = \sqrt{\dfrac{1}{n-1} \sum\limits_{i=1}^{n} (x_i - \bar{x})^2}$ 等. 对于多元数据,除分析各分量的取值特征外,还要分析各分量之间的相关关系.

    由于多元统计分析中的符号多而杂,因此需要**说明**:在一元统计学中一般用大写和小写字母分别来区分随机变量及其观测值,在本书后面的章节里,由于其他复杂的符号,我们可能不再遵守此约定[Anderson 在 *An Introduction to Multivariate Statistical Analysis*(3rd ed. 2003)中也采用了类似的作法],请读者注意一个符号在每一章中的意义.

    由于多元数据分析通常要研究其分量指标的相关性,图形表示就显得尤其重要. 将数据显示在一个平面图上,可以非常直观地了解、认识数据,发现其中的可能分布规律. 多元数据的图形显示方法主要有:直方图、散点图、QQ 散点图、散布图矩阵、条形图、饼图、尾箱图、星相图等.

2.1 多元数据的数学表示

2.1.1 多元数据的一般格式

当人们要研究一个社会现象或自然现象时,通常要选择一些变量的特征来进行记录,从而形成多元数据. 对于每个项目,这些变量的值被记录下来.

我们用 x_{ij} 表示第 j 个变量 $X_j (j = 1, 2, \cdots, p)$ 在第 i 项或第 $i (i = 1, 2, \cdots, n)$ 次试验中的观测值,因此 p 个变量的 n 个观测值可以表示如下:

	变量 X_1	变量 X_2	$\cdots$	变量 X_p
记录 1	x_{11}	x_{12}	$\cdots$	x_{1p}
记录 2	x_{21}	x_{22}	$\cdots$	x_{2p}
$\vdots$	$\vdots$	$\vdots$	$\vdots$	$\vdots$
记录 n	x_{n1}	x_{n2}	$\cdots$	x_{np}

可以用一个有 n 行 p 列的矩阵来表示这些数据,称为**数据矩阵**,记为

$$\begin{pmatrix} x_{11} & x_{12} & \cdots & x_{1p} \\ x_{21} & x_{22} & \cdots & x_{2p} \\ \vdots & \vdots & \ddots & \vdots \\ x_{n1} & x_{n2} & \cdots & x_{np} \end{pmatrix} = (x_{ij})_{n \times p}.$$

于是,以上数据矩阵包含了全部变量的所有观测值.

当这些变量处于同等地位时,就是聚类分析、主成分分析、因子分析、对应分析等模型的数据格式;当其中一个变量是因变量,而其他变量为自变量时,就是回归分析等模型的数据格式;若此时因变量还是分类变量,则为方差分析、判别分析等模型的数据格式.

例 2.1.1 从一个大学的书店收集到 4 张收据来了解书的销售情况. 每张收据提供了售书数量以及总金额. 用第一个变量来表示总销售金额,用第二个变量来表示售出书的数量. 然后我们可以把收据上的相关数据看做是这两个变量的四个观测值,假定数据如下表:

	变量 X_1	变量 X_2
记录 1	42	4
记录 2	52	5
记录 3	48	4
记录 4	58	3

而数据矩阵由 4 行 2 列组成,即

$$\begin{pmatrix} 42 & 4 \\ 52 & 5 \\ 48 & 4 \\ 58 & 3 \end{pmatrix}.$$

以矩阵形式表示数据,简化了对问题的说明. 用矩阵形式表示多元数据至少有以下两个作用:

(1) 用矩阵运算描述数字运算;(2) 用计算机为实现计算的工具,在计算机上可以用多种语言及软件包来进行矩阵计算等.

2.1.2 多元数据的数字特征

把 p 个随机变量放在一起,就是一个 p 维随机向量 $\boldsymbol{X} = (X_1, X_2, \cdots, X_p)^{\mathrm{T}}$,如果同时对 p 个变量作一次观测,得到观测值 $(x_{11}, x_{12}, \cdots, x_{1p}) = \boldsymbol{X}_{(1)}^{\mathrm{T}}$,它是一个样品. 观测 n 次就得到 n 个样品 $\boldsymbol{X}_{(i)}^{\mathrm{T}} = (x_{i1}, x_{i2}, \cdots, x_{ip})$,$i = 1, 2, \cdots, n$,而 n 个样品就构成一个样本.

常把 n 个样品排成一个 $n \times p$ 矩阵(数据矩阵),记为

$$\boldsymbol{X} = \begin{pmatrix} x_{11} & x_{12} & \cdots & x_{1p} \\ x_{21} & x_{22} & \cdots & x_{2p} \\ \vdots & \vdots & \ddots & \vdots \\ x_{n1} & x_{n2} & \cdots & x_{np} \end{pmatrix} = \begin{pmatrix} \boldsymbol{X}_{(1)}^{\mathrm{T}} \\ \boldsymbol{X}_{(2)}^{\mathrm{T}} \\ \vdots \\ \boldsymbol{X}_{(n)}^{\mathrm{T}} \end{pmatrix} = (\boldsymbol{X}_1, \boldsymbol{X}_2, \cdots, \boldsymbol{X}_p).$$

矩阵 $\boldsymbol{X}$ 的第 i 行 $\boldsymbol{X}_{(i)}^{\mathrm{T}} = (x_{i1}, x_{i2}, \cdots, x_{ip})(i = 1, 2, \cdots, n)$ 是一个 p 维向量,

矩阵 $\boldsymbol{X}$ 的第 j 列 $\boldsymbol{X}_j = \begin{pmatrix} x_{1j} \\ x_{2j} \\ \vdots \\ x_{nj} \end{pmatrix}$ $(j = 1, 2, \cdots, p)$ 表示对第 j 个变量的 n 次观测.

以下是多元数据的一些数字特征.

(1) 样本均值向量

$$\overline{X} = \frac{1}{n} \sum_{i=1}^{n} X_{(i)} = (\overline{x}_1, \overline{x}_2, \cdots, \overline{x}_p)^{\mathrm{T}},$$

其中, $\overline{x}_j = \frac{1}{n} \sum_{i=1}^{n} x_{ij} (j = 1, 2, \cdots, p)$ 称为**样本均值**.

(2) 样本离差矩阵(又称交叉乘积矩阵)

$$A = \sum_{k=1}^{n} (X_{(k)} - \overline{X})(X_{(k)} - \overline{X})^{\mathrm{T}} = (a_{ij})_{p \times p},$$

其中, $a_{ij} = \sum_{k=1}^{n} (x_{ki} - \overline{x}_i)(x_{kj} - \overline{x}_j)(i, j = 1, 2, \cdots, p)$.

(3) 样本协方差矩阵

$$S = \frac{1}{n-1} A = \begin{pmatrix} s_{11} & s_{12} & \cdots & s_{1p} \\ s_{21} & s_{22} & \cdots & s_{2p} \\ \vdots & \vdots & \ddots & \vdots \\ s_{p1} & s_{p2} & \cdots & s_{pp} \end{pmatrix} = (s_{ij})_{p \times p},$$

或 $S^* = \frac{1}{n} A$, 其中 $s_{ij} = \frac{1}{n-1} \sum_{k=1}^{n} (x_{ki} - \overline{x}_i)(x_{kj} - \overline{x}_j)$ ($i, j = 1, 2, \cdots, p$) 称为

样本协方差, $s_{ii} = \frac{1}{n-1} \sum_{k=1}^{n} (x_{ki} - \overline{x}_i)^2$ ($i = 1, 2, \cdots, p$) 称为**样本方差**, $\sqrt{s_{ii}}$ 称

为**样本标准差**.

对于任意的 i, j, 有 $s_{ij} = s_{ji}$, 因此样本协方差矩阵是对称矩阵.

(4) 样本相关矩阵

$$R = \begin{pmatrix} 1 & r_{12} & \cdots & r_{1p} \\ r_{21} & 1 & \cdots & r_{2p} \\ \vdots & \vdots & \ddots & \vdots \\ r_{p1} & r_{p2} & \cdots & 1 \end{pmatrix} = (r_{ij})_{p \times p},$$

其中, $r_{ij} = \frac{s_{ij}}{\sqrt{s_{ii}} \sqrt{s_{jj}}} = \frac{a_{ij}}{\sqrt{a_{ii}} \sqrt{a_{jj}}}$ ($i, j = 1, 2, \cdots, p$) 称为**样本相关系数**.

对于任意的 i, j, 有 $r_{ij} = r_{ji}$, 因此样本相关矩阵是对称矩阵.

例 2.1.2 (续例 2.1.1) 对例 2.1.1 中的数据,求:(1)样本均值向量 $\overline{X}$,(2)样本方差、样本协方差、样本协方差矩阵 S^* (或 S),(3)样本相关系数、样本相关矩阵 R.

解 （1）根据例 2.1.1 中的数据，有 2 个变量，对每个变量有 4 个观测值.

样本均值：$\overline{x}_1 = \frac{1}{4}\sum_{i=1}^{4} x_{i1} = 50$，$\overline{x}_2 = \frac{1}{4}\sum_{i=1}^{4} x_{i2} = 4$.

样本均值向量为 $\overline{\boldsymbol{X}} = \begin{pmatrix} \overline{x}_1 \\ \overline{x}_2 \end{pmatrix} = \begin{pmatrix} 50 \\ 4 \end{pmatrix}$.

（2）样本方差、样本协方差：$s_{11} = \frac{1}{4}\sum_{i=1}^{4}(x_{i1} - \overline{x}_1)^2 = 34$，$s_{22} = \frac{1}{4}\sum_{i=1}^{4}(x_{i2} - \overline{x}_2)^2 = 0.5$，$s_{12} = \frac{1}{4}\sum_{i=1}^{n}(x_{i1} - \overline{x}_1)(x_{i2} - \overline{x}_2) = -1.5 = s_{21}$.

样本协方差矩阵

$$\boldsymbol{S}^* = \begin{pmatrix} 34 & -1.5 \\ -1.5 & 0.5 \end{pmatrix}.$$

（3）样本相关系数：$r_{12} = \frac{s_{12}}{\sqrt{s_{11}}\sqrt{s_{22}}} = \frac{-1.5}{\sqrt{34}\sqrt{0.5}} = -0.36 = r_{21}$.

样本相关矩阵

$$\boldsymbol{R} = \begin{pmatrix} 1 & -0.36 \\ -0.36 & 1 \end{pmatrix}.$$

2.2 多元数据的展示及图表示

以下举两个例子，来说明如何用 R 语言对多元数据进行展示及图表示.

例 2.2.1 测得 12 名中学生的身高（x_1）和体重（x_2）的数据，见表 2-1. 请用 R 语言对表 2-1 的数据进行展示及图表示.

表 2-1　　　　　　　　　身高和体重的数据

序号	1	2	3	4	5	6	7	8	9	10	11	12
身高（x_1）	171	175	159	155	152	158	154	164	168	166	159	164
体重（x_2）	57	64	41	38	35	44	41	51	57	49	47	46

（1）创建一个向量（一维数据）

在 R 语言中可以用函数 c( ) 来创建一个向量

```
>x1 = c(171, 175, 159, 155, 152, 158, 154, 164, 168, 166, 159, 164)
>x2 = c(57, 64, 41, 38, 35, 44, 41, 51, 57, 49, 47, 46)
```

其中，x_1, x_2 是行向量.

函数 length( )可以返回向量的长度, mode( )可以返回向量的数据类型, 例如：

```
>length(x1)
[1] 12
>mode(x1)
[1] "numeric"
```

（2）创建一个矩阵（二维数据）

可以用 rbind( ), cbind( )把以上两个向量合并起来, 其中 rbind( )表示按行合并, cbind( )表示按列合并.

```
>rbind(x1, x2)
     [,1]  [,2]  [,3]  [,4]  [,5]  [,6]  [,7]  [,8]  [,9]  [,10]  [,11]  [,12]
x1   171   175   159   155   152   158   154   164   168   166    159    164
x2   57    64    41    38    35    44    41    51    57    49     47     46
>cbind(x1, x2)
        x1   x2
[1,]    171  57
[2,]    175  64
[3,]    159  41
[4,]    155  38
[5,]    152  35
[6,]    158  44
[7,]    154  41
[8,]    164  51
[9,]    168  57
[10,]   166  49
[11,]   159  47
[12,]   164  46
```

（3）生成数据框

R 语言中函数 data. frame( )生成数据框, 其用法是：data. frame（data1, data2, …）, 例如：

```
>data.frame(x1, x2)
    x1   x2
1   171  57
2   175  64
```

3	159	41
4	155	38
5	152	35
6	158	44
7	154	41
8	164	51
9	168	57
10	166	49
11	159	47
12	164	46

（4）直方图（histogram）

身高的直方图

```
>hist(x1)
```

结果见图 2-1.

体重的直方图

```
>hist(x2)
```

结果见图 2-2.

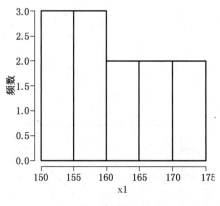

图 2-1　身高的直方图

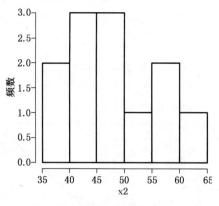

图 2-2　体重的直方图

（5）散点图

身高和体重的散点图

```
>plot(x1, x2)
```

结果见图 2-3.

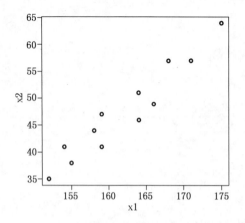

图 2-3　身高和体重的散点图

从图 2-3 可以看出,身高和体重之间有很强的线性关系,身高增加,体重也相应地增加.

(6) QQ 散点图

QQ 散点图是用来检验数据是否服从正态分布的.

身高和体重的 QQ 散点图

```
df<-data.frame(
Height=c(171, 175, 159, 155, 152, 158, 154, 164, 168, 166, 159, 164),
Weight=c(57, 64, 41, 38, 35, 44, 41, 51, 57, 49, 47, 46)
)
attach(df)
qqnorm(Height); qqline(Height)
qqnorm(Weight); qqline(Weight)
```

结果见图 2-4 和图 2-5.

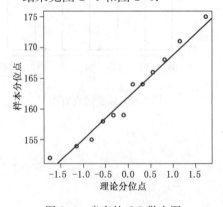

图 2-4　身高的 QQ 散点图

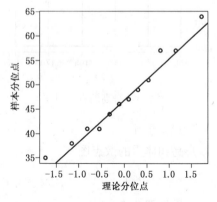

图 2-5　体重的 QQ 散点图

从图 2-4 和图 2-5 来看,学生的身高和体重的 QQ 散点图的数据点离直线的接近程度,因此大体上可以认为学生的体重、身高服从正态分布(说明:QQ 散点图只能大体上看一下,更准确的还要经过正态性检验).

(7) 散布图矩阵

散布图矩阵(scatterplot matrix)是借助两个变量散点图的作图方法,它可以看做是一个大的图形方阵,其每一个非主对角元素的位置上是对应行的变量与对应列的变量的散点图. 而主对角元素的位置上是各变量的名称,这样借助散布图矩阵可以看到所研究多个变量两两之间的相关关系.

身高和体重的散布图矩阵

```
df<-data.frame(
Height=c(171, 175, 159, 155, 152, 158, 154, 164, 168, 166, 159, 164),
Weight=c(57, 64, 41, 38, 35, 44, 41, 51, 57, 49, 47, 46)
)
pairs(df)
```

结果见图 2-6.

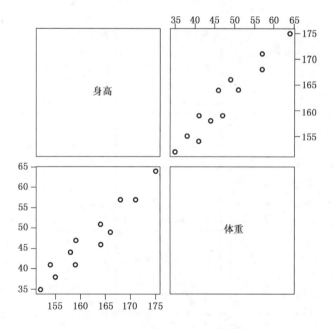

图 2-6 身高和体重的散布图矩阵

如果把表 2-1 中再补充上年龄,见表 2-2.

表 2-2　　　　　　　　　　　　年龄、身高和体重的数据

序号	1	2	3	4	5	6	7	8	9	10	11	12
年龄 (x)	13	15	13	14	14	15	13	12	13	14	14	13
身高 (x_1)	171	175	159	155	152	158	154	164	168	166	159	164
体重 (x_2)	57	64	41	38	35	44	41	51	57	49	47	46

根据表 2-2,再画年龄、身高和体重的散布图矩阵.

```
df<-data.frame(
Age=c(13, 15, 13, 14, 14, 15, 13, 12, 13, 14, 14, 13),
Height=c(171, 175, 159, 155, 152, 158, 154, 164, 168, 166, 159, 164),
Weight=c(57, 64, 41, 38, 35, 44, 41, 51, 57, 49, 47, 46)
)

pairs(df)
```

结果见图 2-7.

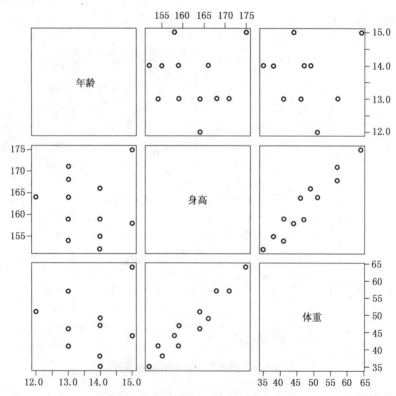

图 2-7　年龄、身高和体重的散布图矩阵

例 2.2.2 为了研究我国部分省、市、自治区 2007 年城镇居民生活消费的情况,根据调查资料进行区域消费类型划分.原始数据见表 2-3,样品数 $n=12$,变量个数 $p=8$. 变量名称如下:

x_1:人均食品支出(元/人);

x_2:人均衣着商品支出(元/人);

x_3:人均家庭设备用品及服务支出(元/人);

x_4:人均医疗保健支出(元/人);

x_5:人均交通和通讯支出(元/人);

x_6:人均娱乐教育文化服务支出(元/人);

x_7:人均居住支出(元/人);

x_8:人均杂项商品和服务支出(元/人).

表 2-3　　　　部分地区城镇居民平均每人全年消费性支出的数据

序号	1	2	3	4	5	6	7	8	9	10	11	12
x_1	4 934	4 249	2 790	2 600	2 825	3 560	2 843	2 633	6 125	3 929	4 893	3 384
x_2	1 513	1 024	976	1 065	1 397	1 018	1 127	1 021	1 330	990	1 406	906
x_3	981	760	547	478	562	439	407	356	959	707	666	465
x_4	1 294	1 164	834	640	719	879	855	729	857	689	859	554
x_5	2 328	1 310	1 010	1 028	1 124	1 033	874	746	3 154	1 303	2 473	891
x_6	2 385	1 640	895	1 054	1 245	1 053	998	938	2 653	1 699	2 158	1 170
x_7	1 246	1 417	917	992	942	1 047	1 062	785	1 412	1 020	1 168	850
x_8	650	464	266	245	468	400	394	311	763	377	468	309

数据来源:《2008 年中国统计年鉴》.

序号 1—12,分别代表:北京,天津,河北,山西,内蒙古,辽宁,吉林,黑龙江,上海,江苏,浙江,安徽.

请根据表 2-3 的数据,用 R 软件按变量或地区绘制条形图、饼图、尾箱图、星相图、散布图矩阵.

首先输入数据

```
x1 = c(4934, 4249, 2790, 2600, 2825, 3560, 2843, 2633, 6125, 3929, 4893, 3384)
x2 = c(1513, 1024, 976, 1065, 1397, 1018, 1127, 1021, 1330, 990, 1406, 906)
x3 = c(981, 760, 547, 478, 562, 439, 407, 356, 959, 707, 666, 465)
x4 = c(1294, 1164, 834, 640, 719, 879, 855, 729, 857, 689, 859, 554)
x5 = c(2328, 1310, 1010, 1028, 1124, 1033, 874, 746, 3154, 1303, 2473, 891)
```

```
x6 = c(2385, 1640, 895, 1054, 1245, 1053, 998, 938, 2653, 1699, 2158, 1170)
x7 = c(1246, 1417, 917, 992, 942, 1047, 1062, 785, 1412, 1020, 1168, 850)
x8 = c(650, 464, 266, 245, 468, 400, 394, 311, 763, 377, 468, 309)
X = data.frame(x1, x2, x3, x4, x5, x6, x7, x8)
```

（1）条形图、饼图

对表 2-3 中的数据直接作条形图（bar chart）意义不大，通常需要对其统计量（均值、中位数等）作直观分析．

条形图函数 barplot( ) 的用法：

```
barplot(X,...)
```

X 为数值向量或数据框

饼图（pie chart）函数 pie( ) 的用法与条形图函数 barplot( ) 的用法类似．

```
>barplot(apply(X, 1, mean))
>barplot(apply(X, 2, mean))
>barplot(apply(X, 2, median))
>pie(apply(X, 2, mean))
```

分别按表 2-3 中的各地区作均值条形图、各变量作均值条形图、各变量作中位数条形图、各变量作均值饼图，其结果分别见图 2-8—图 2-11．

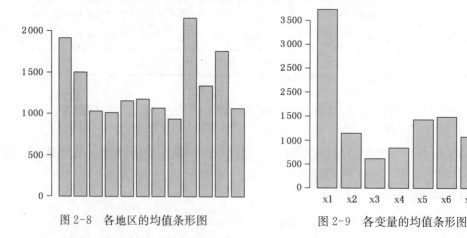

图 2-8　各地区的均值条形图　　　图 2-9　各变量的均值条形图

从图 2-8 可以看出，各地区中北京、上海、浙江、天津四个地区的消费情况较为突出．从图 2-9—图 2-11 可以看出，8 个变量中 x_1（人均食品支出）最为突出．

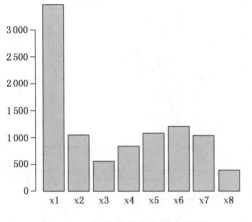
图 2-10 各变量的中位数条形图

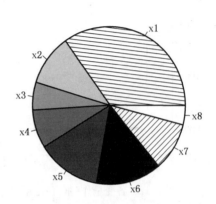
图 2-11 各变量的均值饼图

（2）尾箱图

尾箱图（又称箱图、箱线图、盒子图）可以比较清楚地表示数据的分布特征，它由四部分组成：

① 箱子上下的横线为样本的 25% 和 75% 分位数，箱子的顶部和底部的差值为四分位数间距.

② 箱子中间的横线为样本的中位数. 若横线没有在箱子的中央，则说明箱子数据存在偏度.

③ 箱子向上或向下延伸的直线称为"尾线"，若没有异常值，样本的最大值为上尾线的顶部，样本的最小值为下尾线的低部. 默认情况下，距箱子顶部或底部大于 1.5 倍四分位间距的值称为异常值.

④ 图中顶部的圆圈表示该处数据位异常值. 该异常值可能是输入错误、测量失误或系统误差引起的.

尾箱图函数 boxplot( ) 的用法：

```
boxplot(X,...)
```

X 为数据框

```
>boxplot(X)
>boxplot(X, horizontal=T)
```

其中，"horizontal=T"表示水平放置.

按各变量绘制（垂直、水平）尾箱图，其结果分别见图 2-12、图 2-13.

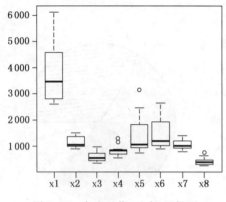

图 2-12　各变量作(垂直)尾箱图

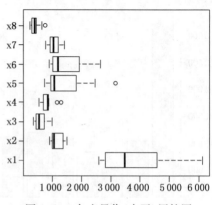

图 2-13　各变量作(水平)尾箱图

从图 2-12、图 2-13 可以看出,8 个变量中 x_1（人均食品支出）远高于其他项目.

（3）星相图

星相图将每个变量的各个观测单位的数值表示为一个图形,n 个观测单位就有 n 个图,每个图的每个角表示每个变量.

星相图函数 stars( )的用法

```
stars(X, full = TRUE, draw.segments = FALSE,...)
```

X 为数值向量或数据框.

full 为图形形状,full＝TRUE 为圆形,full＝FALSE 为半圆.

draw. segments 为分支图形:draw. segments＝T 为圆形,draw. segments＝F 为半圆.

按表 2-3 中的各地区作星相图(分别在中心的 360°范围内、180°范围内)

```
>stars(X, full = T)
>stars(X, full = F)
```

结果分别见图 2-14、图 2-15.

按表 2-3 中的各地区作星相图(圆形、半圆形,分别在中心的 360°范围内、180°范围内)

```
>stars(X, full = T, draw.segments = T)
>stars(X, full = F, draw.segments = T)
```

结果分别见图 2-16、图 2-17.

图 2-14　各地区作星相图(在 360°范围内)　图 2-15　各地区作星相图(在 180°范围内)

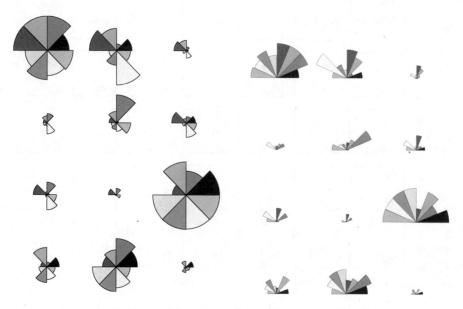

图 2-16　各地区作星相图(圆形,在 360°内)　图 2-17　各地区作星相图(半圆,在 180°内)

从图 2-14—图 2-17 可以看出,虽然构成星相图的图形类别不同(其中图 2-14、图 2-16 在中心的 360°范围内;图 2-15、图 2-17 在中心的 180°范围内),但都说明北京、上海、浙江、天津四个地区的消费情况较为突出.

(4) 散布图矩阵

```
>pairs(X)
```

结果见图 2-18.

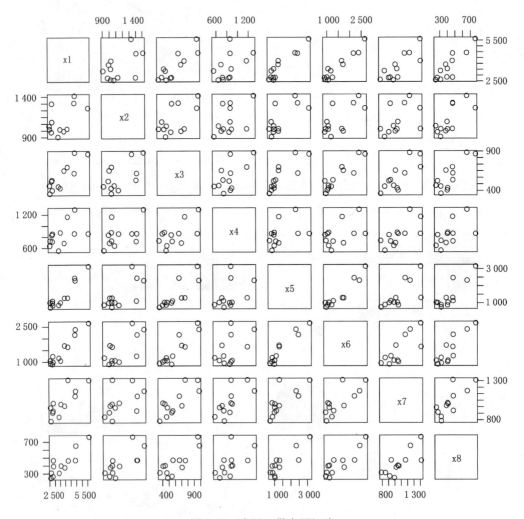

图 2-18　各地区散布图矩阵

2.3 思考与练习题

1. 下表是三个变量的观测值：

x_1	9	2	6	5	8
x_2	12	8	6	4	10
x_3	3	4	0	2	1

求：(1) 样本均值向量；(2) 样本方差、样本协方差、样本协方差矩阵；(3) 样本相关系数、样本相关矩阵.

2. 结合第 1 题的数据，(1) 分别绘制 $(x_1，x_2)$、$(x_2，x_3)$、$(x_1，x_3)$ 的散点图；(2) 绘制 x_1，x_2 和 x_3 的散布图矩阵.

3. 请读者自己收集实际问题中的多元数据，并用 R 语言对所收集到的多元数据进行展示及图表示.

3 | 线性回归分析

在许多实际问题中,变量之间存在着相互依存的关系. 一般,变量之间的关系可以大体上分为两类,一类是确定性关系,即存在确定的函数关系. 另一类是非确定性关系,即它们之间有密切关系,但又不能用函数关系式来精确表示,如人的身高与体重的关系,炼钢时钢的含碳量与冶炼时间的关系等. 有时即使两个变量之间存在数学上的函数关系,但由于实际问题中的随机因素的影响,变量之间的关系也经常有某种不确定性. 为了研究这类变量之间的关系,就需要通过实验或观测来获取数据,用统计方法去寻找它们之间的关系,这种关系反映了变量之间的统计规律. 研究这类统计规律的方法之一就是回归分析.

回归分析(regression analysis)方法是多元统计分析的各种方法中应用最广泛的一种. 回归分析方法是在众多相关的变量中,根据问题的需要考察其中的一个或几个变量与其余变量的依赖关系. 如果只要考察某一个变量(通常称为因变量、响应变量或指标)与其余多变量(通常称为自变量、解释变量或因素)的相互赖关系,我们称为**多元回归问题**. 如果要同时考虑若干个(两个或两个以上)因变量与若干个(两个或两个以上)自变量的相互赖关系,我们称为**多因变量的多元回归问题**(简称为**多对多回归**,或**多维回归**). 本书主要研究前者——多元回归问题.

在回归分析中,把变量分成两类. 一类是因变量或响应变量(dependent variable, response variable),它们通常是实际问题中所关心的指标,通常用 Y 来表示;而影响因变量取值的另一类变量称为自变量或解释变量(independent variable, explanatory variable),用 X_1, X_2, $\cdots$, X_p 来表示.

在回归分析中,主要研究以下问题:

(1) 确定 Y 与 X_1, X_2, $\cdots$, X_p 之间的定量关系表达式,这种表达式称为回归方程;

(2) 对所得到的回归方程的可信程度进行检验;

(3) 判断自变量 $X_i (i = 1, 2, \cdots, p)$ 对因变量 Y 有无显著影响;

(4) 利用所求得的(并通过检验的)回归方程进行预测或控制.

本章主要介绍:一元线性回归的回顾、多元线性回归、多项式回归.

3.1 一元线性回归的回顾

回归分析的基本思想和方法以及"回归"名词的由来,要归功于英国统计学家高尔顿(Galton).高尔顿和他的学生、现代统计学的奠基者之一皮尔逊(Pearson)在研究父母身高与其子女身高的遗传关系时,观察了 1 078 对夫妇,以每对夫妇的平均身高作为 x,而取他们的一个成年儿子的身高作为 y,将这些数据画成散点图,发现趋势近似一条直线 $\hat{y} = 33.73 + 0.516x$(单位:英寸,1 英寸=2.54 cm).这表明:

(1)父母平均身高 x 每增加一个单位时,其成年儿子的身高 y 也平均增加 0.516 个单位.

(2)一群高个子父辈的儿子们的平均身高要低于他们父辈的平均身高.比如,$x = 80$,那么 $\hat{y} = 75.01$.

(3)矮个子父辈的儿子们虽然仍为矮个子,但是平均身高却比他们的父辈增加一些.比如,$x = 60$,那么 $\hat{y} = 64.69$.

正是因为子代的身高有回归到父辈平均身高的这种趋势,才使人类的身高在一定时期内相对稳定.这个例子生动地说明了生物学中"种"的稳定性.正是为了描述这种有趣的现象,高尔顿引进了"回归"这个名词来描述父辈身高 x 与子代身高 y 的关系.尽管"回归"这个名称有特定的含义,人们在研究大量的问题中的变量 x 与 y 之间的关系并不具有这种"回归"的含义,但借用这个名词把研究变量 x 与 y 之间的关系的方法称为回归分析,也算是对高尔顿这个伟大的统计学家的一个纪念.

3.1.1 一个例子

例 3.1.1 根据专业知识可知,合金的强度 Y 与合金中的含碳量 X(%)有关.为了获得它们之间的关系,从生产中收集了一批数据 (x_i, y_i),$i = 1, 2, \cdots, 12$,见表 3-1.

序号	1	2	3	4	5	6	7	8	9	10	11	12
含碳量 X	0.10	0.11	0.12	0.13	0.14	0.15	0.16	0.17	0.18	0.20	0.21	0.23
强度 Y	42.0	43.5	45.0	45.5	45.0	47.5	49.0	53.0	50.0	55.0	55.0	60.0

表 3-1　　合金的强度与合金中的含碳量的数据

为了直观地观察合金的强度 Y 与合金中的含碳量 X 的关系,以下看它们的散点图,见图 3-1.

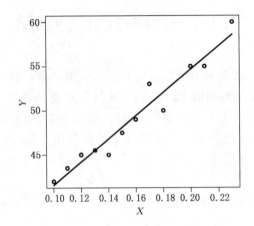

图 3-1 合金的强度 Y 与合金中的含碳量 X 的散点图

从图 3-1 可以看出,12 个点基本上在一条直线附近,从而可以认为合金的强度 Y 与合金中的含碳量 X 之间的关系基本上是线性的.

3.1.2 数学模型

假设

$$Y = a + bX + \varepsilon, \tag{3.1.1}$$

其中,X 是可控变量(一般变量),Y 是随机变量,$a + bX$ 表示 Y 随 X 的变化而线性变化的部分,ε 是随机误差,它是其他一切微小的、不确定因素影响的总和,其值不可观测,通常假设 $\varepsilon \sim N(0, \sigma^2)$. 函数 $f(X) = E(Y \mid X) = a + bX$ 称为一元线性回归函数,其中 a 为回归常数,b 称为回归系数,统称为回归参数. 称 X 为回归自变量(或回归因子),Y 为回归因变量(或响应变量).

若 $(x_1, y_1), (x_2, y_2), \cdots, (x_n, y_n)$ 是 (X, Y) 的一组独立观测值,则一元线性回归模型可以表示为

$$y_i = a + bx_i + \varepsilon_i, \quad \varepsilon_i \sim N(0, \sigma^2), \quad i = 1, 2, \cdots, n. \tag{3.1.2}$$

其中,各 ε_i 相互独立.

3.1.3 回归参数的估计

以下给出回归参数 a, b 的估计. 若 $(x_1, y_1), (x_2, y_2), \cdots, (x_n, y_n)$ 是 (X, Y) 的一组独立观测值,根据(3.1.2),$y_i = a + bx_i + \varepsilon_i$,$\varepsilon_i \sim N(0, \sigma^2)$,各 ε_i 相互

独立.

根据最小二乘原理,估计回归参数 a, b 应使误差平方和 $\sum\limits_{i=1}^{n} \varepsilon_i^2 = \sum\limits_{i=1}^{n} (y_i - a - bx_i)^2$ 最小,即

$$Q(a, b) = \sum_{i=1}^{n} (y_i - a - bx_i)^2$$

取最小值.

求 Q 关于 a, b 的偏导数,并令它们为零,解得 b 的最小二乘估计为

$$b = \frac{\sum\limits_{i=1}^{n} (x_i - \overline{x})(y_i - \overline{y})}{\sum\limits_{i=1}^{n} (x_i - \overline{x})^2} = \frac{L_{xy}}{L_{xx}},$$

其中, $\overline{x} = \dfrac{1}{n} \sum\limits_{i=1}^{n} x_i$, $\overline{y} = \dfrac{1}{n} \sum\limits_{i=1}^{n} y_i$, $L_{xy} = \sum\limits_{i=1}^{n} (x_i - \overline{x})(y_i - \overline{y})$, L_{xx}

$= \sum\limits_{i=1}^{n} (x_i - \overline{x})^2$.

这样 b 和 a 的最小二乘估计可以写成

$$\begin{cases} \hat{b} = \dfrac{L_{xy}}{L_{xx}}, \\ \hat{a} = \overline{y} - \hat{b}\, \overline{x}. \end{cases}$$

在得到 a 和 b 的最小二乘估计 $\hat{a}$, $\hat{b}$ 后,称方程

$$\hat{Y} = \hat{a} + \hat{b} X$$

为一元回归方程(或经验回归方程).

通常取

$$\hat{\sigma}^2 = \frac{1}{n-2} \sum_{i=1}^{n} (y_i - \hat{a} - \hat{b} x_i)^2$$

为参数 σ^2 的估计(也称为 σ^2 的最小二乘估计). 可以证明 $\hat{\sigma}^2$ 是 σ^2 的无偏估计.

3.1.4 回归方程的显著性检验

前面用最小二乘法给出了回归参数的最小二乘估计,并由此给出了回归方程. 但回归方程并没有事先假定 Y 与 X 一定存在线性关系,如果 Y 与 X 不存在线性关

系,那么得到的回归方程就毫无意义.因此,需要对回归方程进行检验.

所谓对一元回归方程进行检验,就等价于检验

$$H_0: b = 0, \quad H_1: b \neq 0.$$

以下首先介绍平方和的分解,其次介绍 F 检验法,再次介绍判定系数(或决定系数),最后介绍估计标准误差.

(1) 平方和的分解

为了寻找检验 H_0 的方法,将 X 对 Y 的线性影响与随机波动引起的变差分开.对一个具体的观察值来说,变差的大小可以用实际观察值 y 与其均值 $\bar{y}$ 之差 $y - \bar{y}$ 来表示,而 n 次观察值的总变差可由这些离差的平方和来表示. $SS_T = \sum_{i=1}^{n} (y_i - \bar{y})^2$,称它为观察值 $y_1, y_2, \cdots, y_n$ 的**离差平方和**或**总平方和**(total sum of squares).

SS_T 反映了观察值 $y_i(i=1, 2, \cdots, n)$ 总的分散程度,对 SS_T 进行分解,得到

$$
\begin{aligned}
SS_T &= \sum_{i=1}^{n} (y_i - \bar{y})^2 \\
&= \sum_{i=1}^{n} [(\hat{y}_i - \bar{y}) + (y_i - \hat{y}_i)]^2 \\
&= \sum_{i=1}^{n} (\hat{y}_i - \bar{y})^2 + \sum_{i=1}^{n} (y_i - \hat{y}_i)^2 + 2\sum_{i=1}^{n} (\hat{y}_i - \bar{y})(y_i - \hat{y}_i).
\end{aligned}
$$

其中, $\hat{y}_i = \hat{a} + \hat{b} x_i$.

可以证明, $\sum_{i=1}^{n} (\hat{y}_i - \bar{y})(y_i - \hat{y}_i) = 0$,由此得

$$SS_T = \sum_{i=1}^{n} (\hat{y}_i - \bar{y})^2 + \sum_{i=1}^{n} (y_i - \hat{y}_i)^2 = SS_R + SS_E,$$

其中, $SS_R = \sum_{i=1}^{n} (\hat{y}_i - \bar{y})^2$, $SS_E = \sum_{i=1}^{n} (y_i - \hat{y}_i)^2$.

SS_R 叫做**回归平方和**(regression sum of squares),由于 $\frac{1}{n}\sum_{i=1}^{n} \hat{y}_i = \frac{1}{n}\sum_{i=1}^{n} (\hat{a} + \hat{b} x_i) = \hat{a} + \hat{b} \bar{x} = \bar{y}$,所以 SS_R 是回归值 $\hat{y}_i$ 的离差平方和,它反映了 $y_i(i = 1, 2, \cdots, n)$ 的分散程度,这种分散程度是由于 Y 与 X 之间线性关系引起的. SS_E 叫做**残差平方和**(residual sum of squares),它反映了 y_i 与回归值 $\hat{y}_i$ 的偏离程度,它是 X 对 Y 的线性影响之外的其余因素产生的误差.

(2) F 检验法

H_0 成立时，可以证明

$$F = \frac{SS_R}{SS_E/(n-2)} \sim F(1,\ n-2).$$

对于给定的显著性水平 α，拒绝域为 $W = \{F > F_\alpha(1,\ n-2)\}$. 对于 F 检验统计量的 p 值，如果 $p < \alpha$，则拒绝 H_0，表明两个变量之间的线性关系显著. 这种检验法称为 **F 检验法**.

(3) 判定系数（或决定系数）

回归平方和 SS_R 占总平方和（或离差平方和）SS_T 的比例称为**判定系数**（coefficient of determination），也称**决定系数**，记作 R^2，其计算公式为

$$R^2 = \frac{SS_R}{SS_T} = \frac{\sum\limits_{i=1}^{n}(\hat{y}_i - \bar{y})^2}{\sum\limits_{i=1}^{n}(y_i - \bar{y})^2}.$$

在一元线性回归中，判定系数（或决定系数）R^2 可以用于检验回归直线对数据的拟合程度. 如果所有观测点都落在回归直线上，则残差平方和 $SS_E = 0$，此时 $SS_T = SS_R$，于是 $R^2 = 1$，拟合是完全的；如果 Y 的变化与 X 无关，此时 $\hat{y}_i = \bar{y}$，则 $R^2 = 0$. 可见 $R^2 \in [0,\ 1]$. R^2 越接近 1，回归直线的拟合程度越好；R^2 越接近 0，回归直线的拟合程度越差.

在 R 软件中，用 Multiple R-squared 表示判定系数（或决定系数），具体见后面的例 3.1.2.

(4) 估计标准误差

估计标准误差（standard error of estimate）是残差平方和 SS_E 的均方根，即残差的标准差，用 s_e 来表示，其计算公式为

$$s_e = \sqrt{\frac{SS_E}{n-p-1}} = \sqrt{\frac{\sum\limits_{i=1}^{n}(y_i - \hat{y}_i)^2}{n-p-1}}.$$

其中，p 为自变量的个数，在一元线性回归中，$n-p-1 = n-2$.

s_e 反映了用回归方程预测因变量时产生的预测误差的大小，因此它从另一个角度说明了回归直线的拟合程度.

在 R 软件中，用 Residual standard error 表示（剩余）标准误差，具体见后面的

例 3.1.2.

例 3.1.2 求例 3.1.1 中的回归方程,并对相应的回归方程进行检验.

解 应用 R 软件中的函数 lm( )可以方便地求出回归参数 $\hat{a}$ 和 $\hat{b}$,并对相应的回归方程进行检验.

写相应的 R 程序如下:

```
x<-c(0.10, 0.11, 0.12, 0.13, 0.14, 0.15, 0.16, 0.17, 0.18, 0.20, 0.21, 0.23)
y<-c(42.0, 43.5, 45.0, 45.5, 45.0, 47.5, 49.0, 53.0, 50.0, 55.0, 55.0, 60.0)
lm.sol<-lm(y~1+x)
summary(lm.sol)
```

以上程序的说明:第 1 行是输入自变量 x 的数据,第 2 行是输入因变量 y 的数据(如果前面已输入 x 和 y 的数据,第 1 行和第 2 行可以省略),第 3 行中的函数 lm( )表示作线性回归,其模型是 $y \sim 1+x$,它表示 $y = a+bx+\varepsilon$,第 4 行中的函数 summary( )是提取模型的计算结果.

运行以上程序的结果为

```
Call:
lm(formula = y ~ 1+x)
Residuals:
    Min      1Q   Median      3Q      Max
-2.0431  -0.7056  0.1694  0.6633  2.2653
Coefficients:
             Estimate  Std. Error  t value  Pr(>|t|)
(Intercept)   28.493     1.580      18.04   5.88e-09 ***
x            130.835     9.683      13.51   9.50e-08 ***
---
Signif.codes: 0 '***' 0.001 '**' 0.01 '*' 0.05 '.' 0.1 ' ' 1
Residual standard error:1.319 on 10 degrees of freedom
Multiple R-squared:0.9481,    Adjusted R-squared:0.9429
F-statistic:182.6 on 1 and 10 DF, p-value:9.505e-08
```

对以上计算结果的说明:第一部分(Call)列出了相应的回归模型.第二部分(Residuals)列出了残差的最小值、1/4 分位数、中位数、3/4 分位数、最大值.第三部分(Coefficients)中,Estimate 表示回归参数的估计,即 $\hat{a}$,$\hat{b}$;Std. Error 表示回归标准差;t value 表示 t 值;Pr(>|t|)表示 t 统计量对应的 p 值.还有显著性标记,其中 *** 说明极为显著,** 说明高度显著,* 说明显著,· 说明不太显著.第四部分中,Residual standard error 表示残差的标准差,Multiple R-squared

表示决定系数(R^2),Adjusted R-squared 表示修正决定系数(R^2),F-statistic表示 F 统计量的值,其自由度为 $(1, n-2)$,p-value 表示 F 统计量对应的 p 值.

从以上计算结果可以看出,回归方程通过了回归参数的检验与回归方程的检验,得到的回归方程为

$$\hat{Y} = 28.493 + 130.835X.$$

例 3.1.3 为了解血压随年龄的增长而升高的关系,调查了 30 个成年人的血压(收缩压(mmHg))见表 3-2.我们希望用这组数据确定血压与年龄的关系.

表 3-2 血压和年龄的数据

序号	血压	年龄	序号	血压	年龄
1	144	39	16	130	48
2	215	47	17	135	45
3	138	45	18	114	18
4	145	47	19	116	20
5	162	65	20	124	19
6	142	46	21	136	36
7	170	67	22	142	50
8	124	42	23	120	39
9	158	67	24	120	21
10	154	56	25	160	44
11	162	64	26	158	53
12	150	56	27	144	63
13	140	59	28	130	29
14	110	34	29	125	25
15	128	42	30	175	69

解 应用 MATLAB 统计工具箱中的函数 regress( )进行回归分析.

(1)记血压 y,年龄 x,将 y 与 x 作散点图.

```
x1=[39, 47, 45, 47, 65, 46, 67, 42, 67, 56, 64, 56, 59, 34, 42, 48, 45, 18, 20, 19,
    36, 50, 39, 21, 44, 53, 63, 29, 25, 69];
```

```
X = [ones(30, 1), x1'];
y = [144, 215, 138, 145, 162, 142, 170, 124, 158, 154, 162, 150, 140, 110, 128, 130,
    135, 114, 116, 124, 136, 142, 120, 120, 160, 158, 144, 130, 125, 175];
plot(x1, y, 'r+')
```

结果见图 3-2.

从图 3-2 可以看出大致呈线性关系.

（2）画残差图

```
rcoplot(r, rint)
```

结果见图 3-3.

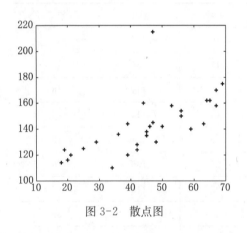

图 3-2　散点图

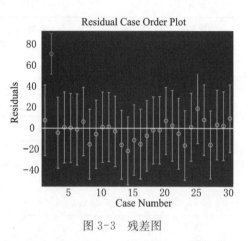

图 3-3　残差图

从图 3-3 可以看到,除第 2 个点外,其余数据的残差离零点都比较近,残差的置信区间都包含零点,而第 2 个数据点为异常点.

（3）计算有关统计量的值

```
[b, bint, r, rint, stats] = regress(y', x, 0.05)
```

结果为

```
b = 98.4084    0.9732
bint =
78.7484    118.06832
0.5601    1.3864
stats = 0.4540    23.2834    0.0000    273.7137
```

把以上计算结果列在表 3-3.

表 3-3	血压和年龄的计算结果	
回归系数	回归系数的点估计	回归系数的区间估计
b_1	98.408 4	(78.748 4, 118.068 32)
b_2	0.973 2	(0.560 1, 1.386 4)

$R^2 = 0.454\,0$, $F = 23.283\,4$, $p = 0.000\,0 < 0.05$, $s^2 = 273.713\,7$.

由于 $R^2 = 0.454\,0$ 较小,说明模型的精度不高.

把原始数据中的第 2 个剔除后,重新计算,其结果见表 3-4.

表 3-4	血压和年龄的计算结果	
回归系数	回归系数的点估计	回归系数的区间估计
b_1	96.866 5	(85.477 1, 108.255 9)
b_2	0.953 3	(0.714 0, 1.192 5)

$R^2 = 0.712\,3$, $F = 66.835\,8$, $p = 0.000\,0 < 0.05$, $s^2 = 91.430\,5$.

从上面两种情况可以看出,R^2 和 F 变大,s^2 变小,说明模型的精度提高了.

(4)把各数据点及回归方程画在同一个图中.

```
z = 96.8665 + 0.9533 * x1;
plot(x, y, '*', x, z, 'r')
```

结果见图 3-4.

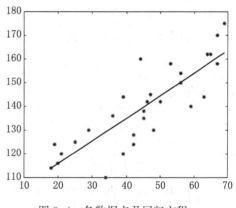

3.1.5 预测

图 3-4　各数据点及回归方程

经过检验后,如果回归效果显著,就可以利用回归方程进行预测.所谓预测,就是对给定的回归自变量的值,预测对应的回归因变量的所有可能取值范围.因此,这是一个区间估计问题.

对给定的回归自变量 X 的值 $X = x_0$,记回归值为 $\hat{y}_0 = \hat{a} + \hat{b} x_0$,则 $\hat{y}_0$ 为因变量 Y 在 $X = x_0$ 处的观测值,即 $y_0 = a + b x_0 + \varepsilon_0$ 的估计.

现在考虑在置信水平为 $1 - \alpha$ 下,y_0 的预测区间和 $E(y_0)$ 的置信区间.

可以证明,在置信水平为 $1 - \alpha$ 下 y_0 的预测区间为

$$\left(\hat{y}_0 - t_{\frac{\alpha}{2}}(n-2) \cdot \hat{\sigma} \sqrt{1 + \frac{1}{n} + \frac{(x_0 - \overline{x})^2}{L_{xx}}}, \ \hat{y}_0 + t_{\frac{\alpha}{2}}(n-2) \cdot \hat{\sigma} \sqrt{1 + \frac{1}{n} + \frac{(x_0 - \overline{x})^2}{L_{xx}}} \right).$$

$E(y_0)$ 的置信区间为

$$\left(\hat{y}_0 - t_{\frac{\alpha}{2}}(n-2) \cdot \hat{\sigma}\sqrt{\frac{1}{n} + \frac{(x_0 - \overline{x})^2}{L_{xx}}}, \ \hat{y}_0 + t_{\frac{\alpha}{2}}(n-2) \cdot \hat{\sigma}\sqrt{\frac{1}{n} + \frac{(x_0 - \overline{x})^2}{L_{xx}}}\right).$$

例 3.1.4 在例 3.1.1 中,设 $x_0 = 0.16$,求 y_0 的估计 $\hat{y}_0$, y_0 的预测区间和 $E(y_0)$ 的置信区间(取置信水平为 0.95).

解 应用 R 软件中的函数 predict( )可以方便地求出 y_0 的估计 $\hat{y}_0$, y_0 的预测区间和 $E(y_0)$ 的置信区间.

写相应的 R 程序如下:

```
>new<-data.frame(x=0.16)
>predict(lm.sol, new, interval='prediction', level=0.95)
```

运行结果为

```
     fit        lwr        upr
1  49.42639   46.36621   52.48657
```

继续写相应的 R 程序如下:

```
>predict(lm.sol, new, interval='confidence')
```

运行结果为

```
     fit        lwr        upr
1  49.42639   48.57695   50.27584
```

说明:第 1 行表示输入新的点 $x_0 = 0.16$,第 2 行的函数 predict( )是计算估计 $\hat{y}_0$ 和 y_0 的预测区间. 在第 5 行的函数 predict( )中,选取参数为 interval='confidence',所以给出 $E(y_0)$ 的置信区间.

3.2 多元线性回归

在实际问题中,如果与因变量 Y 有关联性的自变量不止一个,假设有 p 个. 此时无法借助图形来确定模型,这里仅讨论一种简单又普遍的模型——多元线性回归模型.

3.2.1 多元线性回归模型

设变量 Y 与变量 $X_1, X_2, \cdots, X_p$ 之间有线性关系

其中 $SS_T = SS_R + SS_E = \sum_{i=1}^{n}(y_i - \overline{y})^2$ 称为总体离差平方和.

例 3.2.1 根据经验,在人的身高相同的情况下,血压的收缩压 Y 与体重 $X_1(\mathrm{kg})$,年龄 X_2 (岁)有关.现收集了 13 个男子的数据,见表 3-5.请建立 Y 与 X_1,X_2 的线性回归方程.

表 3-5 收缩压、体重和年龄的数据

序号	1	2	3	4	5	6	7	8	9	10	11	12	13
X_1	76.0	91.5	85.5	82.5	79.0	80.5	74.5	79.5	85.0	76.5	82.0	95.0	92.5
X_2	50	20	20	30	30	50	60	50	40	55	40	40	20
Y	120	141	124	126	117	125	123	125	132	123	132	155	147

解 应用 R 软件中的 lm( )求解,用函数 summary( )是提取有关信息.写相应的 R 程序如下:

```
blood<-data.frame(
X1=c(76.0, 91.5, 85.5, 82.5, 79.0, 80.5, 74.5,
      79.5, 85.0, 76.5, 82.0, 95.0, 92.5),
X2=c(50, 20, 20, 30, 30, 50, 60, 50, 40, 55,
      40, 40, 20),
Y=c(120, 141, 124, 126, 117, 125, 123, 125,
     132, 123, 132, 155, 147)
)
lm.sol<-lm(Y~X1+X2, data=blood)
summary(lm.sol)
```

结果为

```
Call:
lm(formula = Y ~ X1+X2, data = blood)
Residuals:
     Min       1Q  Median       3Q      Max
 -3.8984  -1.7638  0.4532  0.7204   4.3187
Coefficients:
             Estimate   Std.Error   t value   Pr(>|t|)
(Intercept)  -62.65381  17.28098    -3.626    0.004646 **
X1             2.13456   0.17834    11.969    2.99e-07 ***
X2             0.39440   0.08433     4.677    0.000871 ***
---
```

Signif.codes：0 '***' 0.001 '**' 0.01 '*' 0.05 '.' 0.1 ' ' 1

Residual standard error：2.902 on 10 degrees of freedom

Multiple R-squared：0.9443,　　Adjusted R-squared：0.9332

F-statistic：84.78 on 2 and 10 DF, p-value：5.357e-07

从以上计算结果可以得到，回归系数和回归方程的检验都是显著的. 因此，回归方程为

$$\hat{Y} = -62.653\,81 + 2.134\,56X_1 + 0.394\,40X_2.$$

3.2.4　预测

当多元线性回归方程经过检验通过以后，并且每一个系数都是显著时，可用此方程作预测.

给定 $\boldsymbol{X} = \boldsymbol{x}_0 = (x_{01}, x_{02}, \cdots, x_{0p})^{\mathrm{T}}$，将其代入回归方程得到

$$y_0 = b_0 + b_1 x_{01} + \cdots + b_p x_{0p} + \varepsilon_0$$

的估计为

$$\hat{y}_0 = \hat{b}_0 + \hat{b}_1 x_{01} + \cdots + \hat{b}_p x_{0p}.$$

现在考虑在置信水平为 $1-\alpha$ 下，y_0 的预测区间和 $E(y_0)$ 的置信区间.

可以证明，在置信水平为 $1-\alpha$ 下 y_0 的预测区间为

$$\left(\begin{array}{l} \hat{y}_0 - t_{\frac{\alpha}{2}}(n-p-1) \cdot \hat{\sigma}\sqrt{1 + \widetilde{\boldsymbol{x}_0}^{\mathrm{T}}(\boldsymbol{X}^{\mathrm{T}}\boldsymbol{X})^{-1}\widetilde{\boldsymbol{x}_0}}, \\ \hat{y}_0 + t_{\frac{\alpha}{2}}(n-p-1) \cdot \hat{\sigma}\sqrt{1 + \widetilde{\boldsymbol{x}_0}^{\mathrm{T}}(\boldsymbol{X}^{\mathrm{T}}\boldsymbol{X})^{-1}\widetilde{\boldsymbol{x}_0}} \end{array} \right).$$

其中，$\boldsymbol{X}$ 为设计矩阵，$\widetilde{\boldsymbol{x}_0} = (1, x_{01}, x_{02}, \cdots, x_{0p})^{\mathrm{T}}$.

$E(y_0)$ 的置信区间为

$$\left(\begin{array}{l} \hat{y}_0 - t_{\frac{\alpha}{2}}(n-p-1) \cdot \hat{\sigma}\sqrt{\widetilde{\boldsymbol{x}_0}^{\mathrm{T}}(\boldsymbol{X}^{\mathrm{T}}\boldsymbol{X})^{-1}\widetilde{\boldsymbol{x}_0}}, \\ \hat{y}_0 + t_{\frac{\alpha}{2}}(n-p-1) \cdot \hat{\sigma}\sqrt{\widetilde{\boldsymbol{x}_0}^{\mathrm{T}}(\boldsymbol{X}^{\mathrm{T}}\boldsymbol{X})^{-1}\widetilde{\boldsymbol{x}_0}} \end{array} \right).$$

例 3.2.2　在例 3.2.1 中，设 $\boldsymbol{X} = \boldsymbol{x}_0 = (80, 40)^{\mathrm{T}}$，求 y_0 的估计 $\hat{y}_0$，y_0 的预测区间和 $E(y_0)$ 的置信区间（取置信水平为 0.95）.

解　下面是相应的 R 程序和计算结果.

```
>new<- data.frame(X1=80, X2=40)
>predict(lm.sol, new, interval='prediction')
```

```
            fit          lwr          upr
1           123.9699     117.2889     130.6509
>predict(lm.sol, new, interval = 'confidence')
            fit          lwr          upr
1           123.9699     121.9183     126.0215
```

对线性模型问题,有时作图可以更清楚地看出相应的情况,帮助理解回归方程的意义以及回归方程的合理性.下面用一个例子说明如何用 R 软件来完成回归模型的作图工作.

例 3.2.3 在例 3.1.2 中,计算自变量 x 在 $[0.10, 0.23]$ 内回归方程的预测估计值、预测区间和置信区间(取 $\alpha = 0.05$),并将数据点、预测估计曲线、预测区间和置信区间曲线画在一个图上.

写出 R 程序如下

```
x<-c(0.10, 0.11, 0.12, 0.13, 0.14, 0.15, 0.16, 0.17, 0.18, 0.20, 0.21, 0.23)
y<-c(42.0, 43.5, 45.0, 45.5, 45.0, 47.5, 49.0, 53.0, 50.0, 55.0, 55.0, 60.0)
lm.sol<-lm(y~1+x)
new<- data.frame(x=seq(0.10, 0.24, by=0.01))
pp<-predict(lm.sol, new, interval='prediction')
pc<-predict(lm.sol, new, interval='confidence')
matplot(new$x, cbind(pp, pc[,-1]), type='l',
    xlab='x', ylab='y', lty=c(1, 5, 5, 2, 2),
    col=c('blue', 'red', 'red', 'brown', 'brown'),
    lwd=2)
points(x, y, cex=1.4, pch=21, col='red', bg='orange')
legend(0.1, 63,
    c('Points', 'Fitted', 'Prediction', 'Confidence'),
    pch=c(19, NA, NA, NA), lty=c(NA, 1, 5, 2),
    col=c('orange', 'blue', 'red', 'brown'))
```

运行结果见图 3-5.

以上程序的说明:x, y 是对应变量 x, y 的输入值,用向量表示;lm. sol 保存用 lm 得到的对象;new 是需要预测的数据,其值为 0.10~0.24,其间隔为 0.01,用数据框的形式表示;pp 是预测值,由于 interval = 'prediction',所以它还包括预测的区间值,因此 pp 共有三列,第 1 列为预测值,第 2 列为预测区间的左端点,第 3 列为预测区间的右端点;pc 与 pp 的形式与意义相同,只不过它是置信区间,因为参数是 interval = 'confidence'. matplot 是矩阵绘图命令,其使用方法与 plot 类似;points 是低级绘图命令,它的目的是在图上加点;legend 是在图上加标记.

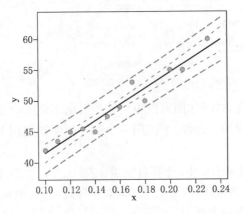

图 3-5   数据的回归直线与预测曲线

3.2.5   血压、年龄以及体质指数问题

世界卫生组织推荐的"体质指数"BMI(Body Mass Index)的定义为 $BMI = \dfrac{W(\text{kg})}{[H(\text{m})]^2}$,其中 W 表示体重(单位:kg),H 表示身高(单位:m). 显然它比体重本身更能反映人的胖瘦. 对 30 个人测量他(她)们的血压和体质指数,如表 3-6 所示.请建立血压与年龄以及体质指数之间的模型,并作回归分析. 如果还有他(她)们的吸烟习惯的记录,如表 3-6 所示(其中 0 表示不吸烟,1 表示吸烟),怎样在模型中考虑这个因素,吸烟会使血压升高吗? 请对 50 岁且体质指数为 25 的吸烟者的血压作预测.

表 3-6   血压,年龄,体质指数和吸烟习惯的数据

序号	血压	年龄	体质指数	吸烟习惯	序号	血压	年龄	体质指数	吸烟习惯
1	144	39	24.2	0	16	130	48	22.2	1
2	215	47	31.1	1	17	135	45	27.4	0
3	138	45	22.6	0	18	114	18	18.8	0
4	145	47	24.0	1	19	116	20	22.6	0
5	162	65	25.9	1	20	124	19	21.5	0
6	142	46	25.1	0	21	136	36	25.0	0
7	170	67	29.5	1	22	142	50	26.2	1
8	124	42	19.7	0	23	120	39	23.5	0
9	158	67	27.2	1	24	120	21	20.3	0

续表

序号	血压	年龄	体质指数	吸烟习惯	序号	血压	年龄	体质指数	吸烟习惯
10	154	56	19.3	0	25	160	44	27.1	1
11	162	64	28.0	1	26	158	53	28.6	1
12	150	56	25.8	0	27	144	63	28.3	0
13	140	59	27.3	0	28	130	29	22.0	1
14	110	34	20.1	0	29	125	25	25.3	0
15	128	42	21.7	0	30	175	69	27.4	1

解 记血压 y，年龄 x_1，体质指数 x_2，吸烟习惯 x_3.

用 MATLAB 写程序如下：

```
y=[144, 215, 138, 145, 162, 142, 170, 124, 158, 154, 162, 150, 140, 110, 128, 130,
    135, 114, 116, 124, 136, 142, 120, 120, 160, 158, 144, 130, 125, 175];
x1=[39, 47, 45, 47, 65, 46, 67, 42, 67, 56, 64, 56, 59, 34, 42, 48, 45, 18, 20, 19,
    36, 50, 39, 21, 44, 53, 63, 29, 25, 69];
x2=[24.2, 31.1, 22.6, 24, 25.9, 25.1, 29.5, 19.7, 27.2, 19.3, 28, 25.8, 27.3,
    20.1, 21.7, 22.2, 27.4, 18.8, 22.6, 21.5, 25, 26.2, 23.5, 20.3, 27.1, 28.6,
    28.3, 22, 25.3, 27.4];
x3=[0, 1, 0, 1, 1, 0, 1, 0, 1, 0, 1, 0, 0, 0, 0, 1, 0, 0, 0, 0, 0, 1, 0, 0, 1, 1, 0, 1,
    0, 1];
n=30;
m=3;
X=[ones(n, 1), x1', x2', x3'];
[b, bint, r, rint, s]=regress(y',X);
b, bint, s,
```

结果为

```
b =
    45.3636
     0.3604
     3.0906
    11.8246
bint =
     3.5537    87.1736
    -0.0758     0.7965
     1.0530     5.1281
    -0.1482    23.7973
```

```
s =
    0.6855    18.8906    0.0000    169.7917
```

计算结果列在表 3-7.

表 3-7   血压,年龄,体质指数和吸烟习惯的计算结果

回归系数	回归系数的点估计	回归系数的区间估计
b_0	45.363 6	(3.553 7, 87.173 6)
b_1	0.360 4	(−0.075 8, 0.796 5)
b_2	3.090 6	(1.053 0, 5.128 1)
b_3	11.824 6	(−0.148 2, 23.797 3)

$R^2 = 0.685\,5$, $F = 18.890\,6$, $p = 0.000\,0 < 0.05$, $s^2 = 169.791\,7$.

从残差及其置信区间发现,第 2 和第 10 个点为异常点,剔除它们后重新计算,运行结果为

```
b =
    58.5101
     0.4303
     2.3449
    10.3065
bint =
    29.9064    87.1138
     0.1273     0.7332
     0.8509     3.8389
     3.3878    17.2253
s =
     0.8462    44.0087    0.0000    53.6604
```

其计算结果列在表 3-8.

表 3-8   血压,年龄,体质指数和吸烟习惯的计算结果

回归系数	回归系数的点估计	回归系数的区间估计
b_0	58.510 1	(29.906 4, 87.113 8)
b_1	0.430 3	(0.127 3, 0.733 2)
b_2	2.344 9	(0.850 9, 3.838 9)
b_3	10.306 5	(3.387 8, 17.225 3)

$R^2 = 0.846\,2$, $F = 44.008\,7$, $p = 0.000\,0 < 0.05$, $s^2 = 53.660\,4$.

预测模型为 $\hat{y} = 58.5101 + 0.4303x_1 + 2.3449x_2 + 10.3065x_3$.

根据这个结果可知,年龄和体质指数相同的人,吸烟者比不吸烟者的血压平均高 10.3065.另外,$\hat{b}_1 = 0.4303$ 说明,在其他指标不变的情况下,年龄增加 1 岁,血压平均升高 0.4303.

对 50 岁且体质指数为 25 的吸烟者的血压作预测:把 $x_1 = 50$,$x_2 = 25$,$x_3 = 1$ 代入上面的预测模型,得 $\hat{y} = 148.9525$,即 50 岁且体质指数为 25 的吸烟者的血压预测值为 148.9525.

3.2.6 电力市场的输电阻塞管理问题

2004 年全国大学生数学建模竞赛的 B 题"电力市场的输电阻塞管理"中的第一个问题是这样的:某电网有 8 台发电机组,6 条主要线路,表 3-9 和表 3-10 中的方案 0 给出了各机组的当前出力和各线路上对应的有功潮流值,方案 1—32 给出了围绕方案 0 的一些实验数据,试用这些数据确定各线路上有功潮流关于各发电机组出力的近似表达式.

表 3-9　　　　　　　各机组出力方案(单位:兆瓦,记作 MW)

方案/机组	1	2	3	4	5	6	7	8
0	120	73	180	80	125	125	81.1	90
1	133.02	73	180	80	125	125	81.1	90
2	129.63	73	180	80	125	125	81.1	90
3	158.77	73	180	80	125	125	81.1	90
4	145.32	73	180	80	125	125	81.1	90
5	120	78.596	180	80	125	125	81.1	90
6	120	75.45	180	80	125	125	81.1	90
7	120	90.487	180	80	125	125	81.1	90
8	120	83.848	180	80	125	125	81.1	90
9	120	73	231.39	80	125	125	81.1	90
10	120	73	198.48	80	125	125	81.1	90
11	120	73	212.64	80	125	125	81.1	90
12	120	73	190.55	80	125	125	81.1	90
13	120	73	180	75.857	125	125	81.1	90
14	120	73	180	65.958	125	125	81.1	90
15	120	73	180	87.258	125	125	81.1	90
16	120	73	180	97.824	125	125	81.1	90

续表

方案/机组	1	2	3	4	5	6	7	8
17	120	73	180	80	150.71	125	81.1	90
18	120	73	180	80	141.58	125	81.1	90
19	120	73	180	80	132.37	125	81.1	90
20	120	73	180	80	156.93	125	81.1	90
21	120	73	180	80	125	138.88	81.1	90
22	120	73	180	80	125	131.21	81.1	90
23	120	73	180	80	125	141.71	81.1	90
24	120	73	180	80	125	149.29	81.1	90
25	120	73	180	80	125	125	60.582	90
26	120	73	180	80	125	125	70.962	90
27	120	73	180	80	125	125	64.854	90
28	120	73	180	80	125	125	75.529	90
29	120	73	180	80	125	125	81.1	104.84
30	120	73	180	80	125	125	81.1	111.22
31	120	73	180	80	125	125	81.1	98.092
32	120	73	180	80	125	125	81.1	120.44

表 3-10　　　各线路的潮流值(各方案与表 1 相对应,单位:MW)

方案/线路	1	2	3	4	5	6
0	164.78	140.87	−144.25	119.09	135.44	157.69
1	165.81	140.13	−145.14	118.63	135.37	160.76
2	165.51	140.25	−144.92	118.7	135.33	159.98
3	167.93	138.71	−146.91	117.72	135.41	166.81
4	166.79	139.45	−145.92	118.13	135.41	163.64
5	164.94	141.5	−143.84	118.43	136.72	157.22
6	164.8	141.13	−144.07	118.82	136.02	157.5
7	165.59	143.03	−143.16	117.24	139.66	156.59
8	165.21	142.28	−143.49	117.96	137.98	156.96
9	167.43	140.82	−152.26	129.58	132.04	153.6
10	165.71	140.82	−147.08	122.85	134.21	156.23
11	166.45	140.82	−149.33	125.75	133.28	155.09

续表

方案/线路	1	2	3	4	5	6
12	165.23	140.85	−145.82	121.16	134.75	156.77
13	164.23	140.73	−144.18	119.12	135.57	157.2
14	163.04	140.34	−144.03	119.31	135.97	156.31
15	165.54	141.1	−144.32	118.84	135.06	158.26
16	166.88	141.4	−144.34	118.67	134.67	159.28
17	164.07	143.03	−140.97	118.75	133.75	158.83
18	164.27	142.29	−142.15	118.85	134.27	158.37
19	164.57	141.44	−143.3	119	134.88	158.01
20	163.89	143.61	−140.25	118.64	133.28	159.12
21	166.35	139.29	−144.2	119.1	136.33	157.59
22	165.54	140.14	−144.19	119.09	135.81	157.67
23	166.75	138.95	−144.17	119.15	136.55	157.59
24	167.69	138.07	−144.14	119.19	137.11	157.65
25	162.21	141.21	−144.13	116.03	135.5	154.26
26	163.54	141	−144.16	117.56	135.44	155.93
27	162.7	141.14	−144.21	116.74	135.4	154.88
28	164.06	140.94	−144.18	118.24	135.4	156.68
29	164.66	142.27	−147.2	120.21	135.28	157.65
30	164.7	142.94	−148.45	120.68	135.16	157.63
31	164.67	141.56	−145.88	119.68	135.29	157.61
32	164.69	143.84	−150.34	121.34	135.12	157.64

现在的问题是要确定各线路上有功潮流关于各发电机组出力的近似表达式.

说明：本问题是 2004 年"全国大学生数学建模竞赛"的 B 题中的第一个问题.关于 2004 年全国大学生数学建模竞赛的 B 题(或历年竞赛题目)，见：全国大学生数学建模竞赛网站 http://www.mcm.edu.cn/；关于 2004 年全国大学生数学建模竞赛的 B 题的全部解答，见：韩明，张积林，李林，林杰，林江宏(2012).

根据表 3-9 和表 3-10 中数据的特点，经简单分析初步判断是线性关系.

表 3-9 的方案 1—32 是围绕方案 0 作的一系列实验，并给出了相应的实验数据，由数据可以看出这些数据是通过每次先固定 7 个发电机的出力，而只改变 1 个发电机的出力而得到的，并且每次都作了 4 个实验.从数据可以看出，当某个机组出力单调变化时，每条传输线上的有功潮流的变化成单调性，若以实验数据为坐标

点作图,发现这些点的分布具有明显的线性关系,同时考虑实际电路中的线性叠加原理,我们猜想输电线上的有功潮流与各个机组出力之间是多元线性关系.

根据以上分析,我们可用

$$y_j = \alpha_j + \sum_{i=1}^{8} \beta_{ij} x_i \quad (i = 1, 2, \cdots, 8, \ j = 1, 2, \cdots, 6)$$

来表示有功潮流 y 与发电机组出力 x 之间的线性关系,其中 α_j, β_{ij} 是回归系数.

以下是求回归系数 α_j, β_{ij} 和有关检验的 MATLAB 程序(说明:以下程序中大部分是输入数据,这部分也可以通过读取相应的数据文件的途径获得,为了让读者了解一些细节还是把它写出来了):

```
x = [133.02   73    180    80     125    125    81.1   90
     129.63   73    180    80     125    125    81.1   90
     158.77   73    180    80     125    125    81.1   90
     145.32   73    180    80     125    125    81.1   90
     120      78.596 180   80     125    125    81.1   90
     120      75.45  180   80     125    125    81.1   90
     120      90.487 180   80     125    125    81.1   90
     120      83.848 180   80     125    125    81.1   90
     120      73    231.39  80     125    125    81.1   90
     120      73    198.48  80     125    125    81.1   90
     120      73    212.64  80     125    125    81.1   90
     120      73    190.55  80     125    125    81.1   90
     120      73    180    75.857  125    125    81.1   90
     120      73    180    65.958  125    125    81.1   90
     120      73    180    87.258  125    125    81.1   90
     120      73    180    97.824  125    125    81.1   90
     120      73    180    80     150.71  125    81.1   90
     120      73    180    80     141.58  125    81.1   90
     120      73    180    80     132.37  125    81.1   90
     120      73    180    80     156.93  125    81.1   90
     120      73    180    80     125    138.88  81.1   90
     120      73    180    80     125    131.21  81.1   90
     120      73    180    80     125    141.71  81.1   90
     120      73    180    80     125    149.29  81.1   90
     120      73    180    80     125    125    60.582  90
     120      73    180    80     125    125    70.962  90
```

```
120   73   180   80   125   125   64.854   90
120   73   180   80   125   125   75.529   90
120   73   180   80   125   125   81.1    104.84
120   73   180   80   125   125   81.1    111.22
120   73   180   80   125   125   81.1    98.092
120   73   180   80   125   125   81.1    120.44];%围绕方案 0 的 32 组实验数据(6 条线路
```
的潮流值)

```
y = [165.81   140.13   -145.14   118.63   135.37   160.76
     165.51   140.25   -144.92   118.7    135.33   159.98
     167.93   138.71   -146.91   117.72   135.41   166.81
     166.79   139.45   -145.92   118.13   135.41   163.64
     164.94   141.5    -143.84   118.43   136.72   157.22
     164.8    141.13   -144.07   118.82   136.02   157.5
     165.59   143.03   -143.16   117.24   139.66   156.59
     165.21   142.28   -143.49   117.96   137.98   156.96
     167.43   140.82   -152.26   129.58   132.04   153.6
     165.71   140.82   -147.08   122.85   134.21   156.23
     166.45   140.82   -149.33   125.75   133.28   155.09
     165.23   140.85   -145.82   121.16   134.75   156.77
     164.23   140.73   -144.18   119.12   135.57   157.2
     163.04   140.34   -144.03   119.31   135.97   156.31
     165.54   141.1    -144.32   118.84   135.06   158.26
     166.88   141.4    -144.34   118.67   134.67   159.28
     164.07   143.03   -140.97   118.75   133.75   158.83
     164.27   142.29   -142.15   118.85   134.27   158.37
     164.57   141.44   -143.3    119      134.88   158.01
     163.89   143.61   -140.25   118.64   133.28   159.12
     166.35   139.29   -144.2    119.1    136.33   157.59
     165.54   140.14   -144.19   119.09   135.81   157.67
     166.75   138.95   -144.17   119.15   136.55   157.59
     167.69   138.07   -144.14   119.19   137.11   157.65
     162.21   141.21   -144.13   116.03   135.5    154.26
     163.54   141      -144.16   117.56   135.44   155.93
     162.7    141.14   -144.21   116.74   135.4    154.88
     164.06   140.94   -144.18   118.24   135.4    156.68
     164.66   142.27   -147.2    120.21   135.28   157.65
     164.7    142.94   -148.45   120.68   135.16   157.63
```

```
        164.67   141.56   − 145.88   119.68   135.29   157.61
        164.69   143.84   − 150.34   121.34   135.12   157.64];
    x0 = [120  73  180  80  125  125  81.1  90]';%方案 0 的 8 台机组出力
    y0 = [164.78  140.87  − 144.25  119.09  135.44  157.69]';%方案 0 的 6 条线路的潮
流值
    yp = zeros(6, 1);
    err = zeros(6, 1);
    X = [ones(32, 1), x];
    alpha = 0.05;
    for i = 1:6   %考虑 6 条线路分别进行回归分析
        Y = y(:,i) %获得第 i 条线路潮流值
    [b, bint, r, rint, stats] = regress(Y, X, alpha);   %回归函数
    fprintf('第%2d 条线路回归方程参数:  \n',i);
    fprintf('系数:');
    for k = 1:9 fprintf('%8.5f', b(k)); end; fprintf('\n');
    fprintf('统计量值 R^2 = %8.4f, F = %8.4f, p = %8.5f n', stats(1), stats(2),
stats(3));
    temp = b(2:9);
    yp(i) = b(1) + sum(temp. * x0);
    err(i) = abs(yp(i) − y0(i))/abs(y0(i)) * 100;
    endfprintf('方案 0 的原始数据,预测值,相对误差百分比:\n');
    for i = 1:6
      fprintf('%8.4f %8.4f %8.4f n', y0(i), yp(i), err(i));
    end
```

结果为

第 1 条线路回归方程参数:
系数:110. 29651   0. 08284   0. 04828   0. 05297   0. 11993   − 0. 02544   0. 12201
0.12158   − 0.00123
统计量值 $R^2 = 0.9995$, $F = 5861.5194$, $p = 0.00000$
第 2 条线路回归方程参数:
系数:131.22892   − 0.05456   0.12785   − 0.00003   0.03328   0.08685   − 0.11244
− 0.01893   0.09873
统计量值 $R^2 = 0.9996$, $F = 7228.6778$, $p = 0.00000$
第 3 条线路回归方程参数:
系数:− 108.87316   − 0.06954   0.06165   − 0. 15662   − 0. 00992   0. 12449   0. 00212
− 0.00251   − 0.20139

统计量值 $R^2 = 0.9999$，$F = 22351.7413$，$p = 0.00000$

第 4 条线路回归方程参数：

系数：77.48168　−0.03446　−0.10241　0.20516　−0.02083　−0.01183　0.00595 0.14492　0.07655

统计量值 $R^2 = 0.9999$，$F = 25582.5797$，$p = 0.00000$

第 5 条线路回归方程参数：

系数：132.97447　0.00053　0.24329　−0.06455　−0.04113　−0.06522　0.07034 −0.00426　−0.00891

统计量值 $R^2 = 0.9996$，$F = 6971.8004$，$p = 0.00000$

第 6 条线路回归方程参数：

系数：120.66328　0.23781　−0.06017　−0.07787　0.09298　0.04690　0.00008 0.16593　0.00069

统计量值 $R^2 = 0.9998$，$F = 17454.5479$，$p = 0.00000$

方案 0 的原始数据，预测值，相对误差百分比：

164.7800	164.7120	0.0413
140.8700	140.8238	0.0328
−144.2500	−144.2051	0.0312
119.0900	119.0412	0.0410
135.4400	135.3803	0.0441
157.6900	157.6206	0.0440

把上述 6 条线路回归方程参数估计的计算结果列在表 3-11 中.

表 3-11　　　　　　　　线路回归方程参数估计的计算结果

α_j	β_{1j}	β_{2j}	β_{3j}	β_{4j}	β_{5j}	β_{6j}	β_{7j}	β_{8j}
110.296 51	0.082 84	0.048 28	0.052 97	0.119 93	−0.025 44	0.122 01	0.121 58	−0.001 23
131.228 92	−0.054 56	0.127 85	−0.000 03	0.033 28	0.086 85	−0.112 44	−0.018 93	0.098 73
−108.873 16	−0.069 54	0.061 65	−0.156 62	−0.009 92	0.124 49	0.002 12	−0.002 51	−0.201 39
77.481 68	−0.034 46	−0.102 41	0.205 16	−0.020 83	−0.011 83	0.005 95	0.144 92	0.076 55
132.974 47	0.000 53	0.243 29	−0.064 55	−0.041 13	−0.065 22	0.070 34	−0.004 26	−0.008 91
120.663 28	0.237 81	−0.060 17	−0.077 87	0.092 98	0.046 90	0.000 08	0.165 93	0.000 69

从以上的统计量值看，R^2 都非常接近 1，F 都比较大，$p = 0.000\,00 < 0.01$，因此经检验，线性关系都成立. 可以得到各线路上有功潮流关于各发电机组出力的近似表达式如下：

$$y_1 = 110.296\,51 + 0.082\,84x_1 + 0.048\,28x_2 + 0.052\,97x_3 + 0.119\,93x_4$$
$$- 0.025\,44x_5 + 0.122\,01x_6 + 0.121\,58x_7 - 0.001\,23x_8;$$

$$y_2 = 131.228\,92 - 0.054\,56x_1 + 0.127\,85x_2 - 0.000\,03x_3 + 0.033\,28x_4$$

$$+0.086\ 85x_5 - 0.112\ 44x_6 - 0.018\ 93x_7 + 0.098\ 73x_8;$$

$$y_3 = -108.873\ 16 - 0.069\ 54x_1 + 0.061\ 65x_2 - 0.156\ 62x_3 - 0.009\ 92x_4$$
$$+0.124\ 49x_5 + 0.002\ 12x_6 - 0.002\ 51x_7 - 0.201\ 39x_8;$$

$$y_4 = 77.481\ 68 - 0.034\ 46x_1 - 0.102\ 41x_2 + 0.205\ 16x_3 - 0.020\ 83x_4$$
$$-0.011\ 83x_5 + 0.005\ 95x_6 + 0.144\ 92x_7 + 0.076\ 55x_8;$$

$$y_5 = 132.974\ 47 + 0.000\ 53x_1 + 0.243\ 29x_2 - 0.064\ 55x_3 - 0.041\ 13x_4$$
$$-0.065\ 22x_5 + 0.070\ 34x_6 - 0.004\ 26x_7 - 0.008\ 91x_8;$$

$$y_6 = 120.663\ 28 + 0.237\ 81x_1 - 0.060\ 17x_2 - 0.077\ 87\ x_3 + 0.092\ 98x_4$$
$$+0.046\ 90x_5 + 0.000\ 08\ x_6 + 0.165\ 93x_7 + 0.000\ 69x_8.$$

3.3 多项式回归

多项式回归仍然属于多元回归问题,这里不讨论一般多项式回归问题,主要讨论多元二项式回归问题.一般多元二项式回归模型为

$$y = b_0 + b_1 x_1 + \cdots + b_m x_m + \sum_{1 \leqslant j \leqslant k \leqslant m} b_{jk} x_j\ x_k + \varepsilon.$$

MATLAB 提供了一个作多元二项式回归的函数 rstool( ),它产生一个交互式画面,并输出相关信息,其用法如下:

```
rstool(X, Y, model, alpha)
```

其中,alpha 是显著性水平(默认时设定为 0.05),model 可选择如下 4 个模型(用字符串输入,默认时设定为线性模型):

① linear:只包含线性项;

② purequadratic:包含线性项和纯二次项;

③ interaction:包含线性项和纯交叉项;

④ quadratic:包含线性项和完全二次项.

输出一个交互式画面

设 $(y, x_1, \cdots, x_m)$ 的 n 个独立观测值记为 $(b_i, x_{i1}, \cdots, x_{im})$,$i = 1, 2, \cdots, n.$ $\boldsymbol{Y}, \boldsymbol{X}$ 分别为 n 维列向量和 $n \times m$ 矩阵,这里

$$Y = \begin{bmatrix} b_1 \\ b_2 \\ \vdots \\ b_n \end{bmatrix}, \quad X = \begin{bmatrix} a_{11} & \cdots & a_{1m} \\ a_{21} & \cdots & a_{2m} \\ \vdots & & \vdots \\ x_{n1} & \cdots & x_{nm} \end{bmatrix}.$$

应该指出,矩阵 X 与线性回归分析中的数据矩阵 X 是有差异的,后者的第一列为全为 1 的列向量;二次项系数的排列次序是先为交叉项的系数,然后是纯二次项的系数.

例 3.3.1　某厂生产一种电器的销售量 y 与竞争对手的价格 x_1 和本厂的价格 x_2 有关. 表 3-12 是该商品在 10 个城市的销售记录,根据这些数据建立 y 与 x_1、x_2 的关系. 若在某市本厂的销售价格为 160(元),竞争对手的销售价格为 170(元),试预测该市的销售量.

表 3-12　　　　　　　　　　销售量 y 与价格 x_1 和 x_2 的数据

x_1	120	140	190	130	155	175	125	145	180	150
x_2	100	110	90	150	210	150	250	270	300	250
y	102	100	120	77	46	93	26	69	65	85

解　(1) 首先作 (y, x_1),(y, x_2) 的散点图,见图 3-6 和图 3-7.

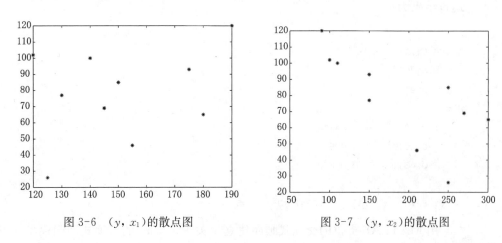

图 3-6　(y, x_1) 的散点图　　　　　　图 3-7　(y, x_2) 的散点图

从图 3-6 和图 3-7 可以看出,y 和 x_2 有较明显的线性关系,而 y 和 x_1 之间的关系难以确定.

(2) y 关于 x_1,x_2 的线性回归方程,$y = b_0 + b_1 x_1 + b_2 x_2$,有关计算结果列于表 3-13(MATLAB 程序附后).

表 3-13 回归系数的点估计和区间估计的计算结果

回归系数	点估计	区间估计
b_0	66.517 6	$(-32.506\ 0,\ 165.541\ 1)$
b_1	0.413 9	$(-0.201\ 8,\ 1.029\ 6)$
b_2	$-0.269\ 8$	$(-0.461\ 1, -0.078\ 5)$

$R^2 = 0.652\ 7$, $F = 6.578\ 6$, $p = 0.024\ 7$, $s^2 = 351.044\ 5$.

可以看出以上结果不太好: $p = 0.024\ 7$, 如果取显著性水平 $\alpha = 0.05$ 则回归模型有效; 如果取显著性水平 $\alpha = 0.01$, 则回归模型不能用; $R^2 = 0.652\ 7$ 较小; b_1 的置信区间包含零点.

MATLAB 程序

```
clear x
x1 = [120, 140, 190, 130, 155, 175, 125, 145, 180, 150];
x2 = [100, 110, 90, 150, 210, 150, 250, 270, 300, 250];
y = [102, 100, 120, 77, 46, 93, 26, 69, 65, 85];
X = [ones(10, 1), x1', x2'];
[b, bint, r, rint, s] = regress(y', X);
b, bint, s,
```

运行结果为

```
b =
    66.5176
     0.4139
    -0.2698
bint =
    -32.5060    165.5411
     -0.2018      1.0296
     -0.4611     -0.0785
s =
     0.6527    6.5786    0.0247   351.0445
```

(3) 用 MATLAB 提供的交互式画面建立 y 关于 x_1, x_2 的二项式回归模型. 根据剩余方标准差(rmse), 这个指标选取较好的模型是 purequadratic 模型(用户图形界面的 MATLAB 程序附后).

有关 MATLAB 程序如下:

```
x = [x1', x2'];
```

```
rstool(x, y', 'purequadratic')
```

运行结果见图 3-8.

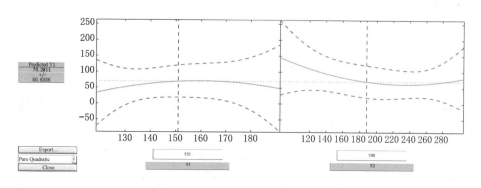

图 3-8　用户图形界面

为了回答"若在某市本厂的销售价格为 160(元),竞争对手的销售价格为 170 (元),预测该市的销售量"的问题,只需(在以上运行结果——图形界面中)输入 $x_1 = 170$, $x_2 = 160$, 即可得到图 3-9. 从图 3-9 可以看出 $\hat{y} = 82.052\,3 \pm 55.861\,7$, 即为 $(26.190\,6, 137.914\,0)$.

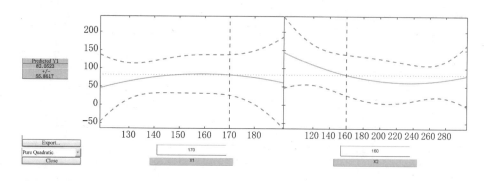

图 3-9　用于预测的用户图形界面

用户图形界面上有两个下拉菜单,上面的菜单 Export 用以向 MATLAB 工作区传送数据,包括回归系数(菜单中的 Parameters,工作区输入 beta)、剩余标准差 s(菜单中为 RMSE,工作区输入 rmse)等.下面的菜单用以在上述 4 个模型中变更原来的选择.

在本例中,我们把 4 个模型输出的回归系数和剩余标准差列入表 3-14,发现 purequadratic 的剩余标准差最小,所以选作最终模型.

表 3-14　　　　　　　　　　　　4 个模型输出结果

	b_0	b_1	b_2	b_3	b_4	b_5	s
purequadratic	$-312.587\ 1$	$7.270\ 1$	$-1.733\ 7$	$-0.022\ 8$	$0.003\ 7$		$16.643\ 6$
quadratic	$-307.360\ 0$	$7.203\ 2$	$-1.737\ 4$	$0.000\ 1$	$-0.022\ 6$	$0.003\ 7$	$18.606\ 4$
interaction	$137.531\ 7$	$-0.037\ 2$	$-0.713\ 1$	$0.002\ 8$			$19.162\ 6$
linear	$66.517\ 6$	$0.413\ 9$	$-0.269\ 8$				$18.736\ 2$

例 3.3.2　根据表 3-15 某养猪场 25 头猪的数据,试进行瘦肉量 y 对眼肌面积 x_1、腿肉量 x_2、腰肉量 x_3 的多元回归分析.

表 3-15　　　　　　　　　　　　某养猪场的数据

序号	y	x_1	x_2	x_3
1	15.02	23.73	5.49	1.21
2	12.62	22.34	4.32	1.35
3	14.86	28.84	5.04	1.92
4	13.98	27.67	4.72	1.49
5	15.91	20.83	5.35	1.56
6	12.47	22.27	4.27	1.50
7	15.80	27.57	5.25	1.85
8	14.32	28.01	4.62	1.51
9	13.76	24.79	4.42	1.46
10	15.18	28.96	5.30	1.66
11	14.20	25.77	4.87	1.64
12	17.07	23.17	5.80	1.90
13	15.40	28.57	5.22	1.66
14	15.94	23.52	5.18	1.98
15	14.33	21.86	4.86	1.59
16	15.11	28.95	5.18	1.37
17	13.81	24.53	4.88	1.39
18	15.58	27.65	5.02	1.66
19	15.85	27.29	5.55	1.70
20	15.28	29.07	5.26	1.82
21	16.40	32.47	5.18	1.75
22	15.02	29.65	5.08	1.70
23	15.73	22.11	4.90	1.81
24	14.75	22.43	4.65	1.82
25	14.35	20.04	5.08	1.53

要求如下:

(1) 求 y 关于 x_1，x_2，x_3 的线性回归方程，$y = b_0 + b_1 x_1 + b_2 x_2 + b_3 x_3$，计算 b_0，b_1，b_2，b_3 的估计值;

(2) 对上述回归模型和回归系数进行检验(要写出相关的统计量);

(3) 试建立 y 关于 x_1，x_2，x_3 的二项式回归模型，并根据适当的统计量指标选择一个较好的模型.

解 (1) 记 y，x_1，x_2，x_3 的独立观测值为 $(b_i, x_{i1}, x_{i2}, x_{i3})$，$i = 1, 2, \cdots,$ 25，且

$$\boldsymbol{Y} = \begin{pmatrix} b_1 \\ b_2 \\ \vdots \\ b_{25} \end{pmatrix}, \quad \boldsymbol{X} = \begin{pmatrix} 1 & a_{11} & a_{12} & a_{13} \\ 1 & a_{21} & a_{22} & a_{23} \\ \vdots & \vdots & \vdots & \vdots \\ 1 & x_{25,1} & x_{25,2} & x_{25,3} \end{pmatrix}.$$

用最小二乘法求 b_0，b_1，b_2，b_3 的估计值，其结果为(MATLAB 程序附后)

$$\hat{b}_0 = 0.853\,9, \quad \hat{b}_1 = 0.017\,8, \quad \hat{b}_2 = 2.078\,2, \quad \hat{b}_3 = 1.939\,6.$$

(2) 经计算(MATLAB 程序附后)，$F = 37.745\,3$，$F_{0.025}(3, 21) = 3.818\,8 < 37.745\,3$，所以模型整体通过了检验.

再检验 x_1，x_2，x_3 的系数. 经计算(MATLAB 程序附后)，得到

$$t_0 = 0.622\,3, \quad t_1 = 0.609\,0, \quad t_2 = 7.740\,7, \quad t_2 = 3.806\,2,$$

由于 $t_{0.025}(21) = 2.079\,6$，所以在显著性水平为 0.05 时 x_1 对模型的影响是不显著的. 建立线性模型时可以不使用 x_1.

问题(1)、问题(2)的 MATLAB 程序

```
clear
ab = textread('zhu.txt');
y = ab(:,[2:5:10]);  %提取因变量 y 的观测值
Y = nonzeros(y)  %去掉 y 后面的 0,并变成列向量
x123 = [ab([1:13],[3:5]); ab([1:12],[8:10])];  %提取 x1, x2, x3 的观测值
X = [ones(25, 1), x123];  %构造多元线性回归分析的数据矩阵 X
[beta, betaint, r, rint, st] = regress(Y, X)  %计算回归系数和统计量等, st 的第 2
```
个分量就是 F 统计量,下面根据统计量的表达式重新计算的结果和这里一样的.
```
q = sum(r.^2)  %计算残差平方和
ybar = mean(Y)  %计算 y 的观测值的平均值
yhat = X * beta;  %计算 y 的估计值
```

```
u = sum((yhat - ybar).^2)   %计算回归平方和
m = 3;   %变量的个数,拟合参数的个数为 m + 1
n = length(Y);
F = u/m/(q/(n - m - 1))   %计算 F 统计量的值,自由度为样本点的个数减拟合参数的
个数
fw1 = finv(0.025, m, n - m - 1)   %计算上 alpha/2 分位数
fw2 = finv(0.975, m, n - m - 1)   %计算上 1 - alpha/2 分位数
c = diag(inv(X' * X))
t = beta./sqrt(c)/sqrt(q/(n - m - 1))
tfw = tinv(0.975, n - m - 1)
save xydata Y x123
```

运行的(部分)结果为

```
beta =
    0.8539
    0.0178
    2.0782
    1.9396
betaint =
   - 1.9995    3.7073
   - 0.0429    0.0784
     1.5199    2.6365
     0.8799    2.9993
st =
    0.8436    37.7453    0.0000    0.2114
q =
    4.4403
ybar =
    14.9096
u =
    23.9428
F =
    37.7453
fw1 =
    0.0706
fw2 =
    3.8188
```

```
c =
    8.9037
    0.0040
    0.3409
    1.2281
t =
    0.6223
    0.6090
    7.7407
    3.8062
tfw =
    2.0796
```

（3）用 MATLAB 提供的交互式画面建立 y 关于 x_1，x_2，x_3 的二项式回归模型. 根据剩余方标准差（rmse）这个指标选取较好的模型是 quadratic——包含线性项和完全二次项（用户图形界面的 MATLAB 程序附后），得到的回归方程为

$$y = -17.099 + 0.361\,07x_1 + 2.356\,3x_2 + 18.273x_3 - 0.141\,21x_1x_2$$
$$- 0.440\,39x_1x_3 - 1.275\,4x_2x_3 + 0.021\,66x_1^2 + 0.502\,46x_2^2 + 0.396\,2x_3^3.$$

有关 MATLAB 程序如下：

```
clear
load xydata
rstool(x123, Y)
```

运行结果见图 3-10.

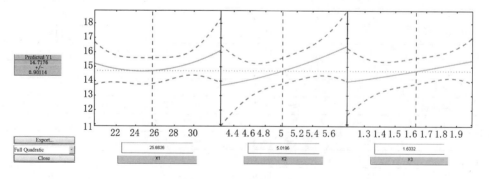

图 3-10　用户图形界面

3.4 思考与练习题

1. 合金强度 y 与其中的含碳量 x（％）有密切关系,从生产中收集了一批数据见表 3-16.（1）画出 y 与 x 的散点图;（2）求 y 与 x 回归方程;（3）对回归系数进行检验.

表 3-16　　　　　　合金的强度与合金中的含碳量的数据

序号	1	2	3	4	5	6	7	8	9	10	11	12
x	0.10	0.11	0.12	0.13	0.14	0.15	0.16	0.17	0.18	0.20	0.22	0.24
y	41.0	42.5	45.0	45.5	45.0	47.5	49.0	51.0	50.0	55.0	57.5	59.5

2. 社会学家认为犯罪与收入低、失业及人口规模有关,对 20 个城市的犯罪率 y（每 10 万人中犯罪的人数）与年收入低于 5 000 美元家庭的百分比 x_1、失业率 x_2 和人口总数 x_3（千人）进行调查,结果见表 3-17.

表 3-17　　　　　　　　y 与 x_1, x_2 和 x_3 的数据

序号	y	x_1	x_2	x_3
1	11.2	16.5	6.2	587
2	13.4	20.5	6.4	643
3	40.7	26.3	9.3	635
4	5.3	16.5	5.3	692
5	24.8	19.2	7.3	643
6	12.7	16.5	5.9	643
7	20.9	20.2	6.4	1 964
8	35.7	21.3	7.6	1 531
9	8.7	17.2	4.9	713
10	9.6	14.3	6.4	749
11	14.5	18.1	6.0	7 895
12	26.9	23.1	7.4	762
13	15.7	19.1	5.8	2 793
14	36.2	24.7	8.6	741
15	18.1	18.6	6.5	625
16	28.9	24.5	8.3	854
17	14.9	17.9	6.7	716
18	25.8	22.4	8.6	921
19	21.7	20.2	8.4	5.95
20	25.7	16.9	6.7	3 353

(1) 若在 x_1，x_2 和 x_3 中至多只允许选择 2 个变量，最好的模型是什么？

(2) 包括 3 个自变量的模型比上面的模型号码？确定最终模型．

(3) 对最终模型观察残差，有无异常点？若有，剔除后如何．

3. 工薪阶层普遍关心年薪与哪些因素有关，由此可制订自己的奋斗目标．某机构希望估计从业人员的年薪 y（万元）与他（她）们的成果（论文、专著等）的指标 x_1、从事工作的时间 x_2（单位：年）、能成功获得资助的指标 x_3 之间的关系，为此调查了 24 位从业人员，得到的数据如表 3-18 所示．

表 3-18 某类从业人员的指标数据

序号	1	2	3	4	5	6	7	8	9	10	11	12
x_1	3.5	5.3	5.1	5.8	4.2	6.0	6.8	5.5	3.1	7.2	4.5	4.9
x_2	9	20	18	33	31	13	25	30	5	47	25	11
x_3	6.1	6.4	7.4	6.7	7.5	5.9	6.0	4.0	5.8	8.3	5.0	6.4
y	11.1	13.4	12.9	15.6	13.8	12.5	13.0	13.6	10.0	17.6	12.7	10.6
序号	13	14	15	16	17	18	19	20	21	22	23	24
x_1	8.0	6.5	6.6	3.7	6.2	7.0	4.0	4.5	5.9	5.6	4.8	3.9
x_2	23	35	39	21	7	40	35	23	33	27	34	15
x_3	7.6	7.0	5.0	4.4	5.5	7.0	6.0	3.5	4.9	4.3	8.0	5.8
y	14.4	14.7	14.2	11.2	11.4	16.0	12.7	12.0	13.5	12.3	15.1	11.7

(1) 分别画出 y 与各自变量（x_1，x_2 和 x_3）的散点图；

(2) 求 y 与 x_1，x_2，x_3 的回归方程，并回归系数和回归方程进行检验；

(3) 根据模型的残差分析能否改进模型？如果能，请改进模型．

4. 汽车销售商认为汽车的销售与汽油价格、贷款利率有关，两种类型汽车（普通型和豪华型）18 个月的调查数据见表 3-19，其中 y_1 是普通型汽车的销售量（千辆），y_2 是豪华型汽车的销售量（千辆），x_1 是汽油价格（元/gallon），x_2 是贷款利率（%）．

表 3-19 y_1，y_2 与 x_1，x_2 的数据

序号	y_1	y_2	x_1	x_2
1	22.1	7.1	1.89	6.1
2	15.4	5.4	1.94	6.2
3	11.7	7.6	1.95	6.3
4	10.3	2.5	1.82	8.2
5	11.4	2.4	1.85	9.8

续表

序号	y_1	y_2	x_1	x_2
6	7.5	1.7	1.78	10.3
7	13.0	4.3	1.76	10.5
8	12.8	3.7	1.76	8.7
9	16.6	3.9	1.75	7.4
10	18.9	7.0	1.74	6.9
11	19.3	6.8	1.70	5.2
12	30.1	10.1	1.70	4.9
13	28.2	9.4	1.68	4.3
14	25.6	7.9	1.60	3.7
15	37.5	14.1	1.61	3.6
16	36.1	14.5	1.64	3.1
17	39.8	14.9	1.67	1.8
18	44.3	15.5	1.68	2.3

(1) 对普通型和豪华型汽车分别建立 y_1 与 x_1，x_2 及 y_2 与 x_1，x_2 的线性模型，并给出回归系数的估计、计算相关检验统计量的值.

(2) 用 $x_3 = 0, 1$ 表示汽车类型，建立 y 与 x_1，x_2，x_3 统一模型，并给出回归系数的估计、计算相关检验统计量的值. 以 $x_3 = 0, 1$ 代入统一模型，将结果与(1)的两个模型进行比较，解释二者的区别.

(3) 对统一模型增加二次项和交叉项，考察结果有什么改进.

4 | 逐步回归与回归诊断

在回归分析中,一方面,为获得较全面的信息,总希望模型中包含尽可能多的自变量;另一方面,考虑到获取如此多自变量的观测值的实际困难和费用等,则希望回归方程中包含尽可能少的自变量.加之理论上已证明预报值的方差随着自变量个数的增加而增大,且包含较多自变量的模型拟合的计算量大,又不便于利用拟合的模型对实际问题作解释.因此,在实际应用中,希望拟合这样一个模型,它既能较好地反映问题的本质,又包含尽可能少的自变量.这两个方面的一个适当折衷就是回归方程的选择问题,其基本思想是在一定的准则下选取对因变量影响较为显著的自变量,建立一个既合理又简单实用的回归模型.逐步回归法就是解决这类问题的一个方法.

在变量的选择——逐步回归法中,是从选择自变量上来研究回归分析,而没有研究异常样本的问题,对异常样本问题的研究方法之一就是回归诊断.

在作回归分析时,通常假设回归方程的残差具有齐性.如果残差不满足齐性(出现异方差),将如何处理呢?此时可通过 Box-Cox 变换使回归方程的残差满足齐性.

在本章中将介绍:逐步回归、回归诊断、Box-Cox 变换.

4.1 逐 步 回 归

在一些实际问题作多元线性回归时常有这样的情况,变量 X_1, X_2, $\cdots$, X_p 之间常常是线性相关的,则在式(3.2.3)中回归系数的估计中,矩阵 $\boldsymbol{X}^{\mathrm{T}}\boldsymbol{X}$ 的秩小于 p,$(\boldsymbol{X}^{\mathrm{T}}\boldsymbol{X})^{-1}$ 就无解.当变量 X_1, X_2, $\cdots$, X_p 中有任意两个存在较大的相关性时,矩阵 $\boldsymbol{X}^{\mathrm{T}}\boldsymbol{X}$ 处于病态,会给模型带来很大误差.因此在作回归时,应选择变量 X_1, X_2, $\cdots$, X_p 中的一部分作回归,剔除一些变量.

4.1.1 变量的选择

在实际问题中,影响因变量 Y 的因素有很多,我们只能挑选若干个变量建立回归方程,这就涉及变量的选择问题.

一般来说,如果在一个回归方程中忽略了对因变量 Y 有显著影响的自变量,那么所建立的回归方程必与实际有较大的偏离,但变量选得过多,使用就不方便.

在前面我们讨论一般多元线性回归方程的求法中,细心的读者也许会注意到,在那里不管自变量 X_i 对因变量 Y 的影响是否显著,均可进入回归方程.特别地,当回归方程中含有对因变量 Y 影响不大的变量时,可能因为 SS_E 的自由度变小,而使误差的方差增大,就会导致估计的精度变低.另外,在许多实际问题中,往往自变量 X_1,X_2,$\cdots$,X_p 之间并不是完全独立的,而是有一定的相关性存在的.如果回归模型中有某两个自变量 X_i 和 X_j 的相关系数比较大,就可使正规方程组的系数矩阵出现病态,也就是所谓的多重共线性的问题,将导致回归系数的估计值的精度不高.因此,适当地选择变量以建立一个"最优"的回归方程是十分重要的.

那么什么是"最优"回归方程呢?对这个问题有许多不同的准则,在不同准则下"最优"回归方程也可能不同.这里的"最优"是指从可供选择的所有变量中选出对因变量 Y 有显著影响的自变量建立方程,并且在方程中不含对 Y 无显著影响的自变量.

在上述意义下,可以有多种方法来获得"最优"回归方程,如前进法、后退法、逐步回归法等.其中逐步回归法使用较为普遍.

4.1.2 逐步回归的计算

R 软件中提供了较为方便的逐步回归计算函数 step( ),它是以 AIC(Akaike information criterion)信息统计量为准则,通过选择最小的 AIC 信息统计量来达到删除或增加变量的目的.

例 4.1.1 (Hald 水泥问题)某种水泥在凝固时放出的热量 Y (K/g)与水泥中的 4 种化学成分 X_1(3CaO $\cdot$ Al$_2$O$_3$ 含量的百分比), X_2(3CaO $\cdot$ SiO$_2$ 含量的百分比), X_3(4CaO $\cdot$ Al$_2$O$_3$ $\cdot$ Fe$_2$O$_3$ 含量的百分比), X_4(2CaO $\cdot$ SiO$_2$ 含量的百分比)有关.现测得 13 组数据,见表 4-1.希望从中选出主要变量,建立 Y 与它们的线性回归方程.

表 4-1						Hald 水泥问题的数据						
序号	1	2	3	4	5	6	7	8	9	10	11	12	13
X_1	7	1	11	11	7	11	3	1	2	21	1	11	10
X_2	26	29	56	31	52	55	71	31	54	47	40	66	68
X_3	6	15	8	8	6	9	17	22	18	4	23	9	8
X_4	60	52	20	47	33	22	6	44	22	26	34	12	12
Y	78.5	74.3	104.3	87.6	95.9	109.2	102.7	72.5	93.1	115.9	83.8	113.3	109.4

解 以下用 R 软件和 MATLAB 分别编写程序.

（1）用 R 软件编写程序

输入数据，作多元线性回归如下：

```
cement<-data.frame(
X1=c(7, 1, 11, 11, 7, 11, 3, 1, 2, 21, 1, 11, 10),
X2=c(26, 29, 56, 31, 52, 55, 71, 31, 54, 47, 40, 66, 68),
X3=c(6, 15, 8, 8, 6, 9, 17, 22, 18, 4, 23, 9, 8),
X4=c(60, 52, 20, 47, 33, 22, 6, 44, 22, 26, 34, 12, 12),
Y=c(78.5, 74.3, 104.3, 87.6, 95.9, 109.2, 102.7, 72.5, 93.1, 115.9, 83.8, 113.3,
109.4)
)
lm.sol<-lm(Y~X1+X2+X3+X4, data=cement)
summary(lm.sol)
```

运行后结果为

```
Call:
lm(formula = Y ~ X1 + X2 + X3 + X4, data = cement)
Residuals:
     Min       1Q   Median       3Q      Max
 -3.1750  -1.6709   0.2508   1.3783   3.9254
Coefficients:
             Estimate  Std. Error  t value  Pr(>|t|)
(Intercept)   62.4054     70.0710    0.891    0.3991
X1             1.5511      0.7448    2.083    0.0708.
X2             0.5102      0.7238    0.705    0.5009
X3             0.1019      0.7547    0.135    0.8959
X4            -0.1441      0.7091   -0.203    0.8441
---
```

```
Signif. codes: 0 '***' 0.001 '**' 0.01 '*' 0.05 '.' 0.1 ' ' 1
Residual standard error: 2.446 on 8 degrees of freedom
Multiple R-squared: 0.9824,      Adjusted R-squared: 0.9736
F-statistic: 111.5 on 4 and 8 DF, p-value: 4.756e-07
```

从上述计算中可以看出,如果选择全部变量作回归方程,则效果是不好的,因为方程的系数没有一项通过检验(取 $\alpha = 0.05$).

下面用函数 step( )作逐步回归.

```
lm.step<- step(lm.sol)
```

运行后结果为

```
Start:  AIC=26.94
Y ~ X1+X2+X3+X4

        Df     Sum of Sq     RSS      AIC
- X3     1      0.1091      47.973    24.974
- X4     1      0.2470      48.111    25.011
- X2     1      2.9725      50.836    25.728
<none>                      47.864    26.944
- X1     1     25.9509      73.815    30.576
Step:   AIC=24.97
Y ~ X1+X2+X4

        Df     Sum of Sq     RSS      AIC
<none>                       47.97    24.974
- X4     1      9.93         57.90    25.420
- X2     1     26.79         74.76    28.742
- X1     1    820.91        868.88    60.629
```

从程序运行的结果可以看到,当用全部变量作回归时,AIC 值为 26.94. 接下来显示的数据告诉我们,如果去掉 X_3,则相应的 AIC 值为 24.97;如果去掉 X_4,则相应的 AIC 值为 25.01;后面的类推. 如果去掉 X_3 可以使 AIC 的值达到最小,因此,R 软件自动去掉 X_3,进行下一轮计算.

下面分析一下计算结果. 用函数 summary( )提取相关信息.

```
summary(lm.step)
```

运行后结果为

```
Call:
lm(formula = Y ~ X1+X2+X4, data = cement)
Residuals:
```

```
        Min      1Q  Median      3Q     Max
    −3.0919  −1.8016  0.2562  1.2818  3.8982
Coefficients:
            Estimate Std.Error t value Pr(>|t|)
(Intercept)  71.6483   14.1424   5.066  0.000675 ***
X1            1.4519    0.1170  12.410  5.78e-07 ***
X2            0.4161    0.1856   2.242  0.051687 .
X4           −0.2365    0.1733  −1.365  0.205395
---
Signif.codes:  0 '***' 0.001 '**' 0.01 '*' 0.05 '.' 0.1 ' ' 1

Residual standard error:2.309 on 9 degrees of freedom
Multiple R-squared:0.9823,      Adjusted R-squared:0.9764
F-statistic:166.8 on 3 and 9 DF, p-value:3.323e-08
```

从显示结果看到,回归系数的检验的显著性水平有很大提高,但变量 X_2,X_4 系数检验的显著性水平仍然不理想. 下面如何处理呢?

在 R 软件中,还有两个函数可以用来作逐步回归. 这两个函数是 add1( )和 dropl( ).

以下用 drop1( )进行计算.

```
drop1(lm.step)
```

运行后结果为

```
Single term deletions
Model:
Y ~ X1+X2+X4
        Df  Sum of Sq    RSS     AIC
<none>                   47.97  24.974
X1       1    820.91    868.88  60.629
X2       1     26.79     74.76  28.742
X4       1      9.93     57.90  25.420
```

从以上运行结果来看,如果去掉 X_4,则 AIC 值会从 24.97 增加到 25.42,是增加最少的. 另外,除 AIC 准则外,残差的平方和也是逐步回归的重要指标之一.

从直观来看,拟合越好的方程,残差的平方和也应越小. 去掉 X_4,残差的平方和上升 9.93,也是最少的. 因此,从这两项指标来看,应该再去掉 X_4.

lm.opt<－lm(Y~X1＋X2,data＝cement);summary(lm.opt)

运行后结果为

Call:

lm(formula = Y ~ X1＋X2, data = cement)

Residuals:

Min	1Q	Median	3Q	Max
－2.893	－1.574	－1.302	1.363	4.048

Coefficients:

	Estimate	Std.Error	t value	Pr($>$|t|)
(Intercept)	52.57735	2.28617	23.00	5.46e-10 ***
X1	1.46831	0.12130	12.11	2.69e-07 ***
X2	0.66225	0.04585	14.44	5.03e-08 ***

Signif.codes: 0 '***' 0.001 '**' 0.01 '*' 0.05 '.' 0.1 ' ' 1

Residual standard error:2.406 on 10 degrees of freedom

Multiple R-squared:0.9787,   Adjusted R-squared:0.9744

F-statistic:229.5 on 2 and 10 DF, p-value:4.407e-09

这个结果应该还是满意的,因为所有的检验均是显著的. 最后得到"最优"的回归方程为

$$\hat{Y} = 52.577\ 35＋1.468\ 31X_1＋0.662\ 25X_2.$$

(2) 用 MATLAB 编写程序

MATLAB 给出了逐步回归的命令 stepwise,它提供人机交互画面,其用法如下:

stepwise(x, y, inmodel, alpha),x 是自变量数据,排成 $n×m$ 矩阵 (m 为自变量个数,n 为每个变量的数据量),y 是因变量数据,排成 n 维向量,inmodel 是自变量初始集合指标(即矩阵 x 中哪些列入初始集合),缺省时设定为全部自变量,alpha 为显著性水平,缺省时为 0.05.

stepwise 命令产生三个图形窗口:在 stepwise table 窗口列出一个统计表,包括回归系数及其置信区间的数值,模型的统计量:剩余残差(RMSE),决定系数(R-square), F 值和 p 值;stepwise plot 用虚线或实线显示回归系数及其置信区间,并

有 Export 按钮向工作区(workspace)输出参数;stepwise history 显示并记录选择过的每个模型的 RMSE 值及其置信区间.

用 MATLAB 编写程序如下:

```
X1=[7, 1, 11, 11, 7, 11, 3, 1, 2, 21, 1, 11, 10]';
X2=[26, 29, 56, 31, 52, 55, 71, 31, 54, 47, 40, 66, 68]';
X3=[6, 15, 8, 8, 6, 9, 17, 22, 18, 4, 23, 9, 8]';
X4=[60, 52, 20, 47, 33, 22, 6, 44, 22, 26, 34, 12, 12]';
Y=[78.5, 74.3, 104.3, 87.6, 95.9, 109.2, 102.7, 72.5, 93.1, 115.9, 83.8, 113.3,
109.4]';
X=[X1, X2, X3, X4];
stepwise(X, Y)
```

运行结果见图 4-1.

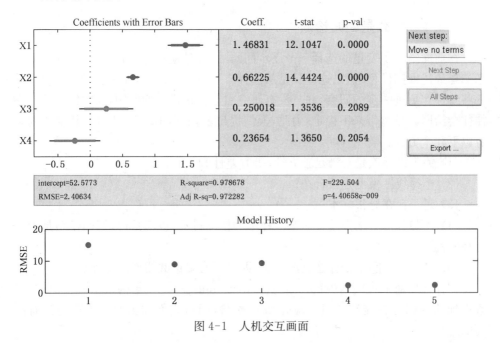

图 4-1 人机交互画面

在图 4-1 中 stepwise table 窗口,coeff 列显示 x1 的系数最大,在左侧 Coeftients with Errow Bars 窗口点击对应 x1 的红点(表示让 x1 进入模型),出现新的对话框,其中看出(除 x1 外)对应 x2 的回归系数最大,点击对应 x2 的红点,此时又出现一个新的对话框,其中对应 x1,x2 的点与线都是蓝色的,且都与垂直的零线不交(说明对应的回归系数不为零),而对应 x3,x4 的点与线都是红色的,且都与垂直的零线相交(说明对应的回归系数不排除为零),x3,x4 不应进入回归方程.

此时左侧和下侧的窗口中显示:

x1, x2, x3, x4 的回归系数为 Coefs:1.46831 0.66225 0.250018 -0.23654

回归方程的截距为 Intercept:52.5773

决定系数 R-square:0.978678

剩余残差为 RMSE:2.40634

由此得到回归方程:$\hat{Y} = 52.5773 + 1.46831X_1 + 0.66225X_2$.

说明:以上用 R 软件和 MATLAB 分别编写程序得到的结果是相同的.

4.2 回归诊断

4.2.1 什么是回归诊断

在前面给出了变量的选择——逐步回归法,并且还利用 AIC 准则或其他准则来选择最优回归模型.但是这些只是从选择自变量上来研究,而没有对回归模型的一些特性作更进一步的研究,并且没有研究引起异常样本的问题,异常样本的存在往往会给回归模型带来不稳定.为此,人们提出所谓回归诊断的问题,其主要内容有以下几个方面:

(1) 关于误差项是否满足独立性、等方差性和正态性;

(2) 选择线性模型是否合适;

(3) 是否存在异常样本;

(4) 回归分析的结果是否对某些样本的依赖过重,也就是说,回归模型是否具有稳定性;

(5) 自变量之间是否存在高度相关,即是否有多重共线性问题存在.

为什么要对上述问题进行判断呢? Anscombe 在 1973 年构造了一个例子,尽管得到的回归方程能够通过 t 检验和 F 检验,但将它们作为回归方程还是有问题的.

例 4.2.1 Anscombe 在 1973 年构造了 4 组数据,见表 4-2,每组数据都由 11 对点 (x_i, y_i) 组成,拟合简单线性回归模型

$$y_i = a + bx_i + \varepsilon_i.$$

请分析 4 组数据是否通过回归方程的检验,并用图形分析每组数据的基本情况.

表 4-2 Anscombe 给出的 4 组数据

序号	1	2	3	4	5	6	7	8	9	10	11
$X_{1,2,3}$	10	8	13	9	11	14	6	4	12	7	5
X_4	8	8	8	8	8	8	8	19	8	8	8
Y_1	8.04	6.95	7.58	8.81	8.33	9.96	7.24	4.26	10.84	4.82	5.68
Y_2	9.14	8.14	8.74	8.77	9.26	8.10	6.13	3.10	9.13	7.26	4.74
Y_3	7.46	6.77	12.74	7.11	7.81	8.84	6.08	5.39	8.15	6.44	5.73
Y_4	6.58	5.76	7.71	8.84	8.47	7.04	5.25	12.50	5.56	7.91	6.89

说明:在表 4-2 中 $X_{1,2,3}$ 表示 X_1, X_2, X_3.

解 用 R 软件作线性回归如下:

(1) 对第 1 组数据作回归,并提取相关信息.

```
x<-c(10, 8, 13, 9, 11, 14, 6, 4, 12, 7, 5)
y1<-c(8.04, 6.95, 7.58, 8.81, 8.33, 9.96, 7.24, 4.26, 10.84, 4.82, 5.68)
lm.sol<-lm(y1~1+x)
summary(lm.sol)
```

运行后结果为

```
Call:
lm(formula = y1 ~ 1+x)
Residuals:
```

Min	1Q	Median	3Q	Max
-1.92127	-0.45577	-0.04136	0.70941	1.83882

```
Coefficients:
```

	Estimate	Std.Error	t value	Pr(>|t|)	
(Intercept)	3.0001	1.1247	2.667	0.02573	*
x	0.5001	0.1179	4.241	0.00217	**

```
---

Signif.codes:  0 '***' 0.001 '**' 0.01 '*' 0.05 '.' 0.1 ' ' 1

Residual standard error:1.237 on 9 degrees of freedom
Multiple R-squared:0.6665,     Adjusted R-squared:0.6295
F-statistic:17.99 on 1 and 9 DF, p-value:0.00217
```

（2）对第 2 组数据作回归，并提取相关信息.

```
x<-c(10, 8, 13, 9, 11, 14, 6, 4, 12, 7, 5)
y2<-c(9.14, 8.14, 8.74, 8.77, 9.26, 8.10, 6.13, 3.10, 9.13, 7.26, 4.74)
lm.sol<-lm(y2~1+x)
summary(lm.sol)
```

运行后结果为

```
Call：
lm(formula = y2 ~ 1+x)
Residuals：
     Min      1Q   Median      3Q      Max
 -1.9009  -0.7609   0.1291   0.9491   1.2691
Coefficients：

              Estimate Std.Error t value Pr(>|t|)
(Intercept)    3.001    1.125     2.667   0.02576  *
x              0.500    0.118     4.239   0.00218  **

---

Signif.codes：0 '***' 0.001 '**' 0.01 '*' 0.05 '.' 0.1 ' ' 1

Residual standard error：1.237 on 9 degrees of freedom
Multiple R-squared：0.6662,     Adjusted R-squared：0.6292
F-statistic：17.97 on 1 and 9 DF, p-value：0.002179
```

（3）对第 3 组数据作回归，并提取相关信息.

```
x<-c(10, 8, 13, 9, 11, 14, 6, 4, 12, 7, 5)
y3<-c(7.46, 6.77, 12.74, 7.11, 7.81, 8.84, 6.08, 5.39, 8.15, 6.44, 5.73)
lm.sol<-lm(y3~1+x)
summary(lm.sol)
```

运行后结果为

```
Call：
lm(formula = y3 ~ 1+x)
Residuals：
     Min      1Q   Median      3Q      Max
 -1.1586  -0.6159  -0.2325   0.1510   3.2407
```

Coefficients:

	Estimate	Std.Error	t value	Pr(>|t|)	
(Intercept)	3.0075	1.1244	2.675	0.02542	*
x	0.4994	0.1179	4.237	0.00218	**

Signif.codes: 0 '***' 0.001 '**' 0.01 '*' 0.05 '.' 0.1 ' ' 1

Residual standard error:1.236 on 9 degrees of freedom

Multiple R-squared:0.666,   Adjusted R-squared:0.6289

F-statistic:17.95 on 1 and 9 DF, p-value:0.002185

（4）对第 4 组数据作回归，并提取相关信息.

```
x4<-c(8, 8, 8, 8, 8, 8, 8, 19, 8, 8, 8)
y4<-c(6.58, 5.76, 7.71, 8.84, 8.47, 7.04, 5.25, 12.50, 5.56, 7.91, 6.89)
lm.sol<-lm(y4~1+x4)
summary(lm.sol)
```

运行后结果为

Call:

lm(formula = y4 ~ 1+x4)

Residuals:

Min	1Q	Median	3Q	Max
-1.751	-0.831	0.000	0.809	1.839

Coefficients:

	Estimate	Std.Error	t value	Pr(>|t|)	
(Intercept)	3.0017	1.1239	2.671	0.02559	*
x4	0.4999	0.1178	4.243	0.00216	**

Signif.codes: 0 '***' 0.001 '**' 0.01 '*' 0.05 '.' 0.1 ' ' 1

Residual standard error:1.236 on 9 degrees of freedom

Multiple R-squared:0.6667,   Adjusted R-squared:0.6297

F-statistic: 18 on 1 and 9 DF, p-value:0.002165

从以上计算结果可以看出,4 组数据得到的回归系数的估计值、标准差、t 值、p 值几乎是相同的,并且都通过检验.如果进一步观察就会发现,4 组数据的 R^2,F 值和对应的 p 值,以及 $\hat{\sigma}$ 也基本上是相同的.但在后面的图 4-2—图 4-5 可以看出,这 4 组数据完全不同,因此,单用线性回归作分析是不对的.

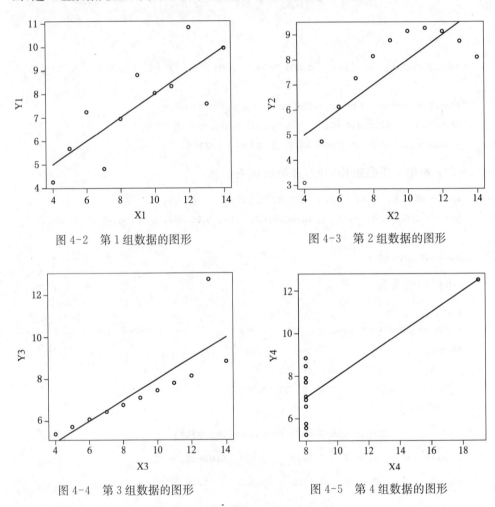

图 4-2　第 1 组数据的图形　　　　　　图 4-3　第 2 组数据的图形

图 4-4　第 3 组数据的图形　　　　　　图 4-5　第 4 组数据的图形

从图 4-2—图 4-5 可以看出,第 1 组数据用线性回归是可以的;第 2 组数据用二次拟合可能更合适;第 3 组数据有一个点可能影响到回归直线,作回归直线时,应去掉这个点;第 4 组数据作线性回归是不合理的,因为回归系数基本上只依赖于一点.

通过以上这个例子我们看到,在得到的回归方程通过各种检验时,还需要作相关的回归诊断.

4.2.2 儿童智力测试问题

例 4.2.2 （儿童智力测试问题）表 4-3 为教育家测试的 21 个儿童的记录,其中 X 为儿童的年龄(以月为单位),Y 表示某种智力指标.通过这些数据,建立儿童智力(指标)随年龄变化的关系.

表 4-3　　　　　　　　　儿童智力测试数据

序号	1	2	3	4	5	6	7	8	9	10	11
X	15	26	10	9	15	20	18	11	8	20	7
Y	95	71	83	91	102	87	93	100	104	94	113
序号	12	13	14	15	16	17	18	19	20	21	
X	9	10	11	11	10	12	42	17	11	10	
Y	96	83	84	102	100	105	57	121	86	100	

解　用 R 软件编写相应的程序

（1）计算回归系数,并作回归系数与回归方程的检验.

```
intellect<-data.frame(
x=c(15, 26, 10, 9, 15, 20, 18, 11, 8, 20, 7, 9, 10, 11, 11, 10, 12, 42, 17, 11, 10),
y=c(95, 71, 83, 91, 102, 87, 93, 100, 104, 94, 113, 96, 83, 84, 102, 100, 105, 57, 121, 86, 100)
)
lm.sol<-lm(y~1+x, data=intellect)
summary(lm.sol)
```

运行后结果为

```
Call:
lm(formula = y ~ 1+x, data = intellect)
Residuals:
     Min      1Q  Median      3Q     Max
 -15.604  -8.731   1.396   4.523  30.285
Coefficients:
             Estimate Std.Error t value  Pr(>|t|)
(Intercept) 109.8738    5.0678   21.681  7.31e-15 ***
x            -1.1270    0.3102   -3.633   0.00177 **
---
```

Signif.codes：0 '***' 0.001 '**' 0.01 '*' 0.05 '.' 0.1 '' 1

Residual standard error：11.02 on 19 degrees of freedom

Multiple R-squared：0.41,　　Adjusted R-squared：0.3789

F-statistic: 13.2 on 1 and 19 DF, p-value：0.001769

以上结果说明：通过 t 检验和 F 检验.

（2）回归诊断. 调用 influence. measures( ) 函数并作回归诊断图,其命令如下：

```
influence.measures(lm.sol)
op<- par(mfrow=c(2, 2), mar=0.4+c(4, 4, 1, 1),
    oma=c(0, 0, 2, 0))
plot(lm.sol, 1:4)
par(op)
```

运行后结果为

Influence measures of
　　lm(formula = y ~ 1+x, data = intellect)：

	dfb.1_	dfb.x	dffit	cov.r	cook.d	hat	inf
1	0.01664	0.00328	0.04127	1.166	8.97e-04	0.0479	
2	0.18862	-0.33480	-0.40252	1.197	8.15e-02	0.1545	
3	-0.33098	0.19239	-0.39114	0.936	7.17e-02	0.0628	
4	-0.20004	0.12788	-0.22433	1.115	2.56e-02	0.0705	
5	0.07532	0.01487	0.18686	1.085	1.77e-02	0.0479	
6	0.00113	-0.00503	-0.00857	1.201	3.88e-05	0.0726	
7	0.00447	0.03266	0.07722	1.170	3.13e-03	0.0580	
8	0.04430	-0.02250	0.05630	1.174	1.67e-03	0.0567	
9	0.07907	-0.05427	0.08541	1.200	3.83e-03	0.0799	
10	-0.02283	0.10141	0.17284	1.152	1.54e-02	0.0726	
11	0.31560	-0.22889	0.33200	1.088	5.48e-02	0.0908	
12	-0.08422	0.05384	-0.09445	1.183	4.68e-03	0.0705	
13	-0.33098	0.19239	-0.39114	0.936	7.17e-02	0.0628	
14	-0.24681	0.12536	-0.31367	0.992	4.76e-02	0.0567	

15	0.07968	−0.04047	0.10126	1.159	5.36e-03	0.0567	
16	0.02791	−0.01622	0.03298	1.187	5.74e-04	0.0628	
17	0.13328	−0.05493	0.18717	1.096	1.79e-02	0.0521	
18	0.83112	−1.11275	−1.15578	2.959	6.78e-01	0.6516	*
19	0.14348	0.27317	0.85374	0.396	2.23e-01	0.0531	*
20	−0.20761	0.10544	−0.26385	1.043	3.45e-02	0.0567	
21	0.02791	−0.01622	0.03298	1.187	5.74e-04	0.0628	

回归诊断图如图 4-6 所示.

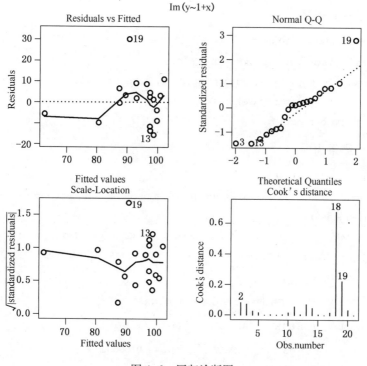

图 4-6　回归诊断图

　　先分析回归诊断的结果. 得到的回归诊断结果共有 7 列, 其中第 1, 2 列为 df-betas(dfb. 1 和 dfb. x 对应于常数和变量 x); 第 3 列为 dffits 准则值; 第 4 列为 COVRATIO 准则值; 第 5 列为 Cook 距离; 第 6 列为帽子值(也称高杠杆值); 第 7 列为影响点记号. 由回归诊断的结果得到 18 号和 19 号点是强影响点(inf 为 *).

　　再分析回归诊断图(图 4-6). 这里共 4 张图. 第 1 张是残差图, 可以认为残差的方差满足齐性. 第 2 张图是正态 Q-Q 图,除 19 号点外,基本上都在一条直线上,也就是说,除 19 号点外,残差满足正态性. 第 3 张图是标准差的平方根与预测值的散点图,19 号点的值大于 1.5,这说明 19 号点可能是异常值点(在 95% 的范围外). 第 4 张图给出了 Cook 距离,从图上来看,18 号点的 Cook 距离最大,这说明 18 号点可能是强影响点(高杠杆点).

(3) 处理强影响点. 在诊断出异常点或强影响点后,如何处理呢? 首先,要检验原始数据是否有误(如录入数据错误等). 如果有误,则需要改正后重新计算. 其次,修正数据. 如果无法判别数据是否有误(如本例的数据就无法判别),则采用将数据剔除或加权的方法修正数据,然后重新计算. 在本例中 19 号点是异常值点,所以将它在后面的计算中剔除. 18 号点是强影响点,加权计算减少它的影响.

下面是有关程序:

```
n <- length(intellect$x)
weights <- rep(1, n); weights[18] <- 0.5
lm.correct <- lm(y~1+x, data = intellect, subset = -19,
                weights = weights)
summary(lm.correct)
```

运行后结果为

```
Call:
lm(formula = y ~ 1+x, data = intellect, subset = -19, weights = weights)
Weighted Residuals:
    Min       1Q     Median      3Q       Max
  -14.300   -7.539    2.700     5.183    12.229
Coefficients:
              Estimate Std.Error t value Pr(>|t|)
(Intercept)  108.8716   4.4290    24.58   2.67e-15 ***
x             -1.1572   0.2937    -3.94   0.000959 ***
---
Signif.codes: 0 '***' 0.001 '**' 0.01 '*' 0.05 '.' 0.1 ' ' 1

Residual standard error:8.617 on 18 degrees of freedom
Multiple R-squared:0.4631,    Adjusted R-squared:0.4333
F-statistic:15.53 on 1 and 18 DF, p-value:0.0009594
```

在以上程序中,weights<-rep(1, n)是将所有的点赋为 1. weights[18]<-0.5 是将 18 号点的权定为 0.5. subset=-19 是去掉 19 号点. 这样可以直观地认为 18 号点对回归方程的影响减少一半.

（4）检验. 上面的修正是否有效呢？再看一下回归诊断的结果,有关程序如下：

```
op<-par(mfrow=c(2, 2), mar=0.4+c(4, 4, 1, 1), oma=c(0, 0, 2, 0))
plot(lm.correct, 1:4)
par(op)
```

修正后的回归诊断图见图 4-7.

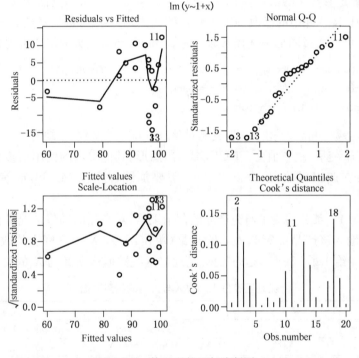

图 4-7　修正后的回归诊断图

上述过程说明了回归诊断的基本过程.

4.3　Box-Cox 变换

在作回归分析时,通常假设回归方程的残差具有齐性. 如果残差不满足齐性,则其计算结果可能会出现问题. 现在的问题是,如果计算出的残差不满足齐性,而出现异方差情况,又将如何处理呢?

在出现异方差情况下,通常通过 Box-Cox 变换使回归方程的残差满足齐性. Box-Cox 变换是对回归因变量 Y 作如下变换:

$$Y^{(\lambda)} = \begin{cases} \dfrac{Y^{\lambda} - 1}{\lambda}, & \lambda \neq 0, \\ \ln Y, & \lambda = 0. \end{cases} \tag{4.3.1}$$

其中,λ 为待定参数.

Box-Cox 变换主要有两项工作.第一项是作变换,这一点容易由(4.3.1)得到. 第二项是确定参数 λ 的值,这项工作比较复杂,需要用极大似然估计的方法才能确定出 λ 的值. R 软件中的函数 boxcox( )可以绘制出不同参数下对数似然函数的目标值,这样可以通过图形来选择参数 λ 的值. boxcox( )函数的使用格式如下:

```
boxcox(object, lambda = seq( - 2, 2, 1/10), plotit = TRUE,
    interp, eps = 1/50, xlab = expression(lambda),
    ylab = 'log - Likelinhood',...)
```

说明,参数 object 是由 lm 生成的对象. lambda 是参数 λ,缺省值为(−2,2). plotit 是逻辑变量,缺省值为 TRUE,即画出图形.其他参数的使用请参见帮助.但需要注意:在调用函数 boxcox( )之前,需要加载程序包 MASS,或使用 library (MASS).

例 4.3.1 某公司为了研究产品的营销策略,对产品的销售情况进行了调查. 设 Y 为某地区该产品的家庭人均购买量(单位:元),X 为家庭人均收入(单位:元).表 4-4 给出了 53 个家庭的数据.请通过这些数据建立 Y 与 X 的关系式.

表 4-4　　　　　　　　　　某地区家庭人均收入与人均购买量数据

序号	1	2	3	4	5	6	7	8	9	10
X	679	292	1 012	493	582	1 156	997	2 189	1 097	2 078
Y	0.79	0.44	0.56	0.79	2.70	3.64	4.73	9.50	5.34	6.85
序号	11	12	13	14	15	16	17	18	19	20
X	1 818	1 700	747	2 030	1 643	414	354	1 276	745	435
Y	5.84	5.21	3.25	4.43	3.16	0.50	0.17	1.88	0.77	1.39
序号	21	22	23	24	25	26	27	28	29	30
X	540	874	1 543	1 029	710	1 434	837	1 748	1 381	1 428
Y	0.56	1.56	5.28	0.64	4.00	0.31	4.20	4.83	3.48	7.58
序号	31	32	33	34	35	36	37	38	39	40
X	1 255	1 777	370	2 316	1 130	463	770	724	808	790
Y	2.63	4.99	0.59	8.19	4.79	0.51	1.74	4.10	3.94	0.96

续表

序号	41	42	43	44	45	46	47	48	49	50
X	783	406	1 242	658	1 746	468	1 114	413	1 787	3 560
Y	3.29	0.44	3.24	2.14	5.71	0.64	1.90	0.51	8.33	14.94

序号	51	52	53
X	1 495	2 221	1 526
Y	5.11	3.85	3.93

解 编写相应的 R 程序.

输入数据,作回归方程

```
> X<- scan( )
1： 679   292   1012   493   582   1156   997   2189   1097   2078
11： 1818  1700  747    2030  1643  414    354   1276   745    435
21： 540   874   1543   1029  710   1434   837   1748   1381   1428
31： 1255  1777  370    2316  1130  463    770   724    808    790
41： 783   406   1242   658   1746  468    1114  413    1787   3560
51： 1495  2221  1526
54：
> Y<- scan( )
1： 0.79  0.44  0.56  0.79  2.70  3.64  4.73  9.50  5.34  6.85
11： 5.84  5.21  3.25  4.43  3.16  0.50  0.17  1.88  0.77  1.39
21： 0.56  1.56  5.28  0.64  4.00  0.31  4.20  4.83  3.48  7.58
31： 2.63  4.99  0.59  8.19  4.79  0.51  1.74  4.10  3.94  0.96
41： 3.29  0.44  3.24  2.14  5.71  0.64  1.90  0.51  8.33  14.94
51： 5.11  3.85  3.93
54：
> lm.sol<- lm(Y~X); summary(lm.sol)
```

运行后结果为

```
Call：
lm(formula = Y ~ X)
Residuals：
     Min       1Q    Median      3Q      Max
 -4.1386  -0.8269  -0.1934  1.2381  3.1535
```

```
Coefficients：

               Estimate    Std.Error    t value    Pr(>|t|)

(Intercept)   -0.830709    0.441743    -1.881      0.0658   .

X              0.003681    0.000334    11.023      4.21e-15 ***

---

Signif.codes：0 '***' 0.001 '**' 0.01 '*' 0.05 '.' 0.1 ' ' 1

Residual standard error：1.578 on 51 degrees of freedom

Multiple R-squared：0.7043,      Adjusted R-squared：0.6985

F-statistic：121.5 on 1 and 51 DF, p-value：4.205e-15
```

加载 MASS 程序包

```
> library(MASS)
```

作图，共 4 张

```
> op<- par(mfrow=c(2, 2), mar=.4+c(4, 4, 1, 1), oma=c(0, 0, 2, 0))
```

第 1 张图，残差与预测散点图

```
> plot(fitted(lm.sol), resid(lm.sol),
     cex=1.2, pch=21, col='red', bg='orange',
     xlab='Fitted Value', ylab='Residuals')
```

结果见图 4-8.

第 2 张图，确定参数 λ

```
> boxcox(lm.sol, lambda = seq(0, 1, by=0.1))
> lambda<- 0.55; Ylam<- (Y^ lambda-1)/lambda
> lm.lam<- lm(Ylam~X); summary(lm.lam)
Call：
lm(formula = Ylam ~ X)
Residuals：
    Min       1Q     Median      3Q      Max
 -2.8696   -0.5902   -0.1073   0.5118   1.7271
Coefficients：

                    Estimate Std.Error t value Pr(>|t|)

(Intercept)-0.8905662       0.2699313      -3.299     0.00177   **
```

```
X            0.0020200        0.0002041        9.898      1.83e-13    ***
---
Signif.codes： 0 '***' 0.001 '**' 0.01 '*' 0.05 '.' 0.1 ' ' 1

Residual standard error：0.9641 on 51 degrees of freedom
Multiple R-squared：0.6576,    Adjusted R-squared：0.6509
F-statistic：97.96 on 1 and 51 DF, p-value：1.83e-13
```

结果见图 4-9.

第 3 张图,变换后残差与预测散点图

```
plot(fitted(lm.lam), resid(lm.lam),
cex=1.2, pch=21, col='red', bg='orange',
xlab='Fitted Value', ylab='Residuals')
```

结果见图 4-10.

第 4 张图,回归曲线和相应的散点

```
> beta0<- lm.lam$coefficients[1]
> beta1<- lm.lam$coefficients[2]
> curve((1+lambda*(beta0+beta1*x))^(1/lambda),
        from=min(X), to=max(X), col='blue', lwd=2,
        xlab='X', ylab='Y')
> points(X, Y, pch=21, cex=1.2, col='red', bg='orange')
> mtext('Box-Cox Transformations',outer=TRUE, cex=1.5)
> par(op)
```

结果见图 4-11.

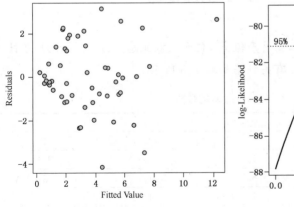

图 4-8 残差与预测散点图

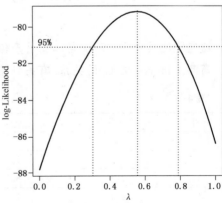

图 4-9 确定参数 λ

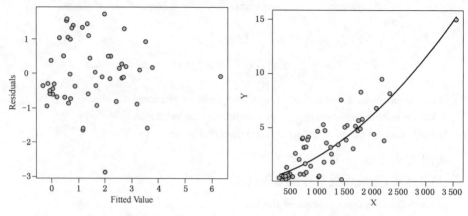

图 4-10　变换后残差与预测散点图　　　图 4-11　回归曲线和相应的散点

　　得到的残差图呈喇叭口形状(图 4-8),属于异方差情况,这样的数据需要作 Box-Cox 变换. 在变换前先确定参数 λ(调用函数 boxcox),得到第 2 张图(图 4-9).从第 2 张图中看到,当 $\lambda = 0.55$ 时,对数似然函数达到最大值,因此选择参数 $\lambda = 0.55$. 作 Box-Cox 变换,变换后再作回归分析,然后画出残差的散点图(图 4-10).从第 3 张图可以看出,喇叭口形状有很大改善. 第 4 张图(图 4-11)给出曲线

$$Y = (1 + \lambda \beta_0 + \lambda \beta_1 X)^{1/\lambda}$$

和相应的散点图.

4.4　思考与练习题

1. 研究货运总量 y(万吨)与工业总产值 x_1(亿元)、农业总产值 x_2(亿元)、居民非商品支出 x_3(亿元)的关系. 有关数据如表 4-5 所示.

表 4-5　　　　　　　　　　　　y 与 x_1, x_2, x_3 的数据

序号	y	x_1	x_2	x_3
1	160	70	35	1
2	260	75	40	2.4
3	210	65	40	2
4	265	74	42	3
5	240	72	38	1.2

续表

序号	y	x_1	x_2	x_3
6	220	68	45	1.5
7	275	78	42	4
8	160	66	36	2
9	275	70	44	3.2
10	250	65	42	3

(1) 计算出 y, x_1, x_2, x_3 的相关系数矩阵并绘制散布图矩阵.

(2) 求 y 关于 x_1, x_2, x_3 的多元回归方程.

(3) 对回归系数进行检验,如果没有通过检验将其剔除,重新建立回归方程,再作回归系数和回归方程的检验.

(4) 应用逐步回归方法建立一个适合的回归方程.

2. 某医院的管理工作者希望了解病人对医院工作的满意度 y 病人的年龄 x_1、病情的严重程度 x_2 和忧虑程度 x_3 之间的关系,他们随机选取了 23 位病人,得到表 4-6 的数据.

表 4-6   **y 与 x_1, x_2, x_3 的数据**

序号	1	2	3	4	5	6	7	8	9	10	11	12
x_1	50	36	40	41	28	49	42	45	52	29	29	43
x_2	51	46	48	44	43	54	50	48	62	50	48	53
x_3	2.3	2.3	2.2	1.8	1.8	2.9	2.2	2.4	2.9	2.1	2.4	2.4
y	48	57	66	70	89	36	46	54	26	77	89	67

序号	13	14	15	16	17	18	19	20	21	22	23
x_1	38	34	53	36	33	29	33	55	29	44	43
x_2	55	51	54	49	56	46	49	51	52	58	50
x_3	2.2	2.3	2.2	2.0	2.5	1.9	2.1	2.4	2.3	2.9	2.3
y	47	51	57	66	79	88	60	49	77	52	60

试用逐步回归法选择最优回归方程.

3. 来自 R 软件自带的 stackloss 数据集,其数据显示如表 4-7 所示.

表 4-7   stackloss 数据集

Id	Air. Flow	Water. Temp	Acid. Conc.	stack. loss
1	80	27	89	42
2	80	27	88	37
3	75	25	90	37
4	62	24	87	28
5	62	22	87	18
6	62	23	87	18
7	62	24	93	19
8	62	24	93	20
9	58	23	87	15
10	58	18	80	14
11	58	18	89	14
12	58	17	88	13
13	58	18	82	11
14	58	19	93	12
15	50	18	89	8
16	50	18	86	7
17	50	19	72	8
18	50	19	79	8
19	50	20	80	9
20	56	20	82	15
21	70	20	91	15

其中因变量为 y(Stack. Loss,氨气损失百分比),自变量为 x_1(Air. Flow,空气流量)、x_2(Water. Temp,水温)、x_3(Acid. Conc.,硝酸浓度). 请建立 y 与 x_1,x_2, x_3 的回归方程,并用逐步回归法建立最优回归方程.

4. 回归诊断的基本思想是什么? 请结合本章的例子(或自己查阅有关资料)说明为什么要进行回归诊断?

5. Box-Cox 变换的基本思想是什么? 请结合本章的例子(或自己查阅有关资料)说明 Box-Cox 变换的意义.

5 | 广义线性模型与非线性模型

实际问题中的数据通常通过观察或实验获得的. 实验或观察的目的就是为了探讨解释变量对因变量的影响, 根据获得的数据建立因变量和解释变量之间的模型(关系).

由于统计模型的多样性和各种模型的适应性, 针对因变量和解释变量的取值性质, 可将统计模型分为多种类型. 本章主要讨论广义线性模型、一元非线性回归模型、多元非线性回归模型.

5.1 广义线性模型

因变量为非正态分布的线性模型称为广义线性模型, 如 Logistic 模型、对数线性模型和 Cox 比例风险模型等.

因变量 y, 解释变量为 $x_1, x_2, \cdots, x_p$, $X = (x_1, x_2, \cdots, x_p)^{\mathrm{T}}$. 为了探讨 y 与 x_i 之间的线性关系, 建立以下模型:

$$y = \beta_0 + \beta_1 x_1 + \beta_2 x_2 + \cdots + \beta_p x_p + \varepsilon = X\beta + \varepsilon, \qquad (5.1.1)$$

其中, ε 为随机误差, $E(\varepsilon) = 0$.

假设独立观察了 n 次, 有

$$y_i = \beta_0 + \beta_1 x_{i1} + \beta_2 x_{i2} + \cdots + \beta_p x_{ip} + \varepsilon_i, \quad i = 1, 2, \cdots, n.$$

式(5.1.1)称为一般线性模型.

5.1.1 广义线性模型概述

对于一般线性模型其基本假设是因变量 y 服从正态分布, 或至少 y 的方差 σ^2 为有限常数. 然而在实际问题中有些观测值明显不符合这个假设.

20 世纪 70 年代初,Wedderbum 等人在一般线性模型的基础上,对方差 σ^2 为有限常数的假设作了进一步推广,提出了广义线性模型(generalized linear model)的概念和拟似然函数(quasi-likelihood function)的方法,用于求解满足下列条件的线性模型:

$$E(y) = \mu,$$

$$m(\mu) = X\beta,$$

$$\text{Cov}(y) = \sigma^2 V(\mu). \tag{5.1.2}$$

其中,m 为连接函数 $m(\cdot)$ 组成的向量,将 μ 转化为 β 的线性表达式,$V(\mu)$ 为 $n \times n$ 矩阵(其每个元素均为 μ 的函数),当各 y_i 相互独立时,$V(\mu)$ 为对角矩阵. 当 $m(\mu) = \mu$,$V(\mu) = I$ 时,式(5.1.2)为一般线性模型. 也就是说,式(5.1.2)包括了一般线性模型.

在广义线性模型中,均假设观测值具有指数族密度函数

$$f(y \mid \theta, \varphi) = \exp\{[y\theta - b(\theta)]/a(\varphi) + c(y, \varphi)\}, \tag{5.1.3}$$

其中,$a(\cdot)$,$b(\cdot)$,$c(\cdot)$ 是三种函数形式. 如果给定 φ(散布参数,有时写作 σ^2),式(5.1.3)就是具有参数 θ 的指数族密度函数. 以正态分布为例

$$f(y \mid \theta, \varphi) = \frac{1}{\sqrt{2\pi\sigma^2}} \exp[-(y-\mu)^2/2\sigma^2]$$

$$= \exp\left\{(y\mu - \mu^2/2)/\sigma^2 - \frac{1}{2}[y^2/\sigma^2 + \ln(2\pi\sigma^2)]\right\}$$

把上式与式(5.1.3)比较,可知

$$\theta = \mu, \ b(\theta) = \mu^2/2, \ \varphi = \sigma^2, \ a(\varphi) = \sigma^2,$$

$$c(y, \varphi) = -\frac{1}{2}[y^2/\sigma^2 + \ln(2\pi\sigma^2)].$$

根据样本和 y 的函数可建立对数似然函数,并可导出 y 的数学期望和方差.

在广义线性模型(5.1.3)式中,θ 不仅是 μ 的函数,还是参数 β_0,β_1,β_2,$\cdots$,β_p 的线性函数. 因此,对 μ 作变换,则可得到下面几种分布的连接函数的形式:

正态分布 $\qquad m(\mu) = \mu = \sum \beta_i x_i.$

二项分布 $\qquad m(\mu) = \ln\left(\frac{\mu}{1-\mu}\right) = \sum \beta_i x_i.$

Poisson 分布 $\qquad m(\mu) = \ln(\mu) = \sum \beta_i x_i.$

上述推广体现在以下两个方面:

(1) 通过一个连接函数,将响应变量的期望与解释变量建立线性关系

$$m[E(y)] = \beta_0 + \beta_1 x_1 + \beta_2 x_2 + \cdots + \beta_p x_p.$$

(2) 通过一个误差函数,说明广义线性模型的最后一部分随机项.

广义线性模型中的常用分布族,见表 5-1.

表 5-1   广义线性模型中的常用分布族

分布	函数	模型
正态(Gaussian)	$E(y) = X^{\mathrm{T}}\beta$	普通线性模型
二项(Binomial)	$E(y) = \dfrac{\exp(X^{\mathrm{T}}\beta)}{1 + \exp(X^{\mathrm{T}}\beta)}$	Logistic 模型
泊松(Poisson)	$E(y) = \exp(X^{\mathrm{T}}\beta)$	对数线性模型

在 R 语言中,正态分布族的广义线性模型与线性模型是相同的.

广义线性模型函数 glm( ) 的用法如下:

```
gm< -glm(formula, family = gaussian, data, ...)
```

其中 formula 为公式,即要拟合的模型;family 为分布族,包括正态分布(Gaussian),二项分布(Binomial),泊松分布(Poisson)和伽马分布(Gamma),分布族还可以通过选项来指定使用的连接函数;data 为可选择的数据框.

在广义线性模型的意义下,我们不仅知道一般线性模型是广义线性模型的一个特例,而且导出了处理频率资料的 Logistic 模型和处理频数资料的对数线性模型.这个重要结果还说明,虽然 Logistic 模型和对数线性模型都是非线性模型,即 μ 和 β 呈非线性关系,但通过连接函数使 $m(\mu)$ 和 β 呈线性关系,从而使我们可以用线性拟合的方法求解这类非线性模型.更有意义的是,在实际问题中数据的形式无非是计量资料、频率资料和频数资料,因此掌握了广义线性模型的思想和方法,结合有关软件,就可以用统一的方法处理各种类型的统计数据.

5.1.2 Logistic 模型

在一般线性模型中,因变量 y 服从正态分布,当 y 服从二项分布(Binomial),即 $y \sim b(n, p)$,针对 0~1 变量,回归模型须作一些改进.

(1) 回归函数应该改用限制在 $[0, 1]$ 区间内的连续曲线,而不能再沿用线性回归方程.应用较多的是 Logistic 函数(也称 Logit 变换),其形式为

$$y = f(x) = \frac{1}{1 + \mathrm{e}^{-x}} = \frac{\mathrm{e}^x}{1 + \mathrm{e}^x}$$

它的图形呈"S"型,见图 5-1.

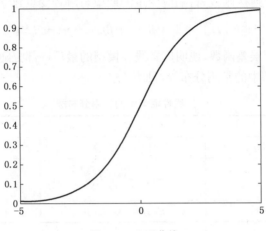

图 5-1 S 型曲线

(2) 因变量 y_i 本身只取 0,1 值,不适于直接作为回归模型中的因变量,设 $p = P(y = 1)$,$q = P(y = 0)$,$q = 1 - p$. 假设观测了 p 个解释变量 x_1,x_2,…,x_p,用向量表示 $X = (x_1, x_2, …, x_p)^{\mathrm{T}}$. 与线性模型不同的是,我们不是研究因变量与解释变量之间的关系,而是研究因变量取某些值的概率 p 与解释变量之间的关系. 实际观测结果表明,概率 p 与解释变量之间的关系不是呈线性关系,而是呈"S"形曲线关系.

一般用 Logistic 曲线来描述概率 p 与解释变量之间的关系.

$$p = P(y = 1 \mid X) = \frac{\exp(\beta_0 + \beta_1 x_1 + \beta_2 x_2 + \cdots + \beta_p x_p)}{1 + \exp(\beta_0 + \beta_1 x_1 + \beta_2 x_2 + \cdots + \beta_p x_p)} = \frac{\exp(X\beta)}{1 + \exp(X\beta)}$$

对上式作 Logit 变换,有

$$\mathrm{Logit}(y) = \ln\left(\frac{p}{1-p}\right) = \beta_0 + \beta_1 x_1 + \beta_2 x_2 + \cdots + \beta_p x_p = X\beta. \quad (5.1.4)$$

式(5.1.4)称为 Logistic 回归模型,其中 β_0,β_1,β_2,…,β_p 为待估参数.

Logistic 回归模型中的参数估计常用极大似然估计法得到. 设 y 是 0—1 变量,x_1,x_2,…,x_p 为与 y 相关的变量,对它们的 n 次观测数据为 $(x_1, x_2, …, x_p; y_i)(i = 1, 2, …, n)$,取 $P(y_i = 1) = \pi_i$,$P(y_i = 0) = 1 - \pi_i$,则 y_i 的联合概率函数为 $\pi_i^{y_i}(1 - \pi_i)^{1-y_i}$,$y_i = 0, 1$;$i = 1, 2, …, n$. 于是 y_1,y_2,…,y_n 的似然函数为

$$L = \prod_{i=1}^{n} \pi_i^{y_i}(1-\pi_i)^{1-y_i}.$$

对数似然函数为

$$\ln L = \sum_{i=1}^{n} \left[y_i \ln(\pi_i) + (1-y_i)\ln(1-\pi_i) \right] = \sum_{i=1}^{n} \left[y_i \ln \frac{\pi_i}{1-\pi_i} + \ln(1-\pi_i) \right],$$

对于 Logistic 回归,将

$$\pi_i = \frac{\exp(\beta_0 + \beta_1 x_1 + \beta_2 x_2 + \cdots + \beta_p x_p)}{1 + \exp(\beta_0 + \beta_1 x_1 + \beta_2 x_2 + \cdots + \beta_p x_p)}$$

代入,得

$$\ln L = \sum_{i=1}^{n} \{ y_i(\beta_0 + \beta_1 x_1 + \beta_2 x_2 + \cdots + \beta_p x_p) \\ - \ln[1 + \exp(\beta_0 + \beta_1 x_1 + \beta_2 x_2 + \cdots + \beta_p x_p)]\}.$$

令 $\frac{\partial \ln L}{\partial \beta_i} = 0$,可以用数值计算(改进的 Newton-Raphson 迭代法等)求待估参数 $\beta_0, \beta_1, \beta_2, \cdots, \beta_p$ 的极大似然估计 $\hat{\beta}_0, \hat{\beta}_1, \hat{\beta}_2, \cdots, \hat{\beta}_p$. 用 R 软件可以解决 Logistic 回归模型中的参数估计、检验等问题.

例 5.1.1 为研究高压线对牲畜的影响,R. Norell 研究小的电流对农场动物的影响. 在实验中选择了 7 头牛,6 种电击强度(0, 1, 2, 3, 4, 5 mA). 每头牛被电击 30 次,每种强度 5 次,按随机的次序进行. 然后重复整个实验,每头牛总共被电击 60 次. 对每次电击,响应变量——嘴巴运动出现,或者不出现. 表 5-2 给出了每种电击强度电击强度 70 次实验中的响应次数,请分析电击对牛的影响.

表 5-2   7 头牛对 6 种电击强度的实验数据

x(电流强度/mA)	0	1	2	3	4	5
n(实验次数)	70	70	70	70	70	70
k(响应次数)	0	9	21	47	60	63
k/n(响应的比例)	0	0.129	0.300	0.671	0.857	0.900

这里响应变量是分类的,它只取两个值:出现,或者不出现. 对于这种问题,正态线性模型显然不适合. 在这种情况下,可用 Logistic 回归:

$$\ln\left(\frac{p}{1-p}\right) = \beta_0 + \beta_1 x.$$

其中,x 是电流强度(mA).

以下是用 R 软件给出的计算程序和结果：

```
> x = c(0,1, 2,3,4,5)
> n = c(70,70,70,70,70,070)
> k = c(0,9,21,47,60,63)
> y < - cbind(k,n-k)
> glm.logit < - glm(y~x,family = binomial)
> summary(glm.logit)
```

运行后结果为

```
Call:
glm(formula = y~x,family = binomial)
Deviance Residuals:
      1        2        3        4        5        6
-2.2507   0.3892  -0.1466   1.1080   0.3234  -1.6679
Coefficients:
            Estimate  Std.Error   z value   Pr(>|z|)
(Intercept) -3.3010    0.3238     -10.20    <2e-16 ***
x            1.2459    0.1119      11.13    <2e-16 ***
---
Signif.codes:  0 ' *** ' 0.001 ' ** ' 0.01 '*' 0.05 '.' 0.1 ' ' 1
(Dispersion parameter for binomial family taken to be 1)
     Null  deviance:250.4866  on 5  degrees of freedom
Residual  deviance: 9.3526  on 4  degrees of freedom
AIC:34.093
Number of Fisher Scoring iterations:4
```

根据以上计算结果，有 $\beta_0 = -3.3010$，$\beta_1 = 1.2459$，并且回归方程通过了检验. 因此回归模型为

$$p = \frac{\exp(-3.3010 + 1.2459x)}{1 + \exp(-3.3010 + 1.2459x)}.$$

与线性回归模型相同，在得到回归模型后，可以作预测. 例如，当电流强度为 3.5 mA 时，有响应的牛的概率是多少？

```
> pre = predict(glm.logit,data.frame(x=3.5))
> p < - exp(pre)/(1+exp(pre));p
```

0.742642

即电流强度为 3.5 mA 时,有响应的牛的概率是 0.742 642.

还可以作控制,例如要使 50% 的牛有响应,电流强度应为多少? 当 $p=0.5$ 时,$\ln\left(\dfrac{p}{1-p}\right)=0$,所以 $x=-\beta_0/\beta_1$.

```
> x1 = - glm.logit $ coef[[1]]/glm.logit $ coef[[2]]; x1
[1] 2.649439
```

即电流强度为 2.649 439 mA 时,可使 50% 的牛有响应.

最后画出响应的 Logistic 回归曲线.

```
> d = seq(0.5, len = 100); d
 [1]   0.5   1.5   2.5   3.5   4.5   5.5   6.5   7.5   8.5   9.5  10.5  11.5  12.5  13.5
[15]  14.5  15.5  16.5  17.5  18.5  19.5  20.5  21.5  22.5  23.5  24.5  25.5  26.5  27.5
[29]  28.5  29.5  30.5  31.5  32.5  33.5  34.5  35.5  36.5  37.5  38.5  39.5  40.5  41.5
[43]  42.5  43.5  44.5  45.5  46.5  47.5  48.5  49.5  50.5  51.5  52.5  53.5  54.5  55.5
[57]  56.5  57.5  58.5  59.5  60.5  61.5  62.5  63.5  64.5  65.5  66.5  67.5  68.5  69.5
[71]  70.5  71.5  72.5  73.5  74.5  75.5  76.5  77.5  78.5  79.5  80.5  81.5  82.5  83.5
[85]  84.5  85.5  86.5  87.5  88.5  89.5  90.5  91.5  92.5  93.5  94.5  95.5  96.5  97.5
[99]  98.5  99.5
```

```
> pre = predict(glm.logit, data.frame(x = d))
> p = exp(pre)/(1 + exp(pre))
> y1 = k/n
> plot(x, y1); lines(d, p)
```

Logistic 回归曲线,见图 5-2.

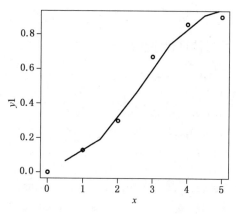

图 5-2　Logistic 回归曲线

例 5.1.2　表 5-3 为对 45 名驾驶员的调查结果,其中四个变量的含义分别为:x_1 表示视力状况,它是一个分类变量,1 表示好,0 表示有问题;x_2 表示年龄,数值型;x_3 驾车教育,它也是一个分类变量,1 表示参加过驾车教育,0 表示没有参加过;y 是分类变量,去年是否出过事故,1 表示出过事故,0 表示没有.

表 5-3　　　　　　　　　　　对 45 名驾驶员的调查结果

y	1	0	0	0	1	1	1	0	1	1	0	1	1	0	1
x_1	1	1	1	1	1	0	0	0	0	0	0	0	0	0	0
x_2	17	44	48	55	75	35	42	57	28	20	38	45	47	52	55
x_3	1	0	1	0	1	0	1	0	0	0	1	0	1	0	0
y	0	0	0	1	0	1	0	1	0	0	1	1	0	1	0
x_1	1	1	1	1	1	0	0	0	0	0	0	0	0	0	0
x_2	68	18	68	48	17	70	72	35	19	62	39	40	55	68	25
x_3	1	1	0	1	0	1	1	0	1	1	1	1	0	0	1
y	0	1	1	0	1	0	0	0	1	0	1	0	1	0	0
x_1	0	0	0	0	0	1	1	1	1	1	1	1	1	1	1
x_2	17	45	44	67	55	61	19	69	23	19	72	74	31	16	61
x_3	0	0	0	0	0	1	0	1	0	1	1	0	1	1	1

试考察三个变量 x_1,x_2,x_3 与发生事故的关系.

这里 y 是因变量,它只取两个值,所以可以把它看做成功的概率为 p 的 Binomial 试验的结果. 但它与单纯的 Binomial 试验不同,其中的概率 p 为 x_1,x_2,x_3 的函数. 可以用下面的 Logistic 回归模型进行分析:

$$\ln\left(\frac{p}{1-p}\right) = \beta_0 + \beta_1 x_1 + \beta_2 x_2 + \beta_3 x_3.$$

以下是用 R 软件给出计算程序和结果.

```
> y = c(1,0,0,0,1,1,1,0,1,1,0,1,1,0,1,
        0,0,0,1,0,1,0,1,0,0,1,1,0,1,0,
        0,1,1,0,1,0,0,0,1,0,1,0,1,0,0)
> x1 = c(1,1,1,1,1,0,0,0,0,0,0,0,0,0,0,
         1,1,1,1,1,1,1,1,1,1,0,0,0,0,0,
         0,0,0,0,0,1,1,1,1,1,1,1,1,1,1)
> x2 = c(17,44,48,55,75,35,42,57,28,20,38,45,47,52,55,
         68,18,68,48,17,70,72,35,19,62,39,40,55,68,25,
         17,45,44,67,55,61,19,69,23,19,72,74,31,16,61)
```

```
> x3 = c(1,0,1,0,1,0,1,0,0,0,1,0,1,0,0,
         1,1,0,1,0,1,1,0,1,1,1,1,0,0,1,
         0,0,0,0,0,1,1,0,1,0,1,1,0,1,1)
> logit.glm <- glm(y~x1+x2+x3,family = binomial)
> summary(logit.glm)
```

运行后结果为

Call:

glm(formula = y~x1+x2+x3,family = binomial)

Deviance Residuals:

Min	1Q	Median	3Q	Max
-1.5636	-0.9131	-0.7892	0.9637	1.6000

Coefficients :

	Estimate	Std.Error	z value	Pr($>$|z|)
(Intercept)	0.597610	0.894831	0.668	0.5042
x1	-1.496084	0.704861	-2.123	0.0338*
x2	-0.001595	0.016758	-0.095	0.9242
x3	0.315865	0.701093	0.451	0.6523

Signif.codes: 0 ' *** ' 0.001 ' ** ' 0.01 ' * ' 0.05 '.' 0.1 ' ' 1

(Dispersion parameter for binomial family taken to be 1)

Null deviance:62.183 on 44 degrees of freedom

Residual deviance:57.026 on 41 degrees of freedom

AIC:65.026

Number of Fisher Scoring iterations:4

根据以上计算结果,得到初步的 Logistic 回归模型

$$p = \frac{\exp(0.597\,61 - 1.496\,084x_1 - 0.001\,595x_2 + 0.315\,865x_3)}{1 + \exp(0.597\,61 - 1.496\,084x_1 - 0.001\,595x_2 + 0.315\,865x_3)}.$$

即 $\text{Logit}(p) = 0.597\,61 - 1.496\,084x_1 - 0.001\,595x_2 + 0.315\,865x_3.$

在此模型中,由于 β_2,β_3 没有通过检验,可以类似于线性模型,用 step( )作变量筛选.

```
> logit.step <- step(logit.glm,direction='both')
```

运行后结果为

Start: AIC = 65.03

y～x1＋x2＋x3

	Df	Deviance	AIC
－ x2	1	57.035	63.035
－ x3	1	57.232	63.232
\<none\>		57.026	65.026
－ x1	1	61.936	67.936

Step： AIC＝63.03

y～x1＋x3

	Df	Deviance	AIC
－ x3	1	57.241	61.241
\<none\>		57.035	63.035
＋x2	1	57.026	65.026
－ x1	1	61.991	65.991

Step： AIC＝61.24

y～x1

	Df	Deviance	AIC
\<none\>		57.241	61.241
＋x3	1	57.035	63.035
＋x2	1	57.232	63.232
－ x1	1	62.183	64.183

> summary(logit.step)

运行后结果为

Call：

glm(formula ＝ y～x1,family ＝ binomial)

Deviance Residuals：

Min	1Q	Median	3Q	Max
－1.4490	－0.8782	－0.8782	0.9282	1.5096

Coefficients：

	Estimate	Std.Error	z value	Pr(\>|z|)
(Intercept)	0.6190	0.4688	1.320	0.1867
x1	－1.3728	0.6353	－2.161	0.0307*

Signif.codes： 0 ' *** ' 0.001 ' ** ' 0.01 ' * ' 0.05 '.' 0.1 ' ' 1

(Dispersion parameter for binomial family taken to be 1)

Null deviance：62.183 on 44 degrees of freedom

Residual deviance：57.241 on 43 degrees of freedom

AIC:61.241

Number of Fisher Scoring iterations:4

从以上结果可以看出,新的 Logistic 回归模型:

$$p = \frac{\exp(0.619\,0 - 1.372\,8x_1)}{1 + \exp(0.619\,0 - 1.372\,8x_1)}.$$

对视力正常和视力有问题的驾驶员分别作预测,预测发生交通事故的概率.

```
> pre1 = predict(logit.step,data.frame(x1 = 1))
> p1< - exp(pre1)/(1 + exp(pre1))
> pre2 = predict(logit.step,data.frame(x1 = 0))
> p2< - exp(pre2)/(1 + exp(pre2))
> c(p1, p2)
   1      1
0.32   0.65
```

从以上结果可以看出, $p_1 = 0.32$, $p_2 = 0.65$,说明视力有问题的驾驶员发生交通事故的概率是视力正常驾驶员的两倍以上.

5.1.3　对数线性模型

对于广义线性模型,除了以上介绍的 Logistic 回归模型外,还有其他的模型,如 Poisson 模型等,这里就不详细介绍了.以下简要介绍 R 软件中 glm( )关于这些模型的使用方法.

Poisson 分布族模型和拟 Poisson 分布族模型的使用方法如下:

```
fm< - glm(formula,family = poisson(link = log),data.frame)
fm< - glm(formula,family = quasipoisson(link = log),data.frame)
```

其直观意义是

$$\ln[E(y)] = \beta_0 + \beta_1 x_1 + \beta_2 x_2 + \cdots + \beta_p x_p,$$

即

$$E(y) = \exp(\beta_0 + \beta_1 x_1 + \beta_2 x_2 + \cdots + \beta_p x_p).$$

Poisson 分布族模型和拟 Poisson 分布族模型的唯一差别就是:Poisson 分布族模型要求响应变量 y 是整数,而拟 Poisson 分布族模型则没有这个要求.

对于联列表还可以用(多项分布)对数线性模型来描述.以二维联列表为例,只有主效应的对数线性模型为

$$\ln(m_{ij}) = \alpha_i + \beta_j + \varepsilon_{ij}.$$

这相当于只有主效应 α_i 和 β_j, 而这两个变量的效应是简单可加的. 但是有时两个变量在一起时会产生交叉效应, 此时相应的对数线性模型为

$$\ln(m_{ij}) = \alpha_i + \beta_j + (\alpha\beta)_{ij} + \varepsilon_{ij}.$$

对于表中数目代表一个观测数目时, 就要考虑是否用 Poisson 对数线性模型. 例如, 如果有两个定性变量、一个定量变量的 Poisson 对数线性模型可以表示为

$$\ln(\lambda) = \mu + \alpha_i + \beta_j + \gamma x + \varepsilon_{ij}.$$

其中, μ 为常数项, α_i 和 β_j 为两个定性变量的主效应, x 为连续变量, 而 γ 为其系数, ε_{ij} 为残差项. 这里之所以对 Poisson 分布的参数 λ 取对数, 是为了使模型左边的取值范围为整个实数轴.

例5.1.3 某企业想了解顾客对其产品是否满意, 同时还想要了解不同收入的人群对其产品满意程度是否相同, 为此进行了一次问卷调查. 在随机发放的 1 000 份问卷中, 收回有效问卷 792 份, 根据收入高低和满意回答的交叉分组数据见表 5-4.

表 5-4   顾客对产品的满意度

	满意	不满意	合计
高	53	38	91
中	434	108	542
低	111	48	159
合计	598	194	792

用 y 表示频数, x_1 表示收入人群, x_2 表示满意程度.
模型的检验过程如下:

```
> y = c(53,434,111,38,108,48)
> x1 = c(1,2,3,1,2,3)
> x2 = c(1,1,1,2,2,2)
> log.glm < - glm(y~x1 + x2,family = poisson(link = log))
> summary(log.glm)
```

运行后结果为

```
Call:
glm(formula = y~x1 + x2,family = poisson(link = log))
Deviance Residuals:
```

```
           1        2        3        4        5        6
      -10.784   14.444   -8.468   -2.620    4.960   -3.142
Coefficients：
            Estimate Std.Error z value Pr(>|z|)
(Intercept)   6.15687   0.14196       43.371    < 2e-16 ***
x1            0.12915   0.04370        2.955    0.00312 **
x2           -1.12573   0.08262      -13.625    < 2e-16 ***
---
Signif.codes：0 ' *** ' 0.001 ' ** ' 0.01 ' * ' 0.05 '.' 0.1 ' ' 1

(Dispersion parameter for poisson family taken to be 1)
    Null deviance：662.84  on 5   degrees of freedom
Residual deviance：437.97  on 3   degrees of freedom
AIC：481.96
Number of Fisher Scoring iterations：5
```

从以上检验结果看，$p_1 = 0.00312 < 0.01$，$p_2 < 0.01$，这说明收入和满意程度对产品有重要影响.

5.2 一元非线性回归模型

曲线回归分析的基本任务是通过两个变量 x 和 y 的实际观测数据建立曲线回归方程，以揭示 x 和 y 间的曲线关系的形式. 常用的一种方法是：通过变量替换，把一元非线性回归问题转化为一元线性回归问题.

曲线回归分析首要的工作是确定因变量 y 与自变量 x 之间曲线关系的类型. 通常通过两个途径来确定：

（1）利用有关专业知识，根据已知的理论规律和实践经验.

（2）如果没有已知的理论规律和实践经验可以利用，可在直角坐标系作散点图，观察数据点的分布趋势与哪一类已知函数曲线最接近，然后再选用该函数关系来拟合数据.

另外，如果找不到与已知函数曲线较接近数据的分布趋势，这时可以利用多项式回归，通过逐渐增加多项式的次数来拟合，直到满意为止.

例 5.2.1 炼钢过程中需要钢包来盛钢水，由于受到钢水的浸蚀作用，钢包的容积会不断扩大. 表 5-5 给出使用次数和容积增大的数据，请用函数 $y = ae^{\frac{b}{x}}$ 来拟合钢包使用次数 x 和增大容积 y 之间的关系（$\alpha = 0.05$）.

表 5-5   钢包使用次数和增大容积的数据

使用次数 (x)	2	3	4	5	7	8	10
增大容积 (y)	106.42	108.20	109.58	109.50	110.00	109.93	110.49
使用次数 (x)	11	14	15	16	18	19	
增大容积 (y)	110.59	110.60	110.90	110.76	111.00	111.20	

解　首先,在 $y = ae^{\frac{b}{x}}$ 两边取对数,令 $y_1 = \ln y$, $x_1 = \dfrac{1}{x}$, 便可以把 $y = ae^{\frac{b}{x}}$ 化为线性方程 $y_1 = \ln a + bx_1$.

MATLAB 程序如下:

```
x=[2,3,4,5,7,8,10,11,14,15,16,18,19];
y=[106.42,108.20,109.58,109.50,110.00,109.93,110.49,110.59,110.60,110.90,
110.76,111.00,111.20];
X=[ones(13,1), x'];
[b, bint,r,rint,stats]=regress(log(y)',1./X,0.05)
```

结果为

```
b=4.7141      -0.0903
bint=
4.7121       4.7161
-0.1001      -0.0805
stats=0.9739      410.1674      0.0000      0.0000
```

因此 $\hat{a} = \exp(4.7141) = 111.5084$, $\hat{b} = -0.0903$; $R^2 = 0.9739$, $F = 410.1674$, $p = 0.0000 < 0.05$, $s^2 = 0.0000$, 这说明回归方程的显著性非常好.

于是所求的回归曲线方程为 $y = \hat{a}e^{\frac{\hat{b}}{x}} = 111.5084e^{-\frac{0.0903}{x}}$.

以下画此回归曲线图.

```
z=111.5084*exp(-0.0903./x);
plot(x,y,'*', x,z,'r')
```

结果见图 5-3.

在例 5.2.1 中,直接用函数 $y = ae^{\frac{b}{x}}$ 来拟合钢包使用次数 x 和增大容积 y 之间的关系.其实这里涉及优化模型的选择问题.

选择优化模型的一般步骤:

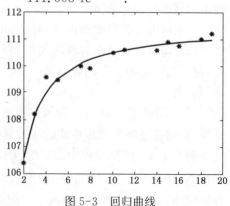

图 5-3　回归曲线

(1) 通过变量替换,把一元非线性回归问题转化为一元线性回归问题.

(2) 分析各模型的 F 检验值,看各方程是否达到显著或极显著,剔除不显著的模型.

(3) 对表现为显著或极显著的模型,检查模型系数的检验值,不显著的也予以剔除.

(4) 列表比较模型决定系数 R^2 值的大小,R^2 值越大的,表示其变量替换后,曲线关系密切.

(5) 选择 R^2 值最大的模型作为最优化的模型.

以下通过一个例子来看选择优化模型的过程.

例5.2.2 为了解百货商店销售额 x 与流通费率 y(这是反映商业活动的一个质量指标,指每元商品流转额分摊的流通费用)之间的关系,收集了 12 个商店的有关数据,见表 5-6,试选择 x 与 y 之间最优模型.

表 5-6 销售额 x 与流通费率 y 的数据

x	1.5	2.8	4.5	7.5	10.5	13.5	15.1	16.5	19.5	22.5	24.5	26.5
y	7.0	5.5	4.6	3.6	2.9	2.7	2.5	2.4	2.2	2.1	1.9	1.8

解 应用 R 软件可以方便地解决一元非线性回归的线性化问题.

(1) 输入数据,并画出销售额 x 与流通费率 y 的散点图.

```
> x = c(1.5,2.8,4.5,7.5,10.5,13.5,15.1,16.5,19.5,22.5,24.5,26.5)
> y = c(7.0,5.5,4.6,3.6,2.9, 2.7,2.5, 2.4,2.2,2.1,1.9,1.8)
> plot(x,y)
```

运行结果见图 5-4.

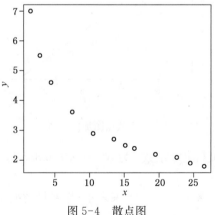

图 5-4 散点图

从图 5-4 可以看出,本例的数据可能可拟合多项式、指数、对数、幂函数等曲线方程,以下分别拟合这些曲线来显示可线性化为直线的非线性回归方程的求法.

（2）线性回归

lm.1＝lm(y～x)；summary(lm.1)＄coef ♯拟合直线并进行检验

运行结果为

	Estimate	Std.Error	t value	Pr(>|t|)
(Intercept)	5.6031606	0.43474070	12.888512	1.488236e-07
x	−0.1700299	0.02718745	−6.253984	9.456137e-05

求决定系数

>summary(lm.1)＄r.sq

运行结果为

[1] 0.7963851

散点图加回归直线

> plot(x,y);abline(lm.1)

运行结果见图 5-5.

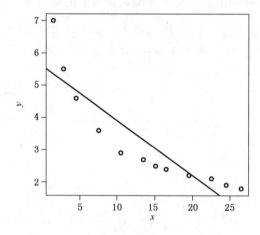

图 5-5　散点图加回归直线

该模型的拟合优度（决定系数）为 $R^2 = 0.796\ 385\ 1$,说明拟合效果不好.

（3）多项式回归

用二次多项式 $y = a + bx + cx^2$ 来表示.作变量替换 $x_1 = x$, $x_2 = x^2$,将其转化为线性回归方程 $y = a + bx_1 + cx_2$.

> x1 = x;x2 = x^2

```
> lm.2 = lm(y ~ x1 + x2); summary(lm.2) $ coef
```

	Estimate	Std.Error	t value	Pr(>| t |)
(Intercept)	6.91468738	0.331986925	20.828192	6.346285e-09
x1	− 0.46563130	0.056969459	− 8.173350	1.864313e-05
x2	0.01075704	0.002009468	5.353175	4.604246e-04

```
> summary(lm.2) $ r.sq
```
[1] 0.9513355
```
plot(x,y); lines(x,fitted(lm.2))
```

多项式回归的结果见图 5-6.

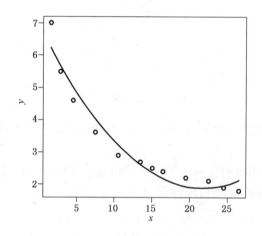

图 5-6　多项式回归的结果

于是二次多项式为 $y = 6.914\,687\,38 - 0.465\,631\,3x + 0.010\,757\,04x^2$,模型的拟合优度 $R^2 = 0.951\,335\,5$,说明拟合效果比线性模型比线性函数要好.

（4）对数法

对数类型用方程 $y = a + b\log x$ 生成趋势曲线,其中 $\log(\cdot)$ 是以 e 为底数的自然对数函数. 作变量替换 $x' = \log x$,则将其线性化为 $y = a + bx'$.

```
> lm.log = lm(y ~ log(x)); summary(lm.log) $ coef
```

	Estimate	Std.Error	t value	Pr(>|t|)
(Intercept)	7.363897	0.16875185	43.63743	9.595838e-13
log(x)	− 1.756838	0.06769667	− 25.95162	1.660026e-10

```
> summary(lm.log) $ r.sq
```
[1] 0.9853691
```
> plot(x,y); lines(x,fitted(lm.log))
```

对数法的结果见图 5-7.

根据以上计算结果，回归直线方程为 $\hat{y} = 7.363\,897 - 1.756\,838x'$，相应的对数曲线回归方程为 $\hat{y} = 7.363\,897 - 1.756\,838\log x$.

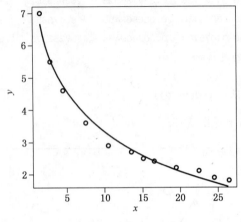

图 5-7　对数法的结果

该模型的拟合优度 $R^2 = 0.985\,369\,1$，说明拟合效果已经比较好.

（5）指数法

指数曲线类型用方程 $y = ae^{bx}$ 表示，用 $\log y = \log a + bx$ 生成趋势曲线，其中 $y' = \log y$，$a' = \log a$，则可线性化为 $y' = a' + bx$.

```
> lm.exp= lm(log(y)~x); summary(lm.exp)$coef
              Estimate     Std.Error    t value      Pr(>|t|)
(Intercept)   1.75966394   0.075100615  23.43075     4.542589e-10
x            -0.04880874   0.004696579  10.39240     1.115792e-06
> summary(lm.exp)$r.sq
[1] 0.9152557
> plot(x,y);lines(x,exp(fitted(lm.exp)))
```

指数法的结果见图 5-8.

根据以上计算结果，回归直线方程为 $\hat{y}' = 1.759\,663\,94 - 0.048\,808\,74x$，相应的指数曲线回归方程为 $\hat{y} = 0.518e^{-0.049x}$.

该模型的拟合优度 $R^2 = 0.915\,255\,7$，说明拟合效果尚可，但显然不如对数法的效果好.

（6）幂函数法

幂函数的形式为 $y = ax^b (a > 0)$. 对幂

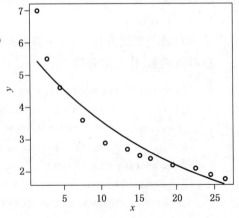

图 5-8　指数法的结果

函数 $y = ax^b$ 的两边求自然对数得 $\log y = \log a + b \log x$，用 $(\log x,\ \log y)$ 生成趋势曲线，其中 $y' = \log y$，$x' = \log x$，$a' = \log a$，则幂函数可线性化为 $y' = a' + bx'$.

```
> lm.pow = lm(log(y)~log(x)); summary(lm.pow) $ coef
                 Estimate    Std. Error    t value    Pr(>|t|)
(Intercept)    2.1907284    0.02951316    74.22886    4.805772e-15
log(x)        -0.4724279    0.01183953   -39.90258    2.336833e-12
> summary(lm.pow) $ r.sq
[1] 0.9937586
> plot(x,y);lines(x,exp(fitted(lm.pow)))
```

幂函数法的结果见图 5-9.

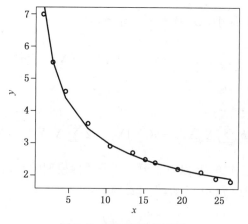

图 5-9　幂函数法的结果

根据以上计算结果，回归直线方程为 $\hat{y}' = 2.190\,728\,4 - 0.472\,427\,9x'$，相应的幂函数曲线回归方程为 $\hat{y} = 8.942x^{-0.4724}$.

该模型的拟合优度 $R^2 = 0.993\,758\,6$，R^2 与 1 非常接近，说明拟合效果非常好，且明显好于对数曲线和指数曲线的效果.

把以上几种拟合结果列表如下，见表 5-7.

表 5-7　　　　　　　　　　模型的选择

曲线类型	方程式	回归方程	R^2	模型选择
直线	$y = a + bx$	$y = 5.603\,2x - 0.170\,0x$	0.796 4	不可用
二次曲线	$y = a + bx + cx^2$	$y = 6.914 - 0.465\,63x + 0.010\,76x^2$	0.951 3	可用
对数曲线	$y = a + b\log(x)$	$y = 7.363\,9 - 1.756\,8\log(x)$	0.985 4	可用
指数曲线	$y = ae^{bx}$	$y = 5.81e^{-0.049x}$	0.915 3	一般
幂曲线	$y = ax^b$	$y = 8.942x^{-0.4724}$	0.993 8	最佳

从表 5-7 可以看出,幂函数法的拟合效果最好.

5.3 多元非线性回归模型

为了引进多元非线性回归的最小二乘法,首先考虑一个简单模型:

$$Y_i = f(X_i, b) + \varepsilon_i = bX_{1i} + b^2 X_{2i} + \varepsilon_i, \quad E(\varepsilon_i) = 0, \quad \mathrm{Var}(\varepsilon_i) = \sigma^2,$$

残差平方和

$$Q(b) = \sum_{i=1}^n \varepsilon_i^2 = \sum_{i=1}^n [Y_i - bX_{1i} - b^2 X_{2i}]^2.$$

要使残差平方和最小,$Q(b)$ 对 b 求导数,有

$$\frac{\mathrm{d}Q(b)}{\mathrm{d}b} = 2\sum_{i=1}^n [Y_i - bX_{1i} - b^2 X_{2i}][-X_{1i} - 2bX_{2i}] = 0.$$

整理得

$$2b^3 \sum_{i=1}^n X_{2i}^2 + 3b^2 \sum_{i=1}^n X_{1i}X_{2i} + b\left(\sum_{i=1}^n X_{1i}^2 - 2\sum_{i=1}^n X_{2i}Y_i\right) - \sum_{i=1}^n X_{1i}Y_i = 0.$$

这是关于 b 的三次方程,以下主要介绍非线性模型的 Gauss-Newton 算法.

设有非线性模型($f(\cdot)$ 已知,但非线性)为

$$Y = f(X, b) + \varepsilon_i,$$

其残差平方和

$$Q(b) = \sum_{i=1}^n \varepsilon_i^2 = \sum_{i=1}^n [Y_i - f(X_i, b)]^2,$$

要使其取最小值,$Q(b)$ 对 b 求导数,有

$$\frac{\mathrm{d}Q(b)}{\mathrm{d}b} = 2\sum_{i=1}^n [Y_i - f(X_i, b)]\left[-\frac{\mathrm{d}f(X_i, b)}{\mathrm{d}b}\right] = 0.$$

现在的问题是要求出上述方程的解 b,并且要判断出整体最小解 b.

一种近似的方法是用 $f(X_i, b)$ 的一阶 Taylor 展开近似代替 $f(X_i, b)$. 设 b_1 为 b 的初值,则

$$f(X_i, b) \approx f(X_i, b_1) + \frac{\mathrm{d}f(X_i, b)}{\mathrm{d}b} \mid b_i(b - b_1),$$

记导数值为

$$\frac{\mathrm{d}f(X_i,\ b)}{\mathrm{d}b}\mid b_i \approx \frac{f(X_i,\ b)-f(X_i,\ b_1)}{b-b_1},$$

简记 $\widetilde{X}_i(b) = \dfrac{\mathrm{d}f(X_i,\ b)}{\mathrm{d}b}\mid b_i$，则有

$$Q(b)=\sum_{i=1}^{n}\big[Y_i-f(X_i,\ b_1)-\widetilde{X}_i(b)(b-b_1)\big]^2=\sum_{i=1}^{n}\big[\widetilde{Y}_i(b_1)-\widetilde{X}_i(b)b\big]^2,$$

其中，$\widetilde{Y}_i(b_1)=Y_i-f(X_i,\ b_1)+\widetilde{X}_i(b_1)b_1$.

对于给定的初值 b_1，$\widetilde{Y}_i(b_1)$ 以及 $\widetilde{X}_i(b_1)$ 等都是确定的、可以计算的. 于是 $Q(b)$ 所表达的残差平方和正是线性回归：

$$\widetilde{Y}_i(b_1)=\widetilde{X}_i(b_1)b+\varepsilon_i$$

的残差平方和.

Malinvaud(1980)将上式称为拟线性模型，其最小二乘估计为

$$\hat{b_2}=\{[\widetilde{\boldsymbol{X}}(b_1)]^{\mathrm{T}}[\widetilde{\boldsymbol{X}}(b_1)]\}^{-1}[\widetilde{\boldsymbol{X}}(b_1)]^{\mathrm{T}}[\widetilde{\boldsymbol{Y}}(b_1)],$$

其中

$$\widetilde{\boldsymbol{X}}(b_1)=\begin{pmatrix}\widetilde{X}_1(b_1)\\ \vdots \\ \widetilde{X}_n(b_1)\end{pmatrix},\quad \widetilde{\boldsymbol{Y}}(b_1)=\begin{pmatrix}\widetilde{Y}_1(b_1)\\ \vdots \\ \widetilde{Y}_n(b_1)\end{pmatrix}.$$

因此，如果我们有待估参数 b 的初值 b_1，就可以得到 b 的一个新值 b_2. 重复使用这个方法，又有一个拟线性模型

$$\widetilde{\boldsymbol{Y}}(b_2)=\widetilde{\boldsymbol{X}}(b_2)b+\boldsymbol{\varepsilon},$$

其解为

$$\hat{b_3}=\{[\widetilde{\boldsymbol{X}}(b_2)]^{\mathrm{T}}[\widetilde{\boldsymbol{X}}(b_2)]\}^{-1}[\widetilde{\boldsymbol{X}}(b_2)]^{\mathrm{T}}[\widetilde{\boldsymbol{Y}}(b_2)],$$

继续下去，可以得到一个序列 $b_1,\ b_2,\ \cdots,\ b_n,\ \cdots$. 可以写出一般迭代表达式：

$$b_{n+1}=b_n+\{[\widetilde{\boldsymbol{X}}(b_n)]^{\mathrm{T}}[\widetilde{\boldsymbol{X}}(b_n)]\}^{-1}[\widetilde{\boldsymbol{X}}(b_n)]^{\mathrm{T}}[Y-f(\widetilde{\boldsymbol{X}},\ b_n)],$$

其中，$f(X,\ b)=[f(X_1,\ b),f(X_2,\ b),\ \cdots,\ f(X_n,\ b)]$.

由于 $Q(b)$ 取最小值的一阶导数的条件可以写成 $[\widetilde{\boldsymbol{X}}(b)]^{\mathrm{T}}[\boldsymbol{Y}-f(X,\ b)]=0$,

所以若在迭代过程中有 $b_{n+1} = b_n$，则有 $\dfrac{\mathrm{d}Q(b)}{\mathrm{d}b} = 0$，此时 $Q(b)$ 取得最小值.

由于多元非线性模型函数形式比较复杂，一般难以建立有限样本的统计性质，但可以考虑它的渐近性质，在此从略. 下面将介绍 R 软件中非线性拟合函数及其应用、MATLAB 中非线性回归函数及其应用.

5.3.1 R 软件中非线性拟合函数及其应用

R 软件提供了非线性拟合函数 nls( )，其调用格式为

```
nls(function,data,start,...)
```

其中，function 是包括变量和参数的非线性拟合公式；data 为可选择的数据框，不能使矩阵；start 是初始值，用列表的形式给出.

应该说明，初始值 start 的选择是非线性拟合的难点，通常可以用线性模型的结果作为非线性模型的初始值.

例 5.3.1 某销售公司每个月有关资料如表 5-8 所示，试以此求该公司的销售业务增长的生产函数 $Y = A_0 e^{mt} L^\alpha K^\beta$.

表 5-8 某销售公司各月的数据

t	1	2	3	4	5	6	7	8	9	10	11	12
Y	26.74	34.81	44.72	57.46	73.84	88.45	105.82	126.16	150.95	181.58	204.26	222.84
L	26	28	32	36	41	45	48	52	56	60	66	70
K	23.66	30.55	38.12	46.77	56.45	67.15	78.92	91.67	105.47	121.32	128.56	132.47

其中，t 为每个月，Y 为销售额（万元），L 为销售人员（人），K 为销售费用（万元）.

解 用 R 软件提供的非线性拟合函数 nls( ) 来写相关程序如下

```
> t=1:12
> Y=c(26.74,34.81,44.72,57.46,73.84,88.45,105.82,126.16,150.95,181.58,
204.26,222.84)
> L=c(26,28,32,36,41,45,48,52,56,60,66,70)
> K=c(23.66,30.55,38.12,46.77,56.45,67.15,78.92,91.67,105.47,121.32,128.56,
132.47)
> model=nls(Y~A0*(exp(m*t))*(L^a)*(K^b),start=list(A0=0.45,m=0,a=
0.5, b=0.5))
> model
```

运行后结果为

```
Nonlinear regression model
   model: Y~A0 * (exp(m * t)) * (L^ᵃ) * (K^ᵇ)
   data: parent.frame()
      A0        m         a         b
 0.71987   0.04369   0.40798   0.71187
residual sum-of-squares:8.921
Number of iterations to convergence:22
Achieved convergence tolerance:8.525e-07
> summary(model)
Formula:Y~A0 * (exp(m * t)) * (L^ᵃ) * (K^ᵇ)
Parameters:
```

	Estimate	Std. Error	t value	Pr($>$|t|)	
A0	0.71987	0.34607	2.080	0.07110	.
m	0.04369	0.01115	3.919	0.00443	**
a	0.40798	0.17197	2.372	0.04508	*
b	0.71187	0.04277	16.646	1.72e-07	***

```
---
Signif.codes: 0 '***' 0.001 '**' 0.01 '*' 0.05 '.' 0.1 ' ' 1

Residual standard error:1.056 on 8 degrees of freedom
Number of iterations to convergence:22
Achieved convergence tolerance:8.525e-07
```

从模型的拟合结果看,效果很不错,各回归系数都显著($p < 0.05$),剩余标准差较小(1.056),于是得到该公司的销售业务增长方式的生产函数为

$$Y = A_0 e^{mt} L^\alpha K^\beta = 0.719\,87 e^{0.043\,69t} L^{0.407\,98} K^{0.711\,87}.$$

上式的数据说明:该公司销售人员每增长 1% 时,销售额增长 $\alpha = 0.407\,98\%$;销售费用每增长 1%,销售额增长 $\beta = 0.711\,87\%$;随着时间的推移,制度创新进步使得销售额平均每季度增长 $m = 0.043\,698\%$.

若明年一季度该公司销售人员增到 75 人,销售费用增加到 135 万元,则可以预测销售额即将达到

```
>0.71987 * exp(0.04369 * 13) * 75^0.40798 * 135^0.71187
[1] 242.9006
```

即,预测销售额即将达到 $Y = A_0 e^{mt} L^\alpha K^\beta = 0.719\,87 e^{0.043\,69 * 13} 75^{0.407\,98} 135^{0.711\,87} = 242.900\,6$ 万元.

5.3.2 MATLAB 中非线性回归函数及其应用

MATLAB 提供了非线性回归的函数 nlinfit( ), nlparci( ), nlpredci( ), nlintool( ),不仅可以给出拟合的回归系数及其置信区间,而且还可以给出预测值及其置信区间. 以下通过一个例子说明它们的用法.

例 5.3.2 在研究化学动力反映过程中,建立一个反应速度和反应物含量的数学模型为

$$y = \frac{\beta_4 x_2 - \dfrac{x_3}{\beta_5}}{1 + \beta_1 x_1 + \beta_2 x_2 + \beta_3 x_3},$$

其中,β_1,β_2,$\cdots$,β_5 是未知参数,x_1,x_2,x_3 是三种反应物(分别为:氢,n 戊烷,已构戊烷);y 是反应速度. 今测得一组数据如表 5-9,试确定未知参数 β_1,β_2,$\cdots$,β_5,并给出其置信区间 (β_1,β_2,$\cdots$,β_5 的初值为(0.1, 0.05, 0.02, 1, 2)).

表 5-9　　　　　　　　　反应速度与三种反应物的数据

序号	y	x_1	x_2	x_3
1	8.55	470	300	10
2	3.79	285	80	10
3	4.82	470	300	120
4	0.02	470	80	120
5	2.75	470	80	10
6	14.39	100	190	10
7	2.54	100	80	65
8	4.35	470	190	65
9	13.00	100	300	54
10	8.50	100	300	120
11	0.05	100	80	120
12	11.32	285	300	10
13	3.13	285	190	120

解 首先输入数据,把将要拟合的模型写成匿名函数. 然后,用 nlinfit 计算回归系数,用 nlparci 计算回归系数的置信区间,用 nlpredci 计算预测值及其置信区间,MATLAB 程序如下:

```
clear
xy0 = [8.55 470 300 10
3.79 285 80 10
4.82 470 300 120
0.02 470 80 120
2.75 470 80 10
```

```
14.39 100 190 10
2.54 100 80 65
4.35 470 190 65
13.00 100 300 54
8.50 100 300 120
0.05 100 80 120
11.32 285 300 10
3.13 285 190 120];
x=xy0(:,[2:4]);
y=xy0(:,1);
huaxue=@(beta,x)(beta(4)*x(:,2)−x(:,3)/beta(5))./(1+beta(1)*x(:,1)+
beta(2)*x(:,2)+beta(3)*x(:,3)); %
```

用匿名函数定义要拟合的函数

```
beta0=[0.1,0.05,0.02,1,2]'; %回归系数的初值,可以任意取,这里是给定的
[beta,r,j]=nlinfit(x,y,huaxue,beta0) %计算回归系数 beta;r,j 是下面命令用的
```
信息
```
betaci=nlparci(beta,r,'jacobian',j) %计算回归系数的置信区间
[yhat,delta]=nlpredci(huaxue,x,beta,r,'jacobian',j)%计算 y 的预测值及置信区
```
间半径,

从运行结果得到:未知参数 β_1, β_2, $\cdots$, β_5 的估计为

```
beta =
    0.0628
    0.0400
    0.1124
    1.2526
    1.1914
```

因此反应速度和反应物含量的数学模型为

$$\hat{y} = \frac{1.252\,6x_2 - \dfrac{x_3}{1.191\,4}}{1+0.062\,8x_1+0.040\,0x_2+0.112\,4x_3}.$$

用 nlintool 得到一个交互式画面,左下方的 Export 可向工作空间传送数据,如剩余标准差等.

```
nlintool(x,y,huaxue,beta0)
```

运行结果得到一个交互式画面,见图 5-10.

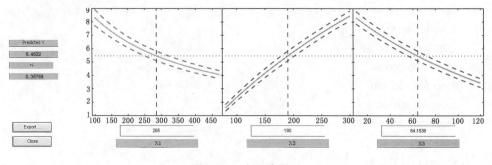

图 5-10　交互式画面

注意：这里 huaxue，beta0 必须在工作空间中，也就是说要把上面的程序运行一遍，再运行 nlintool(x, y, huaxue，beta0)，就可看到交互式画面，并向工作空间传送数据.

剩余标准差 rmse＝0.193 29.

未知参数 β_1，β_2，$\cdots$，β_5 的置信区间

$$-0.037673 \quad 0.16323$$
$$-0.03117 \quad 0.11127$$
$$-0.060892 \quad 0.28572$$
$$-0.74668 \quad 3.2519$$
$$-0.73809 \quad 3.1208$$

从图 5-10 的画面上可以看出，当 $x_1 = 285$，$x_2 = 190$，$x_3 = 64.153\,8$ 时，$\hat{y} = 5.462\,2 \pm 0.357\,59$，即为(5.104 6，5.819 8).

如果当 $x_1 = 350$，$x_2 = 250$，$x_3 = 80$ 时，预测 $\hat{y}$ 的值，只需在图 5-10 的画面上(在以上运行结果——图形界面中)输入 $x_1 = 350$，$x_2 = 250$，$x_3 = 80$，即可得到图 5-11.

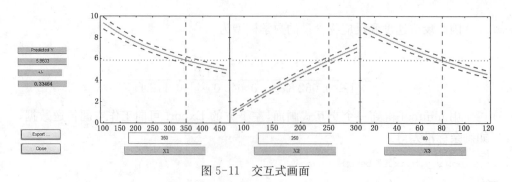

图 5-11　交互式画面

从图 5-11 可以看出 $\hat{y} = 5.860\ 3 \pm 0.343\ 64$，即为 $(5.516\ 7, 6.203\ 9)$.

5.4　思考与练习题

1. 用 R 软件提供的非线性拟合函数 nls( ) 结合表 5-6 中的数据，分别拟合直线、对数曲线、指数曲线、幂曲线. 试选择 x 与 y 之间的最优模型.

2. 表 5-10 给出了 1975—1989 年某地区粮食产量 y（亿公斤）与农业劳动力 x_1（万人）、粮食播种面积 x_2（万亩）、化肥使用量 x_3（万公斤）的数据.

   (1) 拟合线性回归模型，进行回归分析.

   (2) 用下面的对数线性模型去拟合观测值 y：

   $$\log(y) = b_1 \log(x_1) + b_2 \log(x_2) + b_3 \log(x_3/x_2) + \varepsilon,$$

   其中，x_3/x_2 是将化肥使用量改为每亩化肥使用量.

   (3) 对线性回归模型和对数线性模型进行检验，比较两个模型.

   (4) 根据粮食产量的高低，合理设置虚拟变量，重新建立回归模型，并与对数线性模型的效果进行比较.

表 5-10　　　　　　　　　　某地区粮食产量的相关数据

年份	y	x_1	x_2	x_3
1975	5 809.0	27 561	181 593	550 000
1976	5 891.1	27 965	181 115	597 000
1977	5 974.3	28 124	180 600	679 000
1978	6 095.3	28 373	180 881	884 000
1979	6 442.3	28 692	178 894	1 086 000
1980	6 411.1	29 181	175 851	1 269 000
1981	6 500.4	29 836	172 437	1 335 000
1982	7 090.0	30 917	170 194	1 513 000
1983	7 754.3	31 209	171 071	1 660 000
1884	8 146.1	30 927	169 326	1 740 000
1985	7 582.1	31 187	163 286	1 776 000
1986	7 830.2	31 311	166 399	1 931 000
1987	8 059.5	31 720	166 902	1 999 000
1988	7 881.6	32 308	165 183	2 141 500
1889	8 151.0	33 284	168 307	2 357 400

3. 在一次关于公共交通的社会调查中，一个调查项目为"是乘坐公交车上下班，还

是骑自行车车上下班". 因变量 $y=1$ 表示乘坐公交车上下班，$y=0$ 表示骑自行车车上下班. 自变量 x_1 表示年龄，x_2 表示月收入(元)；x_3 是性别，$x_3=1$ 表示男性，$x_3=0$ 表示女性. 调查对象为工薪阶层，数据见表 5-11，试建立 y 与自变量之间的 Logistic 回归模型.

表 5-11　　　　　　　　公共交通的社会调查的数据

序号	性别	年龄(岁)	月收入(元)	y
1	0	18	850	0
2	0	21	1 200	0
3	0	23	850	1
4	0	23	950	1
5	0	28	1 200	1
6	0	31	850	0
7	0	36	1 500	0
8	0	42	1 000	1
9	0	46	950	1
10	0	48	1 200	0
11	0	55	1 800	1
12	0	56	2 100	1
13	0	58	1 800	1
14	1	18	850	0
15	1	20	1 000	0
16	1	25	1 200	0
17	1	27	1 300	0
18	1	28	1 500	0
19	1	30	950	1
20	1	32	1 000	0
21	1	33	1 800	0
22	1	33	1 000	0
23	1	38	1 200	0
24	1	41	1 500	0
25	1	45	180	1
26	1	48	1 000	0
27	1	52	1 500	1
28	1	56	1 800	1

4. 为了研究西红柿的施肥量对产量的影响，科研人员对 14 块大小一样的土地施加不同数量的肥料，收获时记录西红柿的产量，并在整个耕作过程中尽量保持

其他条件相同,得到的数据见表 5-12.请建立施肥量与产量之间的多项式回归模型,使之能从施肥量对西红柿的产量作出预报.

表 5-12 西红柿的施肥量与产量数据

地块序号	产量/L	施肥量/kg	地块序号	产量/L	施肥量/kg
1	1 035	6.0	8	960	11.5
2	624	2.5	9	990	5.5
3	1 084	7.5	10	1 050	6.5
4	1 052	8.5	11	839	4.0
5	1 015	10.0	12	1 030	9.0
6	1 066	7.0	13	985	11.0
7	704	3.0	14	855	12.5

6 | 方差分析

在实际问题中,影响一个事物的因素是很多的,人们总是希望通过各种试验来观察各种因素对试验结果的影响.例如,不同的生产厂家、不同的原材料、不同的操作规程以及不同的技术指标对产品的质量、性能都会有影响.然而,不同因素的影响大小不等.

方差分析(analysis of variance, ANOVA)是研究一种或多种因素的变化对试验结果的观测值是否有影响,从而找出较优的试验条件或生产条件的一种常用的统计方法.

人们在试验中所考察到的数量指标,如产量、性能等,称为观测值.影响观测值的条件称为因素.因素的不同状态称为水平.在一个试验中,可以得出一系列不同的观测值.引起观测值不同的原因是多方面的,有的是处理方式或条件不同引起的,这些称为因素效应(或处理效应、条件变异);有的是试验过程中偶然性因素的干扰或观测误差所导致的,这些称为试验误差.

方差分析的主要工作是将测量数据的总变异按照变异原因的不同分解为因素效应和试验误差,并对其作出数量分析,比较各种原因在总变异中所占的重要程度,作出统计推断的依据,由此确定进一步的工作方向.

本章包括:单因素方差分析、双因素方差分析、多元方差分析等.

6.1 单因素方差分析

以下将通过一个例子说明单因素方差分析的基本思想.

例 6.1.1 用 4 种不同的材料 A_1, A_2, A_3, A_4 生产出来的元件,测得其使用寿命如表 6-1 所示,那么 4 种不同配方下元件的使用寿命是否有显著差异呢?

表 6-1			元件寿命数据				
A_1	1 600	1 610	1 650	1 680	1 700	1 700	1 780
A_2	1 500	1 640	1 400	1 700	1 750		
A_3	1 640	1 550	1 600	1 620	1 640	1 600	1 740	1 800
A_4	1 510	1 520	1 530	1 570	1 640	1 600	

在表 6-1 中,材料的配方是影响元件使用寿命的因素,4 种不同配方表明因素处于 4 种状态,为 4 种水平,这样的试验称为单因素 4 水平试验. 根据表 6-1 中的数据可知,不仅不同配方的材料生产出来的元件使用寿命不同,而且同一配方下的元件的使用寿命也不一样. 分析数据波动的原因主要来自以下两个方面:

(1) 在同样的配方下做若干次寿命试验,试验条件大体相同,因此数据的波动是由于其他随机因素的干扰所引起的. 设想在同一配方下的元件的使用寿命应该有一个理论上的均值,而实测寿命数据与均值的偏离即为随机误差,此误差服从正态分布.

(2) 在不同配方下,使用寿命有不同的均值,它导致不同组的元件间寿命数据的不同.

对于一般情况下,设试验只有一个因素 A 在变化,其他因素都不变. A 有 r 个水平 A_1, A_2, $\cdots$, A_r,在水平 A_i 下进行 n_i 次独立观测,设 x_{ij} 表示在因素 A 的第 i 个水平下的第 j 次试验的结果,得到试验指标列在表 6-2 中.

表 6-2			单因素方差分析数据		
A_1	x_{11}	x_{12}	$\cdots$	x_{1n_1}	总体 $N(\mu_1, \sigma^2)$
A_2	x_{21}	x_{22}	$\cdots$	x_{2n_2}	总体 $N(\mu_2, \sigma^2)$
$\vdots$	$\vdots$	$\vdots$	$\cdots$	$\vdots$	$\vdots$
A_r	x_{r1}	x_{r2}	$\cdots$	x_{rn_r}	总体 $N(\mu_r, \sigma^2)$

6.1.1　数学模型

把水平 A_i 下的试验结果 x_{i1}, x_{i2}, $\cdots$, x_{in_i} 看成来自第 i 个正态总体 $X_i \sim N(\mu_i, \sigma^2)$ 的样本的观察值,其中 μ_i, σ^2 均未知,并且每个总体 X_i 都相互独立. 考虑线性模型

$$x_{ij} = \mu_i + \varepsilon_{ij}, \ i = 1, 2, \cdots, r, \ j = 1, 2, \cdots, n_i, \tag{6.1.1}$$

其中,$\varepsilon_{ij} \sim N(0, \sigma^2)$ 相互独立,μ_i 为第 i 个总体的均值,ε_{ij} 为相应的试验误差.

比较因素 A 的 r 个水平的差异归结为比较这 r 个总体均值,即检验假设

$$H_0: \mu_1 = \mu_2 = \cdots = \mu_r, \ H_1: \mu_1, \mu_2, \cdots, \mu_r \ \text{不全相等}. \quad (6.1.2)$$

记 $\mu = \dfrac{1}{n} \sum\limits_{i=1}^{r} n_i \mu_i$, $n = \sum\limits_{i=1}^{r} n_i$, $\alpha_i = \mu_i - \mu$, 其中 μ 表示总和的均值, α_i 为水平 A_i 对指标的效应, 不难验证 $\sum\limits_{i=1}^{r} n_i \alpha_i = 0$.

模型 (6.1.1) 可以等价地写成

$$\begin{cases} x_{ij} = \mu_i + \varepsilon_{ij}, \ i = 1, 2, \cdots, r, \ j = 1, 2, \cdots, n_i; \\ \varepsilon_{ij} \sim N(0, \sigma^2) \ \text{且相互独立}; \\ \sum\limits_{i=1}^{r} n_i \alpha_i = 0. \end{cases} \quad (6.1.3)$$

称模型 (6.1.3) 为单因素方差分析数学模型, 它是一个线性模型.

6.1.2 方差分析

式 (6.1.2) 等价于

$$H_0: \alpha_1 = \alpha_2 = \cdots = \alpha_r = 0, \ H_1: \alpha_1, \alpha_2, \cdots, \alpha_r \ \text{不全为零}. \quad (6.1.4)$$

如果 H_0 被拒绝, 则说明因素 A 各水平的效应之间有显著的差异; 否则, 差异不明显.

以下导出 H_0 的检验统计量. 方差分析法是建立在平方和分解和自由度分解的基础上的, 考虑统计量

$$S_T = \sum_{i=1}^{r} \sum_{j=1}^{n_i} (x_{ij} - \overline{x})^2, \ \overline{x} = \frac{1}{n} \sum_{i=1}^{r} \sum_{j=1}^{n_i} x_{ij}.$$

称 S_T 为总离差平方和 (或称总变差), 它是所有数据 x_{ij} 与总平均值 $\overline{x}$ 的差的平方和, 它描绘了所有数据的离散程度. 可以证明如下平方和分解公式:

$$S_T = S_E + S_A, \quad (6.1.5)$$

其中

$$S_E = \sum_{i=1}^{r} \sum_{j=1}^{n_i} (x_{ij} - \overline{x}_{i.})^2, \ \overline{x}_{i.} = \frac{1}{n_i} \sum_{j=1}^{n_i} x_{ij},$$

$$S_A = \sum_{i=1}^{r} \sum_{j=1}^{n_i} (\overline{x}_{i.} - \overline{x})^2 = \sum_{i=1}^{r} n_i (\overline{x}_{i.} - \overline{x})^2.$$

S_E 表示随机误差的影响. 这是因为对于固定的 i 来讲, 观测值 x_{i1}, x_{i2}, $\cdots$, x_{in_i} 是自同一个正态总体 $N(\mu_i, \sigma^2)$ 的样本. 因此, 它们之间的差异是由随机误差所导致的. 而 $\sum_{j=1}^{n_i} (x_{ij} - \bar{x}_{i\cdot})^2$ 是这 n_i 个数据的变动平方和, 正是它们的差异大小的度量. 将 r 组这样的变动平方和相加, 就得到了 S_E, 通常称 S_E 为误差平方和或组内平方和.

S_A 表示在水平 A_i 下样本均值与总均值之间的差异之和, 它反映了 r 个总体均值之间的差异. 因为 $\bar{x}_{i\cdot}$ 是第 i 个总体的样本均值, 它是 μ_i 的估计, 因此 r 个总体均值 μ_1, μ_2, $\cdots$, μ_r 之间的差异越大, 这些样本均值 $\bar{x}_1$, $\bar{x}_2$, $\cdots$, $\bar{x}_r$ 之间的差异越大. 平方和 $\sum_{i=1}^{r} \sum_{j=1}^{n_i} (\bar{x}_{i\cdot} - \bar{x})^2$ 正是这种差异大小的度量, 这里 n_i 反映了第 i 个总体的样本大小在平方和 S_A 中的作用. 称 S_A 为因素 A 的效应平方和或组间平方和.

式 (6.1.5) 表明, 总平方和 S_T 可按其来源分解成两个部分, 一部分是误差平方和 S_E, 它是由随机误差引起的. 另一部分是因素 A 的效应平方和 S_A, 它是由因素 A 各水平的差异引起的.

由模型假设 (6.1.1), 经过统计分析得到 $E(S_E) = (n-r)\sigma^2$, 即 $\dfrac{S_E}{n-r}$ 是 σ^2 的一个无偏估计, 且 $\dfrac{S_E}{\sigma^2} \sim \chi^2(n-r)$.

如果假设 H_0 成立, 则有 $E(S_A) = (r-1)\sigma^2$, 即 $\dfrac{S_A}{r-1}$ 也是 σ^2 的一个无偏估计, 且 $\dfrac{S_A}{\sigma^2} \sim \chi^2(r-1)$, 并且 S_E 和 S_A 独立. 因此, 当假设 H_0 成立时, 有

$$F = \frac{S_A/(r-1)}{S_E/(n-r)} \sim F(r-1, n-r). \tag{6.1.6}$$

于是 F 可以作为 H_0 的检验统计量. 对于给定的显著性水平 α, 用 $F_\alpha(r-1, n-r)$ 表示 F 分布的上 α 分位点. 若 $F > F_\alpha(r-1, n-r)$, 则拒绝原假设, 认为因素 A 的 r 个水平有显著差异. 可以通过计算 p 值的方法来决定是接受还是拒绝 H_0. 其中 p 值为 $P\{F(r-1, n-r) > F\}$, 它表示的是服从自由度为 $(r-1, n-r)$ 的 F 分布的随机变量取值大于 F 的概率. 显然, p 值小于 α 等价于 $F > F_\alpha(r-1, n-r)$, 表示在显著性水平 α 下的小概率事件发生了, 这意味着应该拒绝原假设 H_0. 当 p 值大于 α, 则不能拒绝原假设, 所以应接受原假设 H_0.

通常将计算结果列成表 6-3 的形式, 称为方差分析表.

表 6-3			单因素方差分析表		
方差来源	自由度	平方和	均方	F 比	p 值
因素 A	$r-1$	S_A	$MS_A = \dfrac{S_A}{r-1}$	$F = \dfrac{MS_A}{MS_E}$	p
误差	$n-r$	S_E	$MS_E = \dfrac{S_E}{n-r}$		
总和	$n-1$	S_T			

6.1.3 用 R 软件做单因素方差分析

例 6.1.2 （续例 6.1.1）对例 6.1.1 进行方差分析.

解 用 R 软件作本问题.用数据框的格式输入数据,调用 aov( )函数进行方差分析计算,用 summary( )提取方差分析的信息.

```
lamp<-data.frame(
X=c(1600,1610,1650,1680,1700,1700,1780,1500,1640,
    1400,1700,1750,1640,1550,1600,1620,1640,1600,
    1740,1800,1510,1520,1530,1570,1640,1600),
A=factor(rep(1:4, c(7,5,8,6)))
)
lamp.aov<-aov(X~A,data= lamp)
summary(lamp.aov)
```

运行后结果为

```
           Df  Sum Sq  Mean Sq  F value  Pr(>F)
A           3   49212    16404    2.166    0.121
Residuals  22  166622     7574
```

上述计算结果与方差分析表(表 6-3)中的内容对应,其中 Df 表示自由度,Sum Sq 表示平方和,Mean Sq 表示均方,F value 表示 F 值,Pr ($>F$)表示 p 值,A 就是因素 A,Residuals 就是残差,即误差.

从上述计算结果得到 p 值($0.121 > 0.05$)可以看出,不能拒绝 H_0,也就是说,在显著性水平为 0.05 时接受 H_0. 这说明 4 种材料生产出的元件的平均寿命无显著差异.

根据模型(6.1.1)或(6.1.3)可以看出,方差分析模型也是线性模型的一种.因此,也能用线性模型中的 lm( )函数作方差分析.

对于例 6.1.2,方差分析也可以用线性模型来作.

```
lamp. lm<－lm(X～A,data＝lamp)
anova(lamp.aov)
```

运行后结果与上面用 aov( )函数进行方差分析的结果是相同的.

在以上程序中,anova( )是线性模型方差分析函数.

用 plot( )函数绘图来描述各因素的差异,见图 6-1.

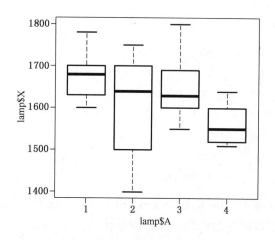

图 6-1　元件寿命试验的 box 图

从图 6-1 也可以看出,4 种材料生产出来的元件的平均寿命是无显著差异的.

例 6.1.3　小白鼠在接种了三种不同的菌型的伤寒杆菌后的存活天数如表 6-4.判断小白鼠被注射三种菌型后的平均存活天数有无显著差异?

表 6-4　　　　　　　　　　　　白鼠试验数据

菌型	存　　活　　时　　间/天									
1	2	4	3	2	4	7	7	2	2	5	4
2	5	6	8	5	10	7	12	12	6	6
3	7	11	6	6	7	9	5	5	10	6	3	10

解　设小白鼠被注射的伤寒杆菌为因素,三种不同的菌型的三个水平,接种后存活的天数看作来自三个正态总体 $N(\mu_i, \sigma^2)$($i = 1, 2, 3$)的样本观测值.问题归结为检验

$$H_0: \mu_1 = \mu_2 = \mu_3, \quad H_1: \mu_1, \mu_2, \mu_3 \text{ 不全相等}.$$

R 软件的程序如下:

```
mouse<－data. frame(
```

```
X=c(2,4,3,2,4,7,7,2,2,5,4,5,6,8,5,10,7,
   12,12,6,6,7,11,6,6,7,9,5,5,10,6,3,10),
  A=factor(rep(1:3, c(11,10,12)))
)
mouse.lm<-lm(X~A,data=mouse)
anova(mouse.lm)
```

运行结果如下

```
Analysis of Variance Table
Response:X
          Df  Sum Sq  Mean Sq  F value     Pr(>F)
A          2  94.256  47.128   8.4837   0.001202 **
Residuals 30 166.653  5.555
---
Signif.codes: 0 '***' 0.001 '**' 0.01 '*' 0.05 '.' 0.1
```

在以上的计算结果中，p 值远小于 0.01. 因此，应该拒绝原假设，即认为小白鼠被注射三种菌型后的存活天数有显著的差异.

6.1.4　用 MATLAB 做单因素方差分析

（1）在因素 A 各水平的方差相同的条件下，比较它的各水平的差异归结为比较各总体均值，即检验假设（若因素 A 有 r 个水平）：

$$H_0:\mu_1=\mu_2=\cdots=\mu_r, \quad H_1:\mu_1,\mu_2,\cdots,\mu_r \text{ 不全相等.}$$

对于单因素方差分析问题，MATLAB 提供了函数 anova1( )，具体使用方法为：p=anova1(X)比较样本矩阵 X 中两列或多列数据的均值. 若 p 接近 0（一般小于 0.05 或 0.01），则认为列均值存在差异.

anova1( )函数还将自动打开两个图形窗口，分别画出方差分析表图和 box 图.

例 6.1.4　设有 3 台机器，用来生产规格相同的铝合金薄板，测量薄板的厚度精确至千分之一，得到的数据见表 6-5. 试问各台机器生产的薄板厚度是否有明显差异？

表 6-5	薄板厚度的数据	单位:cm
机器 1	机器 2	机器 3
0.236	0.257	0.258
0.238	0.253	0.264
0.248	0.255	0.258
0.245	0.254	0.267
0.243	0.261	0.262

解 需要检验假设 $H_0 : \mu_1 = \mu_2 = \mu_3$，$H_1 : \mu_1 , \mu_2 , \mu_3$ 不全相等.
调用 MATLAB 提供的函数 anova1( )

```
x=[0.236,0.257,0.258;
   0.238,0.253,0.264;
   0.248,0.255,0.258;
   0.245,0.254,0.267;
   0.243,0.261,0.262];
p=anova1(x)
```

运行以上程序,分别得到方差分析表图和 box 图,见图 6-2 和图 6-3.

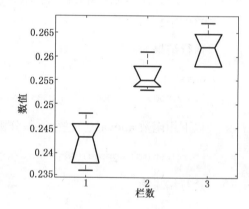

图 6-2　方差分析表图　　　　图 6-3　(列数)box 图

从图 6-2 中看到,概率 $p=1.740\,35\,\mathrm{e}\text{-}005 < \alpha$,其中 $\alpha = 0.01$ 或 0.05,因此应该拒绝原假设,可以认为各台机器生产的薄板厚度是有明显差异. 另外,从 box 图(图 6-3)可以看出,3 台机器生产的薄板厚度是不同的.

(2) 对于重复数相同的单因素方差分析问题,MATLAB 提供了函数 anova1( ),其调用格式为

```
[p,anovatab,stats]=anova1(X,group,'displayopt')
```

其中,参数 X 表示变量的样本观测值的矩阵;group 是与 X 对应的变量名称或字符串,通常默认使用;引用参数 displayopt 有两个状态 on 和 off,分别表示显示和隐藏方差分析表图形和 box 图. 输出参数 p 为 X 的各列均值相等的最小概率,p 的值越小,则越怀疑原假设,表示这个因素对随机的影响是显著的;anovatab 和 stats 分别返回方差分析表和一个附加的统计数据结构,可以使用默认值.

例 6.1.5 设有 5 种治疗某种疾病的药物,要比较它们的疗效,对 30 个患该种

疾病的病人随机地分成 5 组,每组 6 人,每组病人使用同一种药物,并记录病人使用药物开始到痊愈的时间(单位:天),其数据见表 6-6,试评价治疗有无显著差异.

表 6-6 药物对病人治愈时间的数据 单位:天

病人序号	药物 1	药物 2	药物 3	药物 4	药物 5	病人序号	药物 1	药物 2	药物 3	药物 4	药物 5
1	5	4	6	7	9	2	8	6	4	4	3
3	7	6	4	6	5	4	7	3	5	6	7
5	10	5	4	3	7	6	8	6	3	5	6

输入数据并求均值

A=[5,4,6,7,9; 8,6,4,4,3; 7,6,4,6,5; 7,3,5,6,7; 10,5,4,3,7; 8,6,3,5,6];
mean(A)

运行结果为

ans=

　　7.5000　　5.0000　　4.3333　　5.1667　　6.1667

以下用函数 anova1( )进行方差分析

[p,tbl,stats]=anova1(A)

运行结果为

p=

　　0.0136

tbl =

'Source'	'SS'	'df'	'MS'	'F'	'Prob>F'
'Columns'	[36.4667]	[4]	[9.1167]	[3.8960]	[0.0136]
'Error'	[58.5000]	[25]	[2.3400]	[]	[]
'Total'	[94.9667]	[29]	[]	[]	[]

stats=

　　gnames:[5x1 char]
　　　　　n:[6 6 6 6]
　　source:'anova1'
　　means:[7.5000 5 4.3333 5.1667 6.1667]
　　　　df:25
　　　　 s:1.5297

同时,anova1( )函数还将自动打开两个图形窗口,分别画出方差分析表图和 box 图,见图 6-4 和图 6-5.

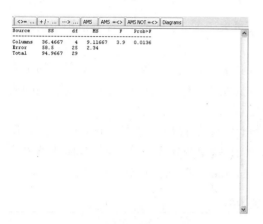

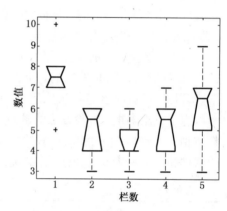

图 6-4　方差分析表图　　　　　　　　图 6-5　(列数)box 图

从图 6-4 中看到,概率 $p=0.0136 < \alpha$,其中 $\alpha = 0.02$ 或 0.05,因此应该拒绝原假设,可以认为这些药物确实对治愈时间有显著影响. 另外,从 box 图(图 6-5)可以看出,第三种药物的治愈时间显然低于第一种药物.

6.1.5　均值的多重比较

如果 F 检验的结论是拒绝 H_0,则说明因素 A 的 r 个水平有显著差异,也就是说,r 个均值之间有显著差异. 但这并不意味着所有均值之间都有显著差异,这时还需要对每一对 μ_i 和 μ_j 作一一比较.

通常采用多重 t 检验方法进行多重比较. 这种方法本质上就是针对每组数据进行 t 检验,只不过估计方差时利用的是全部数据,因而自由度变大. 具体地说,要比较第 i 组和第 j 组平均数,即检验

$$H_0 : \mu_i = \mu_j,\ i \neq j,\ i, j = 1, 2, \cdots, r.$$

以下采用两个正态总体均值的 t 检验,取检验统计量

$$t_{ij} = \frac{\overline{x}_{i.} - \overline{x}_{j.}}{\sqrt{MS_E\left(\dfrac{1}{n_i} + \dfrac{1}{n_j}\right)}},\ i \neq j,\ i, j = 1, 2, \cdots, r. \tag{6.1.7}$$

当 H_0 成立时,$t_{ij} \sim t(n-r)$,所以当

$$|t_{ij}| > t_{\frac{\alpha}{2}}(n-r) \tag{6.1.8}$$

时,说明 μ_i 和 μ_j 差异显著. 定义相应的 p 值为

$$p_{ij} = P\{t(n-r) > |t_{ij}|\}, \tag{6.1.9}$$

即服从自由度为 $n-r$ 的 t 分布的随机变量大于 $|t_{ij}|$ 的概率. 若 p 值小于指定的 α 值,则认为 μ_i 和 μ_j 有显著差异.

多重 t 检验方法的优点是使用方便,但在均值的多重检验中,如果因素的水平较多,而检验又是同时进行的,则多次重复使用 t 检验会增加犯第一类错误的概率,所得到的"有显著差异"的结论不一定可靠.

为了克服多重 t 检验方法的缺点,统计学家们提出了许多更有效的方法来调整 p 值. 由于这些方法涉及较深的统计知识,这里只作简单的说明. 具体调整方法的名称和参数见表 6-7. 调用函数 p.adjust.methods 可以得到这些参数.

表 6-7 p 值的调整方法

调整方法	R 软件中的参数
Bonferroni	bonferroni
Holm(1979)	holm
Hochberg(1988)	hochberg
Hommel(1988)	hommel
Benjamini 和 Hochberg(1995)	BH
Benjamini 和 Yekutieli(2001)	BY

例 6.1.6 (续例 6.1.3)在例 6.1.3 进中 F 检验的结论是拒绝原假设,应进一步检验

$$H_0: \mu_i = \mu_j,\ i \neq j,\ i,j = 1,2,3.$$

解 用 R 软件先计算各因子间的均值,再用函数 pairwise.t.test( )作多重 t 检验.

(1) 求数据在各水平下的均值.

```
> attach(mouse)
> mu<-c(mean(X[A==1]),mean(X[A==2]),mean(X[A==3])); mu
[1] 3.818182 7.700000 7.083333
```

(2) 作多重 t 检验. 这里调整方法用缺省值,即 Holm 方法.

```
> pairwise.t.test(X,A,p.adjust.method = "none")

      Pairwise comparisons using t tests with pooled SD

data: X and A

        1          2
```

2 0.0021   —

3 0.0048   0.5458

P value adjustment method: holm

通过计算发现,无论何种调整 p 值的方法,调整后 p 值会增大. 因此,在一定程度上会克服多重 t 检验方法的缺点.

从上述计算结果可见,μ_1 和 μ_2,μ_1 和 μ_3 均有显著差异,而 μ_2 和 μ_3 没有显著差异,即在小白鼠所接种的三种菌型伤寒杆菌中,第一种与后两种使得小白鼠的平均存活天数有显著差异,而后两种差异不显著.

还可以用 plot( ) 函数相应的 box 图,见图 6-6.

从图 6-6 中也可以看出,在小白鼠所接种的三种菌型伤寒杆菌中,第一种与后两种使得小白鼠的平均存活天数有显著差异,而后两种差异不显著.

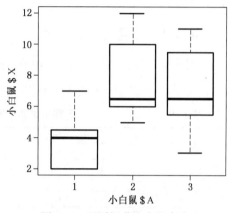

图 6-6　不同杆菌小白鼠存活天数的 box 图

6.2　双因素方差分析

在许多实际问题中,需要考虑影响试验数据的因素多于一个的情形. 例如,在化学试验中,几种原料的用量、反应时间、温度的控制等都可能影响试验结果,这就构成了多因素试验问题.

例 6.2.1　在一个农业试验中,考虑 4 种不同的种子品种 A_1,A_2,A_3,A_4,三种不同的施肥方法 B_1,B_2,B_3,得到产量数据见表 6-8.请分析种子与施肥对产量有无显著影响?

表 6-8　　　　　　　　　　　农业试验数据　　　　　　　　　　单位:kg

品种	B_1	B_2	B_3
A_1	325	292	316
A_2	317	310	318
A_3	310	320	318
A_4	330	330	365

这是一个双因素试验,因素 A(种子)有 4 个水平,因素 B(施肥)有三个水平. 通过下面的双因素方差分析来回答以上问题.

设有 A,B 两个因素,因素 A 有 r 个水平 A_1,A_2,$\cdots$,A_r,因素 B 有 s 个水平 B_1,B_2,$\cdots$,B_s.

6.2.1 不考虑交互作用

因素 A,B 的每一个水平组合 $(A_i$,$B_j)$ 下进行一次独立试验得到观测值 $x_{ij}(i=1,2,\cdots,r,j=1,2,\cdots,s)$. 把观测数据列表,见表 6-9.

表 6-9 无重复试验的双因素方差分析数据

	B_1	B_2	$\cdots$	B_s
A_1	x_{11}	x_{12}	$\cdots$	x_{1s}
A_2	x_{21}	x_{22}	$\cdots$	x_{2s}
$\vdots$	$\vdots$	$\vdots$	$\cdots$	$\vdots$
A_r	x_{r1}	x_{r2}	$\cdots$	x_{rs}

假定 $x_{ij} \sim N(\mu_{ij},\sigma^2)(i=1,2,\cdots,r,j=1,2,\cdots,s)$ 且各 x_{ij} 相互独立. 不考虑两因素的交互作用,因此模型可以归结为

$$\begin{cases} x_{ij} = \mu + \alpha_i + \beta_j + \varepsilon_{ij},\ i=1,2,\cdots,r,\ j=1,2,\cdots,s; \\ \varepsilon_{ij} \sim N(0,\sigma^2) \text{ 且各 } \varepsilon_{ij} \text{ 相互独立}; \\ \sum_{i=1}^{r} \alpha_i = 0,\ \sum_{j=1}^{s} \beta_j = 0. \end{cases} \tag{6.2.1}$$

其中 $\mu = \dfrac{1}{rs} \sum_{i=1}^{r} \sum_{j=1}^{s} \mu_{ij}$ 为总平均,α_i 为因素 A 第 i 个水平的效应,β_j 为因素 B 第 j 个水平的效应.

在线性模型(6.2.1)下,方差分析的主要任务是:系统分析因素 A 和因素 B 对试验指标影响的大小. 因此,在给定显著性水平 α 下,提出以下统计假设:

对于因素 A,"因素 A 对试验指标影响不显著"等价于

$$H_{01} : \alpha_1 = \alpha_2 = \cdots = \alpha_r = 0.$$

对于因素 B,"因素 B 对试验指标影响不显著"等价于

$$H_{02} : \beta_1 = \beta_2 = \cdots = \beta_s = 0.$$

双因素方差分析与单因素方差分析的统计原理基本相同,也是基于平方和分解公式

$$S_T = S_E + S_A + S_B.$$

其中

$$S_T = \sum_{i=1}^{r} \sum_{j=1}^{s} (x_{ij} - \overline{x})^2, \quad \overline{x} = \frac{1}{rs} \sum_{i=1}^{r} \sum_{j=1}^{s} x_{ij},$$

$$S_A = s \sum_{i=1}^{r} (\overline{x}_{i\cdot} - \overline{x})^2, \quad \overline{x}_{i\cdot} = \frac{1}{s} \sum_{j=1}^{s} x_{ij}, \ i = 1, 2, \cdots, r,$$

$$S_B = r \sum_{j=1}^{s} (\overline{x}_{\cdot j} - \overline{x})^2, \quad \overline{x}_{\cdot j} = \frac{1}{r} \sum_{i=1}^{r} x_{ij}, \ j = 1, 2, \cdots, s,$$

$$S_E = \sum_{i=1}^{r} \sum_{j=1}^{s} (x_{ij} - \overline{x}_{i\cdot} - \overline{x}_{\cdot j} + \overline{x})^2.$$

S_T 为总离差平方和,S_E 为误差平方和,S_A 为由因素 A 的不同水平所引起的离差平方和(称为因素 A 的平方和). 类似地,S_B 称为因素 B 的平方和. 可以证明,当 H_{01} 成立时,

$$\frac{S_A}{\sigma^2} \sim \chi^2(r-1),$$

且与 S_E 相互独立,而

$$\frac{S_E}{\sigma^2} \sim \chi^2((r-1)(s-1)).$$

于是当 H_{01} 成立时,

$$F_A = \frac{S_A/(r-1)}{S_E/[(r-1)(s-1)]} \sim F(r-1, (r-1)(s-1)).$$

类似地,当 H_{02} 成立时,

$$F_B = \frac{S_B/(s-1)}{S_E/[(r-1)(s-1)]} \sim F(s-1, (r-1)(s-1)).$$

分别以 F_A 和 F_B 作为 H_{01} 和 H_{02} 的检验统计量,把计算结果列成方差分析表,见表 6-10.

表 6-10　　　　　　　　　　　　双因素方差分析表

方差来源	自由度	平方和	均方	F 比	p 值
因素 A	$r-1$	S_A	$MS_A = \dfrac{S_A}{r-1}$	$F = \dfrac{MS_A}{MS_E}$	p_A
因素 B	$s-1$	S_B	$MS_B = \dfrac{S_B}{s-1}$	$F = \dfrac{MS_B}{MS_E}$	p_B
误差	$(r-1)(s-1)$	S_E	$MS_E = \dfrac{S_E}{(r-1)(s-1)}$		
总和	$rs-1$	S_T			

例 6.2.2 （续例 6.2.1）对例 6.2.1 的数据作双因素方差分析，请确定种子与施肥对产量有无显著影响.

解 输入数据，用函数 aov( ) 求解，R 程序如下：

```
agriculture< - data.frame(
Y= c(325,292,316,317,310,318,
     310,320,318,330,330,365),
   A= gl(4,3),
   b= gl(3,1,12)
)
agriculture.aov< - aov(Y~A+ B,dadt= agriculture)
summary(agriculture.aov)
```

运行结果为

```
Analysis of Variance Table
Response:X
```

	Df	Sum Sq	Mean Sq	F value	Pr($>$F)
A	3	3824.2	1274.7	5.2262	0.04126 *
B	2	162.5	81.2	0.3331	0.72915
Residuals	6	1463.5	243.9		

```
---
Signif.codes:  0 ' *** ' 0.001 ' ** ' 0.01 ' * ' 0.05 ' . ' 0.1
```

根据以上计算结果，p 值说明不同品种（因素 A）对产量有显著影响，而没有充分理由说明施肥方法（因素 B）对产量有显著影响.

6.2.2 考虑交互作用

设有 A，B 两个因素，因素 A 有 r 个水平 A_1，A_2，$\cdots$，A_r，因素 B 有 s 个水平 B_1，b_2，$\cdots$，B_s. 每一个水平组合 (A_i, b_j) 下重复试验 t 次. 记录第 k 次的观测值为 x_{ijk}，把观测数据列表，见表 6-11.

表 6-11 双因素重复试验数据

	B_1				B_2			$\cdots$		B_s		
A_1	x_{111}	x_{112}	$\cdots$	x_{11t}	x_{121}	x_{122}	$\cdots$	x_{12t}	$\cdots$	x_{1s1}	x_{1s2}	$\cdots$	x_{1st}
A_2	x_{211}	x_{212}	$\cdots$	x_{21t}	x_{221}	x_{222}	$\cdots$	x_{22t}	$\cdots$	x_{2s1}	x_{2s2}	$\cdots$	x_{2st}
$\vdots$	$\vdots$	$\vdots$		$\vdots$	$\vdots$	$\vdots$		$\vdots$		$\vdots$	$\vdots$		$\vdots$
A_r	x_{r11}	x_{r12}	$\cdots$	x_{r2t}	x_{r21}	x_{r22}	$\cdots$	x_{r2t}	$\cdots$	x_{rs1}	x_{rs2}	$\cdots$	x_{rst}

假定 $x_{ijk} \sim N(\mu_{ij}, \sigma^2)(i = 1, 2, \cdots, r, j = 1, 2, \cdots, s, k = 1, 2, \cdots, t)$ 且各 x_{ijk} 相互独立,因此模型可以归结为

$$\begin{cases} x_{ijk} = \mu + \alpha_i + \beta_j + \delta_{ij} + \varepsilon_{ijk}; \\ \varepsilon_{ijk} \sim N(0, \sigma^2) \text{ 且各 } \varepsilon_{ijk} \text{ 相互独立}; \\ i = 1, 2, \cdots, r, j = 1, 2, \cdots, s, k = 1, 2, \cdots, t. \end{cases} \qquad (6.2.2)$$

其中 α_i 为因素 A 第 i 个水平的效应,β_j 为因素 B 第 j 个水平的效应,δ_{ij} 为 A_i 和 B_j 的交互效应. 因此有

$$\mu = \frac{1}{rs}\sum_{i=1}^{r}\sum_{j=1}^{s}\mu_{ij}, \quad \sum_{i=1}^{r}\alpha_i = 0, \quad \sum_{j=1}^{s}\beta_j = 0, \quad \sum_{i=1}^{r}\delta_{ij} = \sum_{j=1}^{s}\delta_{ij} = 0.$$

此时,判断因素 A, B 交互效应的影响是否显著等价于下列检验假设:

$$H_{01}: \alpha_1 = \alpha_2 = \cdots = \alpha_r = 0,$$
$$H_{02}: \beta_1 = \beta_2 = \cdots = \beta_s = 0,$$
$$H_{03}: \delta_{ij} = 0, \ i = 1, 2, \cdots, r, j = 1, 2, \cdots, s.$$

在这种情况下,方差分析法与前面的方法类似,有以下计算公式:

$$S_T = S_E + S_A + S_B + S_{A \times B}$$

其中

$$S_T = \sum_{i=1}^{r}\sum_{j=1}^{s}\sum_{k=1}^{t}(x_{ijk} - \overline{x})^2, \quad \overline{x} = \frac{1}{rst}\sum_{i=1}^{r}\sum_{j=1}^{s}\sum_{k=1}^{t}x_{ijk},$$

$$S_E = \sum_{i=1}^{r}\sum_{j=1}^{s}\sum_{k=1}^{t}(x_{ijk} - \overline{x}_{ij.})^2, \quad \overline{x}_{ij.} = \frac{1}{t}\sum_{k=1}^{t}x_{ijk}, \ i = 1, 2, \cdots, r, j = 1, 2, \cdots, s,$$

$$S_A = st\sum_{i=1}^{r}(\overline{x}_{i..} - \overline{x})^2, \quad \overline{x}_{i..} = \frac{1}{st}\sum_{j=1}^{s}\sum_{k=1}^{t}x_{ijk}, \ i = 1, 2, \cdots, r,$$

$$S_B = rt\sum_{j=1}^{s}(\overline{x}_{.j.} - \overline{x})^2, \quad \overline{x}_{.j.} = \frac{1}{rt}\sum_{i=1}^{r}\sum_{k=1}^{t}x_{ijk}, \ j = 1, 2, \cdots, s,$$

$$S_{A \times B} = t\sum_{i=1}^{r}\sum_{j=1}^{s}(\overline{x}_{ij.} - \overline{x}_{i..} - \overline{x}_{.j.} + \overline{x})^2.$$

S_T 为总离差平方和,S_E 为误差平方和,S_A 为由因素 A 的平方和,S_B 称为 B 的平方和,$S_{A \times B}$ 交互平方和. 可以证明,当 H_{01} 成立时,

$$F_A = \frac{S_A/(r-1)}{S_E/[rs(t-1)]} \sim F(r-1,\ rs(t-1)).$$

当 H_{02} 成立时,

$$F_B = \frac{S_B/(s-1)}{S_E/[rs(t-1)]} \sim F(s-1,\ rs(t-1)).$$

当 H_{03} 成立时,

$$F_{A\times B} = \frac{S_{A\times B}/[(r-1)(s-1)]}{S_E/[rs(t-1)]} \sim F((r-1)(s-1),\ rs(t-1)).$$

分别以 F_A,F_B,$F_{A\times B}$ 作为 H_{01},H_{02},H_{03} 的检验统计量,把检验结果列成方差分析表,见表 6-12.

表 6-12 有交互效应的双因素方差分析表

方差来源	自由度	平方和	均方	F 比	p 值
因素 A	$r-1$	S_A	$MS_A = \dfrac{S_A}{r-1}$	$F = \dfrac{MS_A}{MS_E}$	p_A
因素 B	$s-1$	S_B	$MS_B = \dfrac{S_B}{s-1}$	$F = \dfrac{MS_B}{MS_E}$	p_B
交互效应 $A\times B$	$(r-1)(s-1)$	$S_{A\times B}$	$MS_{A\times B} = \dfrac{S_{A\times B}}{(r-1)(s-1)}$	$F = \dfrac{MS_{A\times B}}{MS_E}$	$p_{A\times B}$
误差	$rs(t-1)$	S_E	$MS_E = \dfrac{S_E}{rs(t-1)}$		
总和	$rst-1$	S_T			

例 6.2.3 研究树种与地理位置对松树生长的影响,对 4 个地区 3 种同龄松树的直径进行测量得到数据见表 6-13,A_1,A_2,A_3 表示 3 个不同树种,B_1,B_2,B_3,B_4 表示 4 个不同地区.对每一种水平组合,进行了 5 次测量,对此试验结果进行方差分析.

表 6-13 三种同龄松树的直径测量数据 单位:cm

品种	B_1					B_2					B_3					B_4				
A_1	23	25	21	14	15	20	17	11	26	21	16	19	13	16	24	20	21	18	27	24
A_2	28	30	19	17	22	26	24	21	25	26	19	18	19	20	25	26	26	28	29	23
A_3	18	15	23	18	10	21	25	12	12	22	19	23	22	12	13	22	13	12	22	19

解 输入数据,用 aov( )函数求解,用 summary( )函数列出方差分析信息,R 程序如下:

```
tree<-data.frame(
Y=c(23,25,21,14,15,20,17,11,26,21,
    16,19,13,16,24,20,21,18,27,24,
    28,30,19,17,22,26,24,21,25,26,
    19,18,19,20,25,26,26,28,29,23,
    18,15,23,18,10,21, 25,12,12,22,
    19,23,22,14,13,22,13,12,22,19),
  A=gl(3,20,60,labels=paste('A',1:3,sep='')),
  B=gl(4,5,60,labels=paste('B',1:4,sep=''))
)
tree.aov<-aov(Y~A+B+A:B,data=tree)
summary(tree.aov)
```

运行结果为

```
          Df Sum Sq Mean Sq F value   Pr(>F)
A          2  352.5  176.27   8.959  0.000494 ***
B          3   87.5   29.17   1.483  0.231077
A:B        6   71.7   11.96   0.608  0.722890
Residuals 48  944.4   19.68
---
Signif.codes: 0 ' *** ' 0.001 ' ** ' 0.01 ' * ' 0.05 '.' 0.1
```

可见,在显著性水平为 0.05 下,树种(因素 A)效应是高度显著的,而位置(因素 B)效应及交互效应并不显著.

在得到结果后如何使用它,一种简单的方法是计算各因素的均值. 由于树种(因素 A)效应是高度显著的,也就是说,选什么树种对树的生长很重要. 计算因素 A 的均值:

```
attach(tree); tapply(Y, A, mean)
```

结果为

```
  A1    A2    A3
19.55 23.55 17.75
```

从以上计算结果可以看出,选择第 2 种树对生长有利. 以下计算因素 B(位置)的均值:

```
tapply(Y, B, mean)
```

结果为

B1	B2	B3	B4
19.86667	20.60000	18.66667	22.00000

是否选择位置 4 最有利呢? 不必了. 由于计算结果表明, 关于位置效应并不显著. 也就是说, 所受到的影响是随机的. 因此, 选择成本较低的位置种树就可以了.

对于双因素方差分析问题, MATLAB 提供了函数 anova2( ), 其调用格式为

$$[p, Table] = anova2(X, reps, 'off')$$

anova2( )与 anova1( )类似, 只是输入矩阵的行、列各表示一个因素, 不同的行(列)表示该因子不同处理下的响应变量的观测值向量. 每一个"行与列的对偶"称为一个数据单元, 如果各数据单元含有多于一个观测点, 则参数 reps 表示每一个单元观测点的数目. 输出参数 p 是检验列、行及其交互作用均值相等的最小显著性概率(向量).

例 6.2.4 (续例 6.2.3)在例 6.2.3 中, 树种和地区各表示一个因素, 对树的直径都可能产生影响, 并且二者之间还有可能产生交互作用. 地区因素有 4 个水平, 树种因素有 3 个水平, 在每个遂平下分别抽取了 5 个样品.

以下先用 MATLAB 提供的函数 anova2( )来作双因素方差分析, 再用 anova1( )确定单因素方差分析的其他问题.

输入数据

```
A = [23,25,21,14,15,20,17,11, 26,21,16,19,13,16,24,20,21,18,27,24];
B = [28,30,19,17,22,26,24,21, 25,26,19,18,19,20,25,26,26,28,29,23];
C = [18,15,23,18,10,21, 25,12,12,22,19,23,22,14,13,22,13,12,22,19];
X = [A', B', C'];
```

(1) 双因素方差分析

```
reps = 5;
[p, Table] = anova2(X, reps, 'off')
```

运行结果为

```
p =
    0.0005    0.2311    0.7229
Table =
```

'Source'	'SS'	'df'	'MS'	'F'	'Prob>F'
'Columns'	[352.5333]	[2]	[176.2667]	[8.9589]	[4.9399e-004]
'Rows'	[87.5167]	[3]	[29.1722]	[1.4827]	[0.2311]
'Interaction'	[71.7333]	[6]	[11.9556]	[0.6077]	[0.7229]
'Error'	[944.4000]	[48]	[19.6750]	[]	[]
'Total'	[1.4562e+003]	[59]	[]	[]	[]

以上结果表明:返回向量 **p** 有三个因素,分别表示输入矩阵 **X** 的列、行以及其交互作用均值相等的最小显著性概率. 由于 **X** 的列表示树种方面的因素,行表示地区方面的因素,所以根据这 3 个概率值可以知道:树种方面差异显著,地区之间的差异和交互作用的影响不显著.

(2) 单因素方差分析

$$[p, anovatab, stats] = anova1(X, [], 'on')$$

运行结果为

p =

　3.7071e-004

anovatab =

'Source'	'SS'	'df'	'MS'	'F'	'Prob>F'
'Columns'	[352.5333]	[2]	[176.2667]	[9.1036]	[3.7071e-004]
'Error'	[1.1037e+003]	[57]	[19.3623]	[]	[]
'Total'	[1.4562e+003]	[59]	[]	[]	[]

stats =

　　gnames: [3x1 char]

　　　　n: [20 20 20]

　　source: 'anova1'

　　means: [19.5500 23.5500 17.7500]

　　　　df: 57

　　　　s: 4.4003

方差分析表图和 box 图,见图 6-7 和图 6-8.

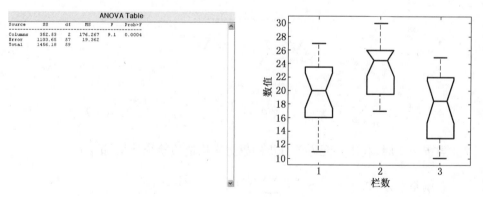

图 6-7　方差分析表图　　　　　　图 6-8　3 种松树直径的 box 图

以上结果说明:树种 A_2 的平均直径最大,认为树种 A_2 最好.实际上,作多重比较得出的结论更细腻、丰富一些.

6.3 多元方差分析

单变量方差分析可以直接推广到向量变量情形,即一元方差分析可以直接推广到多元方差分析.

6.3.1 多个正态总体均值向量的检验

设有 k 个 p 元正态总体 $N_p(\mu^{(t)}, \Sigma)(t=1, 2, \cdots, k)$,$X_{(\alpha)}^{(t)}(t=1, 2, \cdots, k,$ $\alpha = 1, 2, \cdots, n_t)$ 是来自 $N_p(\mu^{(t)}, \Sigma)$ 的样本(关于多元正态分布的定义,见本章附录),检验:

$H_0 : \mu^{(1)} = \mu^{(2)} = \cdots = \mu^{(k)}$, H_1:至少存在 $i \neq j$ 使得 $\mu^{(i)} \neq \mu^{(j)}$(即 $\mu^{(1)}$, $\mu^{(2)}$, $\cdots$, $\mu^{(k)}$ 中至少有一对不等).

当 $p = 1$ 时,此检验问题就是一元方差分析问题,比如比较 k 个不同品牌的同类产品中某一个质量指标(如耐磨度)有无显著差异的问题.我们把不同品牌对应不同总体(假定为正态总体),这种多组比较问题就是检验:

$H_0 : \mu^{(1)} = \mu^{(2)} = \cdots = \mu^{(k)}$, H_1:至少存在 $i \neq j$ 使 $\mu^{(i)} \neq \mu^{(j)}$.

从第 i 个总体抽取容量为 n_i 的样本如下 $(i=1, 2, \cdots, k;$ 记 $n = n_1 + n_2 + \cdots, n_k)$:

$$X_{(1)}^{(1)}, X_{(2)}^{(1)}, \cdots, X_{(n_1)}^{(1)},$$
$$\cdots\cdots\cdots\cdots\cdots\cdots$$
$$X_{(1)}^{(k)}, X_{(2)}^{(k)}, \cdots, X_{(n_k)}^{(k)}.$$

记

$$\overline{X} = \frac{1}{n} \sum_{t=1}^{k} \sum_{j=1}^{n_t} X_{(j)}^{(t)}, \quad \overline{X}^{(t)} = \frac{1}{n_t} \sum_{j=1}^{n_t} X_{(j)}^{(t)} (t=1, 2, \cdots, k).$$

当 $p = 1$ 时,利用一元方差分析的思想来构造检验统计量.记:

总偏差平方和 $\qquad S_T = \sum_{i=1}^{k} \sum_{j=1}^{n_i} (X_{(j)}^{(i)} - \overline{X})^2$;

组内偏差平方和 $\qquad S_E = \sum_{i=1}^{k} \sum_{j=1}^{n_i} (X_{(j)}^{(i)} - \overline{X}^{(i)})^2$;

组间偏差平方和 $\qquad S_A = \sum_{i=1}^{k} n_i (\overline{\boldsymbol{X}}^{(i)} - \overline{\boldsymbol{X}})^2.$

可以证明如下平方和分解公式：

$$S_T = S_E + S_A.$$

直观考察，若 H_0 成立，当总偏差平方和 S_T 固定不变时，应有组间偏差平方和 S_A 小而组内偏差平方和 S_E 大，因此比值 S_A/S_E 应很小. 检验统计量取为

$$F = \frac{S_A/(k-1)}{S_E/(n-k)} \overset{H_0\ \text{为真}}{\sim} F(k-1,\ n-k).$$

对于给定的显著性水平 α，拒绝域为 $W = \{ F > F_\alpha(k-1,\ n-k) \}$.

推广到 k 个 p 元正态总体 $N_p(\boldsymbol{\mu}^{(t)},\ \Sigma)$（假定 k 个总体的协方差相等，且记为 Σ），记第 i 个 p 元总体的数据矩阵为

$$\boldsymbol{X}^{(i)} = \begin{bmatrix} x_{11}^{(i)} & x_{12}^{(i)} & \cdots & x_{1p}^{(i)} \\ x_{21}^{(i)} & x_{22}^{(i)} & \cdots & x_{2p}^{(i)} \\ \vdots & \vdots & \vdots & \vdots \\ x_{n_i 1}^{(i)} & x_{n_i 2}^{(i)} & \cdots & x_{n_i p}^{(i)} \end{bmatrix} = \begin{bmatrix} \boldsymbol{X}_{(1)}^{(i)\mathrm{T}} \\ \boldsymbol{X}_{(2)}^{(i)\mathrm{T}} \\ \vdots \\ \boldsymbol{X}_{(n_i)}^{(i)\mathrm{T}} \end{bmatrix}.$$

其中，$i = 1, 2, \cdots, k$.

对总离差矩阵 $\boldsymbol{T}$ 进行分解：

$$\begin{aligned}
\boldsymbol{T} &= \sum_{i=1}^{k} \sum_{j=1}^{n_i} (\boldsymbol{X}_{(j)}^{(i)} - \overline{\boldsymbol{X}})(\boldsymbol{X}_{(j)}^{(i)} - \overline{\boldsymbol{X}})^{\mathrm{T}} \\
&= \sum_{i=1}^{k} \sum_{j=1}^{n_i} (\boldsymbol{X}_{(j)}^{(i)} - \overline{\boldsymbol{X}}^{(i)} + \overline{\boldsymbol{X}}^{(i)} - \overline{\boldsymbol{X}})(\boldsymbol{X}_{(j)}^{(i)} - \overline{\boldsymbol{X}}^{(i)} + \overline{\boldsymbol{X}}^{(i)} - \overline{\boldsymbol{X}})^{\mathrm{T}} \\
&= \sum_{i=1}^{k} \sum_{j=1}^{n_i} (\boldsymbol{X}_{(j)}^{(i)} - \overline{\boldsymbol{X}}^{(i)})(\boldsymbol{X}_{(j)}^{(i)} - \overline{\boldsymbol{X}}^{(i)})^{\mathrm{T}} + \sum_{i=1}^{k} \sum_{j=1}^{n_i} (\overline{\boldsymbol{X}}^{(i)} - \overline{\boldsymbol{X}})(\overline{\boldsymbol{X}}^{(i)} - \overline{\boldsymbol{X}})^{\mathrm{T}} \\
&= \sum_{i=1}^{k} \boldsymbol{A}_i + \sum_{i=1}^{k} n_i (\overline{\boldsymbol{X}}^{(i)} - \overline{\boldsymbol{X}})(\overline{\boldsymbol{X}}^{(i)} - \overline{\boldsymbol{X}})^{\mathrm{T}} \\
&= \boldsymbol{A} + \boldsymbol{B}.
\end{aligned}$$

其中 $\boldsymbol{A} = \sum_{i=1}^{k} \boldsymbol{A}_i$ 称为组内离差矩阵，$\boldsymbol{B} = \sum_{i=1}^{k} n_i (\overline{\boldsymbol{X}}^{(i)} - \overline{\boldsymbol{X}})(\overline{\boldsymbol{X}}^{(i)} - \overline{\boldsymbol{X}})^{\mathrm{T}}$ 称为组间离差矩阵.

根据直观想法及似然比原理得到检验 H_0 的统计量：

$$\Lambda = \frac{\det(\boldsymbol{A})}{\det(\boldsymbol{A}+\boldsymbol{B})} = \frac{\det(\boldsymbol{A})}{\det(\boldsymbol{T})}.$$

这里 $\det(\boldsymbol{A})$ 表示矩阵 $\boldsymbol{A}$ 的行列式.

可以得到:

(1) 由于 $A_i \sim W_p(n_i-1, \Sigma)$ 且相互独立 $(i=1, 2, \cdots, k)$, 由可加性(见本章附录)得 $A = \sum_{i=1}^{k} A_i \sim W_p(n-k, \Sigma)(n = n_1 + n_2 + \cdots, n_k)$.

(2) 在 H_0 下, $T \sim W_p(n-1, \Sigma)$.

(3) 可以证明在 H_0 下, $B \sim W_p(k-1, \Sigma)$, 且 B 与 A 相互独立.

说明: $W_p(n-1, \Sigma)$ 是维希特(Wishart)分布(关于维希特分布的定义, 见本章附录).

根据威尔克斯(Wilks)分布(关于威尔克斯分布的定义, 见本章附录), 有

$$\Lambda = \frac{\det(\boldsymbol{A})}{\det(\boldsymbol{A}+\boldsymbol{B})} \underset{H_0为真}{\sim} \Lambda(p, n-k, k-1).$$

对于给定的显著性水平 α, 拒绝域为 $W = \{\Lambda < \Lambda_\alpha(p, n-k, k-1)\}$.

如果手头没有威尔克斯临界值表时, 可以用 χ^2 分布或 F 分布来近似.

例 6.3.1 为了研究某种疾病, 对一批人同时测量了 4 个指标: β 脂蛋白 (X_1), 甘油三酯 (X_2), α 脂蛋白 (X_3), 前 β 脂蛋白 (X_4). 按不同年龄、不同性别分别分为三组(20 至 35 岁女性、20 至 25 岁男性、35 至 50 岁男性), 数据见表 6-14. 问这三个组的 4 项指标间有无显著差异 $(\alpha = 0.01)$?

表 6-14　　　　　　　　　身体指标化验数据

X_1	X_2	X_3	X_4	组	X_1	X_2	X_3	X_4	组	X_1	X_2	X_3	X_4	组
260	75	40	18	1	310	122	30	21	2	320	64	39	17	3
200	72	34	17	1	310	60	35	18	2	260	59	37	11	3
240	87	45	18	1	190	40	27	15	2	360	88	28	26	3
170	65	39	17	1	225	65	34	16	2	295	100	36	12	3
270	110	39	24	1	170	65	37	16	2	270	65	32	21	3
205	130	34	23	1	210	82	31	17	2	380	114	36	21	3
190	69	27	15	1	280	67	37	18	2	240	55	42	10	3
200	46	45	15	1	210	38	36	17	2	260	55	34	20	3
250	117	21	20	1	280	65	30	23	2	260	110	29	20	3

续表

X_1	X_2	X_3	X_4	组	X_1	X_2	X_3	X_4	组	X_1	X_2	X_3	X_4	组
200	107	28	20	1	200	76	40	17	2	295	73	33	21	3
225	130	36	11	1	200	76	39	20	2	240	114	38	18	3
210	125	26	17	1	280	94	26	11	2	310	103	32	18	3
170	64	31	14	1	190	60	33	17	2	330	112	21	11	3
270	76	33	13	1	295	55	30	16	2	345	127	24	20	3
190	60	34	16	1	270	125	24	21	2	250	62	22	16	3
280	81	20	18	1	280	120	32	18	2	260	59	21	19	3
310	119	25	15	1	240	62	32	20	2	225	100	34	30	3
270	57	31	8	1	280	69	29	20	2	345	120	36	18	3
250	67	31	14	1	370	70	30	20	2	360	107	25	23	3
260	135	39	29	1	280	40	37	17	2	250	117	36	16	3

解 比较三组($k=3$)的 4 项指标($p=4$)间是否有显著差异问题,就是多总体均值向量是否相等的检验问题.设第 i 组为 4 元总体 $N_4(\mu^{(i)}, \Sigma)(i=1, 2, 3)$(即,假设三个组的协方差矩阵相等.例 6.3.2 的结果将说明这个假设是可以的),来自 3 个总体的样本容量 $n_1 = n_2 = n_3 = 20$. 检验:

$H_0: \mu^{(1)} = \mu^{(2)} = \mu^{(3)}, H_1:$ 至少存在 $\mu^{(i)} \neq \mu^{(j)}$(即 $\mu^{(1)}, \mu^{(2)}, \mu^{(3)}$ 中至少有一对不等).

因似然比检验统计量为 $\Lambda \sim \Lambda(p, n-k, k-1)$,在本例中 $k-1=2$,可以利用 Λ 统计量与 F 统计量的关系(见本章附录),取检验统计量为 F 统计量:

$$F = \frac{(n-k)-p+1}{p} \cdot \frac{1-\sqrt{\Lambda}}{\sqrt{\Lambda}} \quad (k=3, \ p=4, \ n=60),$$

由样本值计算得到:$\overline{\boldsymbol{X}} = (259.08, 84.12, 32.37, 17.8)^{\mathrm{T}}$ 以及

$$\overline{\boldsymbol{X}}^{(1)} = \begin{pmatrix} 231.0 \\ 89.6 \\ 32.9 \\ 17.1 \end{pmatrix}, \quad \overline{\boldsymbol{X}}^{(2)} = \begin{pmatrix} 253.50 \\ 72.55 \\ 32.45 \\ 17.90 \end{pmatrix}, \quad \overline{\boldsymbol{X}}^{(3)} = \begin{pmatrix} 292.75 \\ 90.20 \\ 31.75 \\ 18.40 \end{pmatrix},$$

$$\boldsymbol{A} = \boldsymbol{A}_1 + \boldsymbol{A}_2 + \boldsymbol{A}_3 = \sum_{t=1}^{3} \sum_{\alpha=1}^{n_t} (\boldsymbol{X}_{(\alpha)}^{(t)} - \overline{\boldsymbol{X}}^{(t)})(\boldsymbol{X}_{(\alpha)}^{(t)} - \overline{\boldsymbol{X}}^{(t)})^{\mathrm{T}}$$

$$= \begin{bmatrix} 125\,408.75 & & & \\ 23\,278.50 & 40\,466.95 & & \\ -3\,950.75 & -1\,937.75 & 2\,082.50 & \\ 1\,748.00 & 2\,166.30 & -26.90 & 1\,024.40 \end{bmatrix},$$

$$T = \sum_{t=1}^{3} \sum_{\alpha=1}^{n_t} (X_{(\alpha)}^{(t)} - \overline{X})(X_{(\alpha)}^{(t)} - \overline{X})^{\mathrm{T}}$$

$$= \begin{bmatrix} 164\,474.580 & & & \\ 25\,586.417 & 444\,484.183 & & \\ -4\,674.833 & -1\,973.567 & 2\,095.933 & \\ 2\,534.000 & 2\,139.400 & -41.600 & 1\,041.600 \end{bmatrix}.$$

进一步计算可得:

$$\Lambda = \frac{\det(A)}{\det(T)} = \frac{7.841\,9 \times 10^{15}}{1.184\,4 \times 10^{16}} = 0.662\,1,$$

$$f = \frac{(n-k)-p+1}{p} \cdot \frac{1-\sqrt{\Lambda}}{\sqrt{\Lambda}} = \frac{54}{4} \cdot \frac{1-\sqrt{0.662\,1}}{\sqrt{0.662\,1}} = 3.090\,7.$$

对于给定的显著性水平 $\alpha = 0.01$,首先计算 p 值(此时检验统计量 $F \sim F(8, 108)$):

$$p = P\{ F \geqslant 3.090\,7 \} = 0.003\,538.$$

由于 $p = 0.003\,538 < 0.01 = \alpha$,因此拒绝 H_0,在显著性水平 $\alpha = 0.01$ 时,可以认三个组的指标之间有显著差异.

进一步地如果还想了解三个组的指标之间的差异是由哪几项指标引起的,可以对 4 项指标逐一用一元方差分析进行检验,我们将发现三个指标之间只有第一项指标 X_1 有显著差异.

事实上,用一元方差分析检验 X_1 在三个组中是否有显著差异时,由于

$$f_1 = \frac{(t_{11}-a_{11})/(k-1)}{a_{11}/(n-k)} = \frac{(164\,474.58 - 125\,408.75)/2}{125\,408.75/57} = 8.878\,0,$$

其中 t_{11} 和 a_{11} 分别是 T 和 A 的第一个对角元素,有

$p = P\{F_1 \geqslant 8.878\,0\} = 0.000\,441$(检验统计量 $F_1 \sim F(2, 57)$),由于 $p = 0.000\,441$ 显著地小于 0.01,所以第一项指标 X_1 在三个组中是显著差异.

6.3.2 多个正态总体协方差矩阵的检验

设有 k 个 p 元正态总体 $N_p(\mu^{(t)}, \Sigma_t)(t=1, 2, \cdots, k)$,$X_{(\alpha)}^{(t)}(t=1, 2, \cdots, k,$

$\alpha = 1, 2, \cdots, n_t$)是来自 $N_p(\mu^{(t)}, \Sigma_t)$ 的样本,记 $n = \sum\limits_{i=1}^{k} n_i$. 检验:

$$H_0 : \Sigma_1 = \Sigma_2 = \cdots = \Sigma_k, \quad H_1 : \Sigma_1, \Sigma_2, \cdots, \Sigma_k \text{ 不全相等.}$$

在小样本情况下,对协方差矩阵的相等性检验尚无理想方法. 这里仅介绍协方差矩阵的相等性检验 Box-M 方法.

检验的似然比统计量(通常称为 Box-M 统计量):

$$M = (n-k)\ln\left|\frac{A}{n-k}\right| - \sum_{t=1}^{k}(n_t - 1)\ln\left|\frac{A_t}{n_t - k}\right|.$$

其中, $A = \sum\limits_{i=1}^{k} A_i$.

可以证明:当样本容量 n 很大时,在 H_0 为真时,统计量 M 有以下近似分布:

$$(1-d)M \overset{\text{近似}}{\sim} \chi^2(f),$$

其中

$$f = \frac{1}{2}p(p+1)(k-1),$$

$$d = \begin{cases} \dfrac{2p^2 + 3p - 1}{6(p+1)(n-k)}\left[\sum\limits_{t=1}^{k}\dfrac{1}{n_i - 1} - \dfrac{1}{n-k}\right], & n_i \text{ 不全等;} \\[3mm] \dfrac{(2p^2 + 3p - 1)(k+1)}{6(p+1)(n-k)}, & n_i \text{ 全相等.} \end{cases}$$

例 6.3.2 (续例 6.3.1)在例 6.3.1 的表 6-13 中给出了 身体指标化验数据,试判断三个组(即三个总体)的协方差矩阵是否相等 $(\alpha = 0.10)$?

解 这是三个 4 元正态总体协方差矩阵的检验问题. 设第 i 组为 4 维总体 $N_4(\mu^{(i)}, \Sigma_i)(i = 1, 2, 3)$,来自 3 个总体的样本容量 $n_1 = n_2 = n_3 = 20$. 检验:

$$H_0 : \Sigma_1 = \Sigma_2 = \Sigma_3, \quad H_1 : \Sigma_1, \Sigma_2, \Sigma_3 \text{ 不全相等.}$$

在 H_0 成立时,取近似检验统计量 $\chi^2(f)$ 统计量 $\xi = (1-d)M$.

由样本值计算三个总体的样本协方差矩阵:

$$S_1 = \frac{1}{n_1 - 1}A_1 = \frac{1}{n_1 - 1}\sum_{\alpha=1}^{n_1}(X_{(\alpha)}^{(1)} - \overline{X}^{(1)})(X_{(\alpha)}^{(1)} - \overline{X}^{(1)})^{\mathrm{T}}$$

$$= \frac{1}{19}\begin{pmatrix} 30\,530 & & & \\ 6\,298 & 15\,736.8 & & \\ -1\,078 & -796.8 & 955.8 & \\ 198 & 138.8 & 90.2 & 413.8 \end{pmatrix},$$

$$S_2 = \frac{1}{n_2 - 1} A_2 = \frac{1}{n_2 - 1} \sum_{\alpha=1}^{n_2} (\boldsymbol{X}_{(\alpha)}^{(2)} - \overline{\boldsymbol{X}}^{(2)})(\boldsymbol{X}_{(\alpha)}^{(2)} - \overline{\boldsymbol{X}}^{(2)})^{\mathrm{T}}$$

$$= \frac{1}{19} \begin{bmatrix} 51\,705.0 & & & \\ 7\,021.5 & 12\,288.95 & & \\ -1\,571.5 & -807.95 & 364.95 & \\ 827.0 & 321.10 & -5.10 & 133.8 \end{bmatrix},$$

$$S_3 = \frac{1}{n_3 - 1} A_3 = \frac{1}{n_3 - 1} \sum_{\alpha=1}^{n_3} (\boldsymbol{X}_{(\alpha)}^{(3)} - \overline{\boldsymbol{X}}^{(3)})(\boldsymbol{X}_{(\alpha)}^{(3)} - \overline{\boldsymbol{X}}^{(3)})^{\mathrm{T}}$$

$$= \frac{1}{19} \begin{bmatrix} 43\,173.75 & & & \\ 9\,959.00 & 12\,441.2 & & \\ -1\,301.25 & -333.0 & 761.75 & \\ 723.00 & 457.4 & -112.00 & 476.8 \end{bmatrix}.$$

进一步计算可得：

$$|\boldsymbol{S}| = \left| \frac{1}{57} \boldsymbol{A} \right| = 742\,890\,016, \quad |S_1| = 791\,325\,317,$$

$$|S_2| = 145\,821\,806, \quad |S_3| = 1.081\,16 \times 10^9,$$

$$M = 22.605\,4, \quad d = 0.100\,6, \quad f = 20, \quad \xi = (1-d)M = 20.331\,6.$$

给定 $\alpha = 0.10$，首先计算 p 值（此时检验统计量 $\xi \sim \chi^2(20)$）：

$$p = P\{\xi \geqslant 20.331\,6\} = 0.437\,4.$$

由于 $p = 0.437\,4 > 0.10 = \alpha$，所以在 $\alpha = 0.10$ 时不能拒绝 H_0，这表明三个组的协方差矩阵没有显著差异.

以上结果说明：在例 6.3.1 中假设三个组的协方差矩阵相等是可以的.

6.4 本章附录

以下简要介绍多元正态分布、维希特（Wishart）分布、威尔克斯（Wilks）分布.

A. 多元正态分布

在概率论中讲过一元正态分布，其密度函数为

$$f(x) = \frac{1}{\sqrt{2\pi}\sigma}e^{-\frac{(x-\mu)^2}{2\sigma^2}}, \quad \sigma > 0.$$

上式可以写成

$$f(x) = (2\pi)^{-\frac{1}{2}}\sigma^{-1}\exp\left[-\frac{1}{2}(x-\mu)^{\mathrm{T}}(\sigma^2)^{-1}(x-\mu)\right], \sigma > 0.$$

在上式中,用 $(x-\mu)^{\mathrm{T}}$ 表示 $(x-\mu)$ 的转置,由于 $(x-\mu)^{\mathrm{T}}$ 与 $(x-\mu)$ 相等,所以可以这样写.

现在我们把一元正态分布推广到多元正态分布.

定义 A 若 p 维随机向量 $\boldsymbol{X} = (X_1, X_2, \cdots, X_p)^{\mathrm{T}}$ 的密度函数为

$$f(x_1, x_2, \cdots, x_p) = \frac{1}{(2\pi)^{p/2}|\Sigma|^{1/2}}\exp\left[-\frac{1}{2}(X-\mu)^{\mathrm{T}}\Sigma^{-1}(X-\mu)\right], \Sigma > 0,$$

则称 $\boldsymbol{X} = (X_1, X_2, \cdots, X_p)^{\mathrm{T}}$ 服从 p 元正态分布,记作 $\boldsymbol{X} \sim N_p(\mu, \Sigma)$,其中 $|\Sigma|$ 为协方差矩阵 Σ 的行列式 $(|\Sigma| \neq 0)$.

当 $p = 2$ 时,可以得到二元正态分布. 设 $\boldsymbol{X} = (X_1, X_2)^{\mathrm{T}}$ 服从二元正态分布,则有

$$\Sigma = \begin{pmatrix} \sigma_{11} & \sigma_{12} \\ \sigma_{21} & \sigma_{22} \end{pmatrix} = \begin{pmatrix} \sigma_1^2 & \sigma_1\sigma_2 r \\ \sigma_2\sigma_1 r & \sigma_2^2 \end{pmatrix}, r \neq \pm 1$$

其中 σ_1^2, σ_2^2 分别为 X_1 和 X_2 的方差,r 是 X_1 和 X_2 的相关系数. 此时

$$|\Sigma| = \sigma_1^2\sigma_2^2(1-r^2), \Sigma^{-1} = \frac{1}{\sigma_1^2\sigma_2^2(1-r^2)}\begin{pmatrix} \sigma_2^2 & -\sigma_1\sigma_2 r \\ -\sigma_2\sigma_1 r & \sigma_1^2 \end{pmatrix}.$$

B. 维希特(Wishart)分布

维希特分布是一元统计中 χ^2 分布的推广.

定义 B 设 $X_{(\alpha)} \sim N_p(0, \Sigma)(\alpha = 1, 2, \cdots, n)$ 相互独立,记 $\boldsymbol{X} = (\boldsymbol{X}_{(1)}, \boldsymbol{X}_{(2)}, \cdots, \boldsymbol{X}_{(p)})^{\mathrm{T}}$ 为 $n \times p$ 随机矩阵,则称

$$\boldsymbol{W} = \sum_{\alpha=1}^{n}\boldsymbol{X}_{(\alpha)}\boldsymbol{X}_{(\alpha)}^{\mathrm{T}} = \boldsymbol{X}^{\mathrm{T}}\boldsymbol{X}$$

的分布为维希特(Wishart)分布,记作 $W \sim W_p(n, \Sigma)$. 其中 n 为自由度.

显然,当 $p = 1$ 时,$X_{(\alpha)} \sim N_p(0, \sigma^2)$,此时 $W = \sum_{\alpha=1}^{n}X_{(\alpha)}^2 \sim \sigma^2\chi^2(n)$,即 $W_1(n, \sigma^2)$ 就是 $\sigma^2\chi^2(n)$.

当 $p = 1$，$\sigma^2 = 1$ 时，$W_1(n, 1)$ 就是 $\chi^2(n)$. 因此，维希特分布是一元统计中 χ^2 分布的推广.

维希特分布的可加性：

设 $W_i \sim W_p(n_i, \Sigma)$ $(i = 1, 2, \cdots, k)$ 相互独立，且 $n = n_1 + n_2 + \cdots n_k$，则

$$\sum_{i=1}^{k} W_i \sim W_p(n, \Sigma).$$

即，关于自由度具有可加性. 维希特分布的可加性与一元统计中 χ^2 分布的可加性类似——都是关于自由度具有可加性.

C. 威尔克斯(Wilks)分布

定义 C 设 $A_1 \sim W_p(n_1, \Sigma)$，$A_2 \sim W_p(n_2, \Sigma)$，$\Sigma > 0$，$n_1 \geqslant p$，且 A_1 与 A_2 独立，则称

$$\Lambda = \frac{\det(A_1)}{\det(A_1 + A_2)}$$

为威尔克斯(Wilks)统计量或 Λ 统计量，其分布称为威尔克斯分布，记作 $\Lambda \sim \Lambda(p, n_1, n_2)$. 其中，$n_1$，$n_2$ 为自由度.

这里 $\det(A)$ 表示矩阵 A 的行列式.

当 $p = 1$ 时，威尔克斯分布就是一元统计中的参数为 $n_1/2$，$n_2/2$ 的 β 分布.

威尔克斯分布与 F 分布的关系：

对威尔克斯分布 $\Lambda \sim \Lambda(p, n_1, n_2)$，当 $n_2 = 2$ 时，设 $n_1 = n > p$，则有

$$\frac{n-p+1}{p} \cdot \frac{1 - \sqrt{\Lambda(p, n, 2)}}{\sqrt{\Lambda(p, n, 2)}} = F(2p, 2(n-p+1)).$$

以上只是非常简要地介绍了多元正态分布、维希特(Wishart)分布、威尔克斯(Wilks)分布的相关内容，关于进一步讨论，见 Anderson(2003)，高惠璇(2005)，何晓群(2004)等.

6.5 思考与练习题

1. 请简要叙述方差分析的基本思想.
2. 在测定引力常数时，为确定实验用小球在测定的材质对测定值有无影响，有人分别用等体积的铂球、金球、玻璃球测定引力常数，实验结果见表 6-15.

表 6-15 3 种小球测定的引力常数值($10^{-11}\,\mathrm{Nm^2/kg^2}$)

铂球	6.661	6.661	6.667	6.667	6.664	
金球	6.683	6.681	6.676	6.678	6.679	6.672
玻璃球	6.678	6.671	6.675	6.672	6.674	

对此实验结果进行方差分析,请问不同材质的小球对引力常数的测定有无显著影响.

3. 一个火箭使用了 4 种燃料、3 种推进器进行射程试验.每种燃料与每种推进器的组合各发射两次,得到的结果见表 6-16.

表 6-16 4 种燃料、3 种推进器进行射程实验的数据

	B_1	B_2	B_3
A_1	58.2, 52.6	56.2, 41.2	65.3, 60.8
A_2	49.1, 42.8	54.1, 50.5	51.6, 48.4
A_3	60.1, 58.3	70.9, 73.2	39.2, 40.7
A_4	75.8, 71.5	58.2, 51.0	48.7, 41.4

对此实验结果进行方差分析.请问燃料、推进器和二者的交互作用对于火箭的射程是否有显著性得影响?

4. 请根据自己感兴趣的实际问题,收集数据并进行有关的方差分析.

7 聚类分析

将认识对象进行分类是人类认识世界的一种重要方法,比如有关世界的时间进程的研究,就形成了历史学,有关世界空间地域的研究,则形成了地理学.又如在生物学中,为了研究生物的演变,需要对生物进行分类,生物学家根据各种生物的特征,将它们归属于不同的界、门、纲、目、科、属、种之中.事实上,分门别类地对事物进行研究,要远比在一个混杂多变的集合中更清晰、明了和细致,这是因为同一类事物会具有更多的近似特性.在企业的经营管理中,为了确定其目标市场,首先要进行市场细分.因为无论一个企业多么庞大和成功,它也无法满足整个市场的各种需求.而市场细分,可以帮助企业找到适合自己特色,并使企业具有竞争力的分市场,将其作为自己的重点开发目标.

俗话说"物以类聚,人以群分".那么什么是分类的根据呢?比如,要想把中国的县分成若干类,就有很多种分类法,可以按照自然条件来分,比如考虑降水,土地,日照等各方面;也可以考虑收入,教育水平,医疗条件,基础设施等指标;既可以用某一项来分类,也可以同时考虑多项指标来分类.

通常,人们可以凭经验和专业知识来实现分类.本章要介绍的分类的方法称为聚类分析(cluster analysis).聚类分析作为一种定量方法,将从数据分析的角度给出一个更准确、细致的分类工具.通常把对样品的聚类称为称为 Q 型聚类,对变量(指标)的聚类称为 R 型聚类.

本章将介绍:聚类分析的基本思想与意义、Q 型聚类分析、R 型聚类分析,并对我国各地区普通高等教育发展状况进行聚类分析.

7.1　聚类分析的基本思想与意义

聚类分析的基本思想是在样品之间定义距离,在变量之间定义相似系数,距离或相似系数代表样品或变量之间的相似程度.按照相似程度的大小,将样品(或变量)逐一归类,关系密切的类聚集到一个小的分类单位,然后逐步扩大,使得关系疏远的聚合到一个大的分类单位,直到所有的样品(或变量)都聚集完毕,形成一个表示亲疏关系的聚类图,依次按照某些要求对样品(或变量)进行分类.

先看一个例子.表 7-1 中收集了 12 种饮料的热量、咖啡因、钠及价格四种变量的数据.现在希望利用这四个变量对这些饮料品牌进行聚类.当然,也可以用其中某些而不是全部变量进行聚类.

表 7-1   12 种饮料的有关数据

饮料编号	热量	咖啡因	钠	价格
1	207.20	3.30	15.50	2.80
2	36.80	5.90	12.90	3.30
3	72.20	7.30	8.20	2.40
4	36.70	0.40	10.50	4.00
5	121.70	4.10	9.20	3.50
6	89.10	4.00	10.20	3.30
7	146.70	4.30	9.70	1.80
8	57.60	2.20	13.60	2.10
9	95.90	0.00	8.50	1.30
10	199.00	0.00	10.60	3.50
11	49.80	8.00	6.30	3.70
12	16.60	4.70	6.30	1.50

如果按照这四个指标的任何一项来分类,问题就很简单了,只要把该指标相近的品牌放到一起就行了.如何同时根据这四个指标来聚类呢?其想法也类似,就是把距离近的放到一起.这样就出现下面要提到的距离的定义和度量等问题.

在表 7-1 中每种饮料都有四个变量值,这就是四维空间点的问题了.按照远近程度来聚类需要明确两个概念:一个是点和点之间的距离,一个是类和类之间的距离.点间距离有很多定义方式,最简单的是欧氏距离,当然还有许多其他的距离.根据距离来决定两点间的远近是最自然不过了.当然还有一些和距离不同但起类似作用的概念,比如相似性等,两点越相似,就相当于距离越近.

由一个点组成的类是最基本的类,如果每一类都由一个点组成,那么点间的距离就是类间距离.但是如果某一类包含不止一个点,那么就要确定类间距离.类间距离是基于点间距离定义的,它也有许多定义的方法,比如两类之间最近点之间的距离可以作为这两类之间的距离,也可以用两类中最远点之间的距离作为这两类之间的距离,当然也可以用各类的中心之间的距离来作为类间距离.在计算时,各种点间距离和类间距离的选择一般是通过软件实现的(除一些比较简单的问题外),选择不同的距离结果可能会不同.

7.2 Q型聚类分析

如何度量距离远近？首先要定义两点之间的距离或相似度量,再根据点之间的距离定义类间距离.

7.2.1 两点之间的距离

设有 n 个样品的多元观测数据 $x_i = (x_{i1}, x_{i2}, \cdots, x_{ip})^{\mathrm{T}}$, $i = 1, 2, \cdots, n$. 此时,每个样品可以看成 p 维空间的一个点, n 个样品组成 p 维空间的 n 个点. 我们自然用各点之间的距离来衡量各样品之间的相似性程度(或靠近程度).

设 $d(x_i, x_j)$ 是样品 x_i 和 x_j 之间的距离,一般要求它满足下列条件:

(1) $d(x_i, x_j) \geqslant 0$, 且 $d(x_i, x_j) = 0$ 当且仅当 $x_i = x_j$;

(2) $d(x_i, x_j) = d(x_j, x_i)$;

(3) $d(x_i, x_j) \leqslant d(x_i, x_k) + d(x_k, x_j)$.

在聚类分析中,有些距离不满足(3),我们在广义的意义下仍然称它为距离.

以下介绍聚类分析中常用的距离. 常用的距离有:欧氏(Euclidean)距离,绝对距离,马氏(Mahalanobis)距离等.

假定有 n 个样品的多元数据,对于 $i, j = 1, 2, \cdots, n$, $d(x_i, x_j)$ 为 p 维点(向量) $x_i = (x_{i1}, x_{i2}, \cdots, x_{ip})^{\mathrm{T}}$ 和 $x_j = (x_{j1}, x_{i2}, \cdots, x_{jp})^{\mathrm{T}}$ 之间的距离,记为 $d_{ij} = d(x_i, x_j)$.

(1) 欧氏距离

$$d_{ij} = \sqrt{\sum_{k=1}^{p} (x_{ik} - x_{jk})^2}$$

欧氏距离是最常用的,它的主要优点是当坐标轴进行旋转时,欧氏距离是保持不变的. 因此,如果对原坐标系进行平移和旋转变换,则变换后样本点间的距离和变换前完全相同.

称

$$D = (d_{ij})_{n \times n} = \begin{pmatrix} 0 & d_{12} & \cdots & d_{1n} \\ d_{21} & 0 & \cdots & d_{2n} \\ \vdots & \vdots & & \vdots \\ d_{n1} & d_{n2} & \cdots & 0 \end{pmatrix}$$

为距离矩阵,其中 $d_{ij} = d_{ji}$(这说明距离矩阵是对称矩阵).

(2)绝对距离

$$d_{ij} = \sum_{k=1}^{p} | x_{ik} - x_{jk} |.$$

(3)马氏距离

$$d_{ij} = \sqrt{(x_i - x_j)^{\mathrm{T}} S^{-1} (x_i - x_j)},$$

其中,S 是由 x_1,x_2,$\cdots$,x_n 得到的协方差矩阵 $S = \dfrac{1}{n-1} \sum_{i=1}^{n} (x_i - \bar{x})(x_i - \bar{x})^{\mathrm{T}}$,$\bar{x} = \dfrac{1}{n} \sum_{i=1}^{n} x_i$.

显然,当 S 为单位矩阵时,马氏距离即化简为欧氏距离.在实际问题中协方差矩阵 S 往往是未知的,常需要用样本协方差矩阵来估计.需要说明的是,马氏距离对一切线性变换都是不变的,所以不受量纲的影响.

值得注意的是,当变量的量纲不同时,观测值的变异范围相差悬殊时,一般首先对数据进行标准化处理,然后再计算距离.

例 7.2.1 为研究辽宁、浙江、河南、甘肃、青海 5 省份 1991 年城镇居民月均消费情况,需要利用调查资料对这 5 个省份分类,指标变量共 8 个,含义如下:

x_1—人均粮食支出,x_2—人均副食支出,x_3—人均烟酒茶支出,x_4—人均其他副食支出,x_5—人均衣着支出,x_6—人均日用品支出,x_7—人均燃料支出,x_8—人均非商品支出.

具体数据见表 7-2.把每个省份的数据看成一个样品,(1)计算样品之间的欧氏距离矩阵;(2)计算样品之间的绝对距离矩阵.

表 7-2   **1991 年 5 省城镇居民月均消费**   单位:元/人

	x_1	x_2	x_3	x_4	x_5	x_6	x_7	x_8
辽宁	7.90	39.77	8.49	12.94	19.27	11.05	2.04	13.29
浙江	7.68	50.37	11.35	13.30	19.25	14.59	2.75	14.87
河南	9.42	27.93	8.20	8.14	16.17	9.42	1.55	9.76
甘肃	9.16	27.98	9.01	9.32	15.99	9.10	1.82	11.35
青海	10.06	28.64	10.52	10.05	16.18	8.39	1.96	10.81

解 (1)分别用 MATLAB 和 R 软件计算样品之间的欧氏距离.

用 1,2,3,4,5 分别表示辽宁、浙江、河南、甘肃、青海 5 各省(样品),计算每两个样品之间的欧氏距离 d_{ij},$i, j = 1, 2, 3, 4, 5$:

$$d_{12} = d_{21} = \sqrt{(7.90-7.68)^2 + (39.77-50.37)^2 + \cdots + (13.29-14.87)^2}$$
$$= 11.67,$$

$$d_{23} = d_{32} = \sqrt{(7.68-9.42)^2 + (50.37-27.93)^2 + \cdots + (14.87-9.76)^2}$$
$$= 24.64, \cdots.$$

得到的距离矩阵为(由于是对称矩阵,所以可以只用下三角部分,当然也可以只用上三角部分):

$$D = \begin{pmatrix} 0 & & & & \\ 11.67 & 0 & & & \\ 13.81 & 24.64 & 0 & & \\ 13.13 & 24.06 & 2.20 & 0 & \\ 12.80 & 23.54 & 3.50 & 2.22 & 0 \end{pmatrix}.$$

D 中各元素数值的大小,反映了 5 个省城镇居民月均消费水平的接近程度. 例如,甘肃省与河南省的欧氏距离达到最小值 2.20,反映了这两个省份城镇居民月均消费水平最接近.

可以用 MATLAB 编写程序计算每两个样品之间的欧氏距离(距离矩阵),其 MATLAB 程序如下:

```
clear
X = [7.90, 39.77, 8.49, 12.94, 19.27, 11.05, 2.04, 13.29;
7.68, 50.37, 11.35, 13.30, 19.25, 14.59,2.75,14.87;
9.42, 27.93, 8.20 , 8.14, 16.17, 9.42, 1.55, 9.76;
9.16, 27.98, 9.01, 9.32, 15.99, 9.10, 1.82, 11.35;
10.06, 28.64, 10.52, 10.05, 16.18, 8.39, 1.96, 10.81];
BX = zscore(X);   %标准化数据矩阵
Y = pdist(X,'euclidean')   %计算两两之间的欧氏距离
D = squareform(Y) %欧氏距矩阵
```

运行后结果为

```
Y =
    11.6726   13.8054   13.1278   12.7983   24.6353   24.0591   23.5389   2.2033   3.5037   2.2159
D =

         0   11.6726   13.8054   13.1278   12.7983
   11.6726         0   24.6353   24.0591   23.5389
   13.8054   24.6353         0    2.2033    3.5037
```

| 13.1278 | 24.0591 | 2.2033 | 0 | 2.2159 |
| 12.7983 | 23.5389 | 3.5037 | 2.2159 | 0 |

用 R 软件计算两点之间的距离：

在 R 软件中，dist( )函数给出了各种距离的计算结果. dist( )函数调用格式为：dist(x, method, diag = FALSE, upper = FALSE, p = 2)，其中 method 表示计算距离的方法，缺省为 euclidean(欧氏距离)（绝对值距离，用 manhattan 表示)；diag 是逻辑变量：当 diag=TRUE 时，输出距离矩阵对角线上的距离；upper 也是逻辑变量：当 upper=TRUE 时，输出距离矩阵上三角部分(缺省为输出下三角矩阵).

```
x1<-c(7.90, 7.68, 9.42, 9.16, 10.06)
x2<-c(39.77, 50.37, 27.93, 27.98, 28.64)
x3<-c(8.49, 11.35, 8.20 , 9.01, 10.52)
x4<-c(12.94, 13.30, 8.14, 9.32, 10.05)
x5<-c(19.27, 19.25, 16.17, 15.99, 16.18)
x6<-c(11.05, 14.59, 9.42, 9.10, 8.39)
x7<-c(2.04, 2.75, 1.55, 1.82, 1.96)
x8<-c(13.29, 14.87, 9.76, 11.35, 10.81)
x=data.frame(x1, x2, x3, x4, x5, x6, x7, x8)
d<-dist(x, method = "euclidean")
d
```

运行的结果为

	1	2	3	4
2	11.672622			
3	13.805361	24.635273		
4	13.127810	24.059125	2.203270	
5	12.798281	23.538932	3.503684	2.215852

(2) 分别用 MATLAB 和 R 软件计算样品之间的绝对距离.

用 MATLAB 计算每两个样品之间的绝对距离：

只需要把"欧氏距离"改为"绝对距离"即可，即只需要把 'euclidean' 改为 'cityblock' 即可. MATLAB 程序从略.

结果为

```
Y =
    19.8900   27.2000   24.5800   26.5200   47.0500   43.3900   42.3100   4.6600   8.0800   5.3800
D =
        0   19.8900   27.2000   24.5800   26.5200
```

19.8900	0	47.0500	43.3900	42.3100
27.2000	47.0500	0	4.6600	8.0800
24.5800	43.3900	4.6600	0	5.3800
26.5200	42.3100	8.0800	5.3800	0

用 R 软件计算样品之间的绝对距离:

```
d<－dist(x, method = "manhattan")
d
```

运行的结果为

```
     1       2      3     4
2  19.89
3  27.20   47.05
4  24.58   43.39   4.66
5  26.52   42.31   8.08   5.38
```

7.2.2　两类之间的距离

开始时每个对象自成一类,然后每次将最相似的两类合并,合并后重新计算新类与其他类的距离或相似程度.

常用的类间距离主要有:最短距离法,最长距离法,重心法,类平均法等.

设有两个样品类 G_1 和 G_2,用 $D(G_1, G_2)$ 表示在属于 G_1 的样品 x_i 和属于 G_2 的样品 y_i 之间的距离,那么下面就是一些类间距离的定义.

(1) 最短距离法

$$D(G_1, G_2) = \min_{x_i \in G_1, y_j \in G_2}\{d(x_i, y_j)\}.$$

(2) 最长距离法

$$D(G_1, G_2) = \max_{x_i \in G_1, y_j \in G_2}\{d(x_i, y_j)\}.$$

(3) 重心法

$$D(G_1, G_2) = d(\bar{x}, \bar{y}),$$

其中,$\bar{x}$,$\bar{y}$ 分别为 G_1 和 G_2 的重心,$\bar{x} = \frac{1}{n}\sum_{i=1}^{n} x_i$.

(4) 类平均法

$$D(G_1, G_2) = \frac{1}{n_1 n_2}\sum_{x_i \in G_1}\sum_{y_j \in G_2} d(x_i, y_j),$$

其中，n_1，n_2 分别为 G_1，G_2 中样品的个数.

7.2.3 用 MATLAB 进行聚类分析

例7.2.2 设有 5 个销售员 w_1，w_2，w_3，w_4，w_5，他们的销售业绩由二维变量 (v_1, v_2) 描述,见表 7-3.

表 7-3 销售员业绩表

销售员	v_1（销售量）/百件	v_2（回收款项）/万元
w_1	1	0
w_2	1	1
w_3	3	2
w_4	4	3
w_5	2	5

记销售员 $w_i(i=1,2,3,4,5)$ 的销售业绩为 (v_{i1}, v_{i2}),如果使用绝对值距离来测量点与点之间的距离,使用最短距离法来测量类与类之间的距离,即

$$d(w_i, w_j) = \sum_{k=1}^{2} |v_{ik} - v_{jk}|, \quad D(G_1, G_2) = \min_{w_i \in G_1, w_j \in G_2}\{d(w_i, w_j)\}.$$

由距离公式 $d(\cdot, \cdot)$,可以算出距离矩阵

$$\begin{pmatrix} 0 & 1 & 4 & 6 & 6 \\ & 0 & 3 & 5 & 5 \\ & & 0 & 2 & 4 \\ & & & 0 & 4 \\ & & & & 0 \end{pmatrix}.$$

第一步,所有的元素自成一类 $H_1 = \{w_1, w_2, w_3, w_4, w_5\}$.每一个类的平台高度为 0,即 $f(w_i) = 0(i=1,2,3,4,5)$.

第二步,取新类的平台高度为 1,把 w_1，w_2 合成一个新类 h_6,此时的分类情况是 $H_2 = \{h_6, w_3, w_4, w_5\}$.

第三步,取新类的平台高度为 2,把 w_3，w_4 合成一个新类 h_7,此时的分类情况是 $H_3 = \{h_6, h_7, w_5\}$.

第四步,取新类的平台高度为 3,把 h_6，h_7 合成一个新类 h_8,此时的分类情况是 $H_4 = \{h_8, w_5\}$.

第五步,取新类的平台高度为 4,把 h_8，w_5 合成一个新类 h_9,此时的分类情况是 $H_5 = \{h_9\}$.

以上问题画聚类图的 MATLAB 程序如下:

```
clear
a = [1, 0; 1, 1; 3, 2; 4, 3; 2, 5];
y = pdist(a,'cityblock');  %求 a 的两两行向量间的绝对距离
yc = squareform(y) %  变换成距离矩阵
z = linkage(y) %产生等级聚类树
[h,t] = dendrogram(z);   %画聚类图
T = cluster(z,'maxclust',3) %把对象划分为 3 类
for i = 1:3
tm = find(T == i);   %求第 i 类的对象
tm = reshape(tm,1,length(tm)); %变成行向量
fprintf('第%d 类的有 %   s   n',i,int2str(tm)); %显示分类结果
end
```

聚类图,见图 7-1.

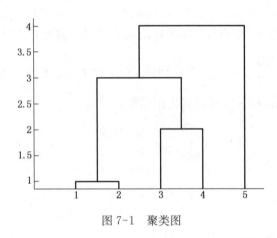

图 7-1 聚类图

有了聚类图,就可以按要求进行分类.从图 7-1 可以看出,在这五个推销员中 w_5 的工作业绩最佳,w_3,w_4 的工作业绩较好,而 w_1,w_2 的工作业绩较差.

例 7.2.3 (续例 7.2.1)根据例 7.2.1 给出的 5 省份城镇居民月均消费数据, (1)如果使用欧氏距离来测量点与点之间的距离,使用最短距离法来测量类与类之间的距离,并进行聚类分析;(2)如果使用绝对距离来测量点与点之间的距离,使用最短距离法来测量类与类之间的距离,并进行聚类分析.

解 (1)如果使用欧氏距离来测量点与点之间的距离,使用最短距离法来测量类与类之间的距离,进行聚类分析的 MATLAB 程序如下:

```
clear
X = [7.90,39.77,8.49,12.94,19.27,11.05,2.04,13.29;
```

```
7.68,50.37,11.35,13.30,19.25,14.59,2.75,14.87;
9.42,27.93,8.20 ,8.14,16.17,9.42,1.55,9.76;
9.16,27.98,9.01,9.32,15.99,9.10,1.82,11.35;
10.06,28.64,10.52,10.05,16.18,8.39,1.96,10.81];
BX=zscore(X); %标准化数据矩阵
Y=pdist(X,'euclidean')  %欧氏距离计算两两之间的距离
D=squareform(Y) %欧氏距矩阵
Z=linkage(Y)   %最短距离法
T=cluster(Z,3) %等价于 T=clusterdata(X,3)
find(T==3)   %第3类集合中的元素
[H,T]=dendrogram(Z) %画聚类图
```

聚类图,见图 7-2.

在图 7-2 中,1,2,3,4,5 分别表示辽宁、浙江、河南、甘肃、青海 5 个省(样品).

从图 7-2(聚类图)可以看出,第一类:1,2(辽宁、浙江),第二类:3,4,5(河南、甘肃、青海).

（2）如果使用绝对距离来测量点与点之间的距离,使用最短距离法来测量类与类之间的距离,并进行聚类分析.其程序与(1)类似(只需把 'euclidean' 改为 'cityblock' 即可),聚类图,见图 7-3.

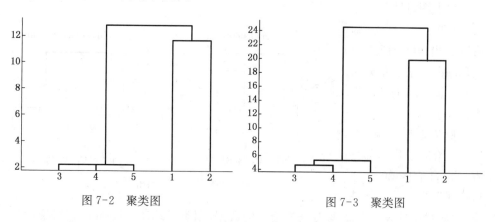

图 7-2　聚类图　　　　　　　　　　图 7-3　聚类图

从图 7-2 与图 7-3 可以看出,聚类结果类似.

7.2.4　用 R 软件进行聚类分析

用 R 软件中的 hclust(　)函数进行聚类分析,其基本调用格式如下:hclust (d, method).其中, d 是由"dist"构成的距离,method 是聚类的方法(缺省是最长

距离法). 类与类之间的距离有许多定义方法, 主要有以下几种:

(1) 最短距离法(single method);

(2) 最长距离法(complete method);

(3) 重心法(centroid method);

(4) 类平均法(average linkage method)。

以下通过两例子来说明用 R 进行聚类分析.

例 7.2.4 设有 5 个样品, 每个样品只有一个指标, 其观测值分别为 1, 2, 6, 8, 11, 样品之间的距离用欧氏距离, 试用最短距离法、最长距离法聚类分析, 并画出相应的聚类图.

解 在 R 软件中, hclust( )函数提供了聚类分析的计算, 用 plot( )函数画出聚类图.

根据给出的数据, 计算样品之间的距离用欧氏距离, 用最短距离法(single)、最长距离法(complete)进行聚类分析, 并画出相应的聚类图, 其 R 程序如下:

```
x<-c(1, 2,6,8,11); dim(x)<-c(5,1); d<-dist(x)
hc1<-hclust(d,"single"); hc2<-hclust(d,"complete")
opar <- par(mfrow = c(2,2))
plot(hc1,hang=-1); plot(hc2,hang=-1)
par(opar)
```

聚类图, 见图 7-4.

从聚类图(图 7-4)可以看出, 用最短距离法(single)、最长距离法(complete)的结果类似.

例 7.2.5 在例 2.2.2 中给出了我国部分省、市、自治区 2007 年城镇居民生活消费的情况, 原始数据见表 2-3. 根据表 2-3 给出的数据, 用类平均法(average)进行聚类分析, 并画出相应的聚类图.

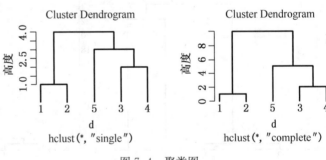

图 7-4 聚类图

解 根据表 2-3 给出的数据, 用类平均法(average)进行聚类分析, 并画出相应的聚类图, 其 R 程序如下(如果前面已输入数据, 在此输入数据可省略):

```
x1=c(4934,4249,2790,2600,2825,3560,2843,2633,6125,3929,4893,3384)
```

```
x2 = c(1513,1024,976,1065,1397,1018,1127,1021,1330,990,1406,906)
x3 = c(981,760,547,478,562,439,407,356,959,707,666,465)
x4 = c(1294,1164,834,640,719,879,855,729,857,689,859,554)
x5 = c(2328,1310,1010,1028,1124,1033,874,746,3154,1303,2473,891)
x6 = c(2385,1640,895,1054,1245,1053,998,938,2653,1699,2158,1170)
x7 = c(1246,1417,917,992,942,1047,1062,785,1412,1020,1168,850)
x8 = c(650,464,266,245,468,400,394,311,763,377,468,309)
X = data.frame(x1,x2,x3,x4,x5,x6,x7,x8)


d <- dist(scale(X))
hc1 <- hclust(d); hc2 <- hclust(d,'average')
opar<- par(mfrow = c(2,1),mar = c(5.2,4,0,0))
plclust(hc1,hang = -1); re1<- rect.hclust(hc1,k=5,border = 'red')
plclust(hc2,hang = -1); re2<- rect.hclust(hc2,k=5,border = 'red')
par(opar)
```

聚类图,见图 7-5.

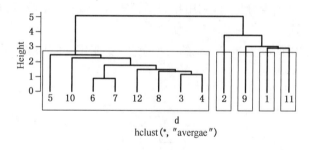

图 7-5　聚类图

序号 1—12,分别代表:北京,天津,河北,山西,内蒙古,辽宁,吉林,黑龙江,上海,江苏,浙江,安徽.

7.3　R 型聚类分析

在实际工作中,变量聚类法的应用也是十分重要的.在系统分析或评估过程中,为避免遗漏某些重要因素,往往在一开始选取指标时,尽可能多地考虑所有的相关因素.而这样做的结果,则是变量过多,变量间的相关度高,给系统分析与建模带来很大的不便.因此,人们常常希望能研究变量间的相似关系,按照变量的相似关系把它们聚合成若干类,进而找出影响系统的主要因素.

7.3.1 变量相似性度量

在对变量进行聚类分析时,首先要确定变量的相似性度量,常用的变量相似性度量有两种.

(1) 相关系数

记变量 x_j 的取值 $(x_{1j}, x_{2j}, \cdots, x_{nj})^{\mathrm{T}} \in R^n (j = 1, 2, \cdots, n)$. 则可以用两变量 x_j 与 x_k 的样本相关系数作为它们的相似性度量,即

$$r_{jk} = \frac{\sum_{i=1}^{n} (x_{ij} - \bar{x}_j)(x_{ik} - \bar{x}_k)}{\sqrt{\sum_{i=1}^{n} (x_{ij} - \bar{x}_j)^2 \sum_{i=1}^{n} (x_{ik} - \bar{x}_k)^2}},$$

其中 $\bar{x}_j = \dfrac{1}{n} \sum_{i=1}^{n} x_{ij}$, $j = 1, 2, \cdots, n$.

在对变量进行聚类分析时,利用相关系数矩阵 $(r_{jk})_{n \times n}$ 是最多的.

(2) 夹角余弦

可以直接利用两变量 x_j 与 x_k 的夹角余弦 r_{jk} 来定义它们的相似性度量,有

$$r_{jk} = \frac{\sum_{i=1}^{n} x_{ij} x_{ik}}{\sqrt{\sum_{i=1}^{n} x_{ij}^2 \sum_{i=1}^{n} x_{ik}^2}}.$$

这是解析几何中两个向量夹角余弦的概念在 n 维空间的推广.

在对变量进行聚类分析时,也常利用夹角余弦矩阵 $(r_{jk})_{n \times n}$.

各种定义的相似度量均应具有以下两个性质:

(1) $|r_{jk}| \leqslant 1$, 对于一切 j, k;

(2) $r_{jk} = r_{kj}$, 对于一切 j, k.

$|r_{jk}|$ 越接近于 1, x_j 与 x_k 越相关或越相似;$|r_{jk}|$ 越接近于 0, x_j 与 x_k 的越相似性越弱.

7.3.2 变量聚类法

类似于样本集合聚类分析中最常用的最短距离法、最长距离法等,在变量聚类分析中,常用的有最长距离法、最短距离法、类平均法等.

设有两类变量 G_1 和 G_2，用 $R(G_1,G_2)$ 表示它们之间的距离.

(1) 最长距离法

定义两类变量的距离为

$$R(G_1,G_2) = \max_{x_i \in G_1, y_k \in G_2}\{d_{ik}\},$$

即用两类中样品之间的距离最长者作为两类之间的距离.

(2) 最短距离法

定义两类变量的距离为

$$R(G_1,G_2) = \min_{x_i \in G_1, y_k \in G_2}\{d_{ik}\},$$

即用两类中样品之间的距离最短者作为两类之间的距离.

(3) 类平均法

定义两类变量的距离为

$$R(G_1,G_2) = \frac{1}{n_1 n_2}\sum_{x_i \in G_1}\sum_{x_k \in G_2}\{d_{ik}\},$$

其中 n_1，n_2 分别为 G_1，G_2 中样品的个数. 即用两类中所有样品之间的距离的平均作为两类之间的距离.

例 7.3.1 （服装标准制定中的变量聚类法）在服装标准制定中，对某地成年女子的各部位尺寸进行了统计，通过 14 个部位的测量资料，获得各因素之间的相关系数表（表 7-4）.

表 7-4　　　　　　　　　　　成年女子各部位相关系数

	x_1	x_2	x_3	x_4	x_5	x_6	x_7	x_8	x_9	x_{10}	x_{11}	x_{12}	x_{13}	x_{14}
x_1	1													
x_2	0.366	1												
x_3	0.242	0.233	1											
x_4	0.280	0.194	0.590	1										
x_5	0.360	0.324	0.476	0.435	1									
x_6	0.282	0.262	0.483	0.470	0.452	1								
x_7	0.245	0.265	0.540	0.478	0.535	0.663	1							
x_8	0.448	0.345	0.452	0.404	0.431	0.322	0.266	1						
x_9	0.486	0.367	0.365	0.357	0.429	0.283	0.287	0.82	1					
x_{10}	0.648	0.662	0.216	0.032	0.429	0.283	0.263	0.527	0.547	1				

续表

	x_1	x_2	x_3	x_4	x_5	x_6	x_7	x_8	x_9	x_{10}	x_{11}	x_{12}	x_{13}	x_{14}
x_{11}	0.689	0.671	0.243	0.313	0.430	0.302	0.294	0.520	0.558	0.957	1			
x_{12}	0.486	0.636	0.174	0.243	0.375	0.296	0.255	0.403	0.417	0.857	0.852	1		
x_{13}	0.133	0.153	0.732	0.477	0.339	0.392	0.446	0.266	0.241	0.054	0.099	0.055	1	
x_{14}	0.376	0.252	0.676	0.581	0.441	0.447	0.440	0.424	0.372	0.363	0.376	0.321	0.627	1

表中，x_1 为上体长，x_2 为手臂长，x_3 为胸围，x_4 为颈围，x_5 为总肩围，x_6 为总胸宽，x_7 为后背宽，x_8 为前腰节高，x_9 为后腰节高，x_{10} 为总体长，x_{11} 为身高，x_{12} 为下体长，x_{13} 为腰围，x_{14} 为臀围．

用按最长距离法对这 14 个变量进行系统聚类，分类结果见图 7-6．

以上问题画聚类图的 MATLAB 程序如下：

```
clear
a = textread('ch.txt');
d = 1 - abs(a);%进行数据变换,把相关系数转化为距离
d = tril(d);%提出 d 矩阵的下三角部分
b = nonzeros(d);%去掉 d 中的零元素
b = b';%化成行向量
z = linkage(b,'complete');%按最长距离法聚类
y = cluster(z,'maxclust',2)%把变量划分成两类
ind1 = find(y = = 1);ind1 = ind1'%显示第一类对应的变量标号
ind2 = find(y = = 2);ind2 = ind2'%显示第二类对应的变量标号
dendrogram(z);
set(h,'Color','k','Linewidth',1.3)%把聚类图线的颜色改为黑色,线宽加粗
```

聚类图，见图 7-6．

说明：图 7-6 中的数字 1 到 14 的意义分别同前面的 14 个变量．

通过聚类图，可以看出，人体的变量大体可以分为两类：一类反映人高、矮的变量，如上体长，手臂长，前腰节高，后腰节高，总体长，身高，下体长；另一类是反映人体胖瘦的变量，如胸围，颈围，总肩围，总胸宽，后背宽，腰围，臀围．

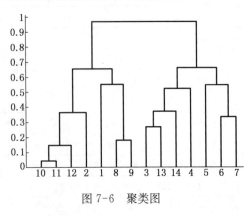

图 7-6　聚类图

例 7.3.2　对 305 名女中学生测量八个体型指标（变量），设 x_1 为身长，x_2 为

手臂长，x_3 为上肢长，x_4 为下肢长，x_5 为体重，x_6 为颈围，x_7 为胸围，x_8 为胸宽，变量之间的相关系数如表 7-5 所示. 用最长距离法进行聚类分析.

表 7-5　各对变量之间的相关系数表

	x_1	x_2	x_3	x_4	x_5	x_6	x_7	x_8
x_1	1.000	0.846	0.805	0.859	0.473	0.398	0.301	0.382
x_2	0.846	1.000	0.881	0.826	0.376	0.326	0.277	0.277
x_3	0.805	0.881	1.000	0.801	0.380	0.319	0.237	0.345
x_4	0.859	0.826	0.801	1.000	0.436	0.329	0.327	0.365
x_5	0.473	0.376	0.380	0.436	1.000	0.762	0.730	0.629
x_6	0.398	0.326	0.319	0.329	0.762	1.000	0.583	0.577
x_7	0.301	0.277	0.237	0.327	0.730	0.583	1.000	0.539
x_8	0.382	0.415	0.345	0.365	0.629	0.577	0.539	1.000

解　输入相关系数矩阵，用最长距离法进行聚类分析，用到函数 hclust()，as.dendrogram()，plot(). 其 R 程序如下：

```
x<-c(1.000, 0.846, 0.805, 0.859, 0.473, 0.398, 0.301, 0.382,
0.846, 1.000, 0.881, 0.826, 0.376, 0.326, 0.277, 0.277,
0.805, 0.881, 1.000, 0.801, 0.380, 0.319, 0.237, 0.345,
0.859, 0.826, 0.801, 1.000, 0.436, 0.329, 0.327, 0.365,
0.473, 0.376, 0.380, 0.436, 1.000, 0.762, 0.730, 0.629,
0.398, 0.326, 0.319, 0.329, 0.762, 1.000, 0.583, 0.577,
0.301, 0.277, 0.237, 0.327, 0.730, 0.583, 1.000, 0.539,
0.382, 0.415, 0.345, 0.365, 0.629, 0.577, 0.539, 1.000)
names<-c("x1", "x2", "x3", "x4", "x5", "x6", "x7", "x8")
r<-matrix(x, nrow=8, dimnames=list(names, names))
d<-as.dist(1-r); hc<-hclust(d); dend<-as.dendrogram(hc)
nP<-list(col=3:2, cex=c(2.0, 0.75), pch=21:22,
    bg= c("light blue", "pink"),
    lab.cex = 1.0, lab.col = "tomato")
addE <- function(n){
  if(! is.leaf(n)){
    attr(n, "edgePar")<-list(p.col="plum")
    attr(n, "edgetext")<-paste(attr(n, "members"), "members")
  }
  n
```

```
}
de <- dendrapply(dend, addE); plot(de, nodePar= nP)
```

运行结果如图 7-7 所示.

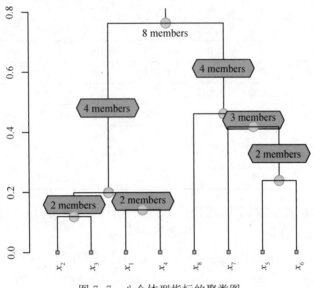

图 7-7　八个体型指标的聚类图

从图 7-7 可以看出，x_2，x_3 先并为一类，其次是 x_1，x_4 并为一类，再合并就是新得到的两类合并为一类，然后合并就是 x_5，x_6 合并为一类，再往下合并就是 x_7合并在新类中，再往下合并就是 x_8 最后合并为一类.

在聚类过程中类的个数如何确定才适宜呢？至今没有令人满意的方法. 在 R软件中，与确定类的个数有关的函数是 rect. hclust()，它本质上是由类的个数或阈值来确定聚类的情况，其调用格式为

```
rect.hclust(tree, k = NULL, which = NULL, x = NULL, h = NULL, border = 2,
cluster = NULL)
```

其中，tree 是由 hclust 生成的结构，k 是类的个数，h 是聚类图中的阈值，border是数或向量，标明矩形框的颜色.

在前面的问题中，如果分为 2 类，即 $k=2$，其 R 代码如下：

```
plclust(hc, hang= -1); re<-rect.hclust(hc, k=2)
```

运行结果如图 7-8 所示.

从图 7-8 可以看出，x_1，x_2，x_3，x_4 为第一类，x_5，x_6，x_7，x_8 为第二类.

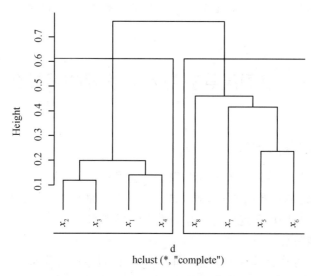

图 7-8　八个体型指标的聚类图和聚类情况($k=2$)

在前面的问题中,如果分为 3 类,即 $k=3$,其 R 代码如下:

```
plclust(hc, hang = − 1); re< − rect.hclust(hc, k = 3)
```

运行结果如图 7-9 所示.

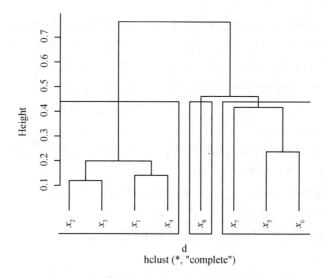

图 7-9　八个体型指标的聚类图和聚类情况(k=3)

以图 7-9 可以看出，x_1，x_2，x_3，x_4 为第一类；x_8 为第二类；x_5，x_6，x_7 为第三类.

7.4 我国高等教育发展状况的聚类分析

7.4.1 问题的提出

近些年来，我国普通高等教育得到了迅速发展，为国家培养了大批人才. 但由于我国各地区经济发展水平不均衡，加之高等院校原有布局使各地区高等教育发展的起点不一致，因而各地区普通高等教育的发展水平存在一定的差异，不同的地区具有不同的特点.

根据以下"综合评价指标体系"和表 7-6(我国各地区普通高等教育发展状况数据)，建立数学模型，并且应用聚类分析，对我国各地区普通高等教育的发展状况进行分类，并指出各类地区普通高等教育发展状况的差异与特点.

综合评价指标体系：

高等教育是依赖高等院校进行的，高等教育的发展状况主要体现在高等院校的相关方面. 遵循可比性原则，从高等教育的五个方面选取十项评价指标.

"高等教育发展水平"的五个方面：

高等院校规模，高等院校数量，高等院校学生数量，教职工情况，经费收入.

每个方面又分为若干项评价指标，选取十项评价指标，具体情况如下：

（1）"高等院校规模"的评价指标为"平均每所高等院校在校生数"；

（2）"高等院校数量"的评价指标为"每百万人口高等院校数"；

（3）"高等院校学生数量"的评价指标为"每十万人口毕业生数"，"每十万人口招生数"，"每十万人口在校生数"；

（4）"教职工情况"的评价指标为"每十万人口教职工数"，"每十万人口专职教师数"，"高级职称占专职教师的比例"；

（5）"经费收入"的评价指标为"国家财政预算内普通高教经费占国内生产总值的比重"，"生均教育经费".

"高等教育发展水平"的五个方面和十项评价指标，见图 7-10.

数据资料：

指标的原始数据取自《中国统计年鉴,1995》和《中国教育统计年鉴,1995》除以各地区相应的人口数得到十项指标值见表 7-6. 其中：x_1 为每百万人口高等院校数，x_2 为每十万人口高等院校毕业生数，x_3 为每十万人口高等院校招生数，x_4 为每十万人口高等院校在校生数，x_5 为每

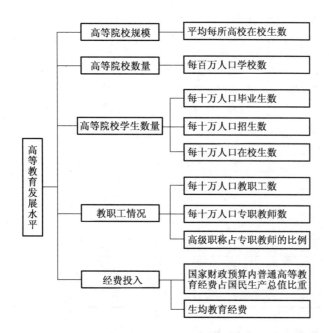

图 7-10　高等教育的五个方面和十项评价指标

十万人口高等院校教职工数，x_6 为每十万人口高等院校专职教师数，x_7 为高级职称占专职教师
的比例，x_8 为平均每所高等院校的在校生数，x_9 为国家财政预算内普通高教经费占国内生产总
值的比重，x_{10} 为生均教育经费. 我国各地区普通高等教育发展状况数据，见表 7-6.

表 7-6　　　　　　　我国各地区普通高等教育发展状况数据

序号	地区	x_1	x_2	x_3	x_4	x_5	x_6	x_7	x_8	x_9	x_{10}
1	北京	5.96	310	461	1 557	931	319	44.36	2 615	2.20	13 631
2	上海	3.39	234	308	1 035	498	161	35.02	3 052	0.90	12 665
3	天津	2.35	157	229	713	295	109	38.40	3 031	0.86	9 385
4	陕西	1.35	81	111	364	150	58	30.45	2 699	1.22	7 881
5	辽宁	1.50	88	128	421	144	58	34.30	2 808	0.54	7 733
6	吉林	1.67	86	120	370	153	58	33.53	2 215	0.76	7 480
7	黑龙江	1.17	63	93	296	117	44	35.22	2 528	0.58	8 570
8	湖北	1.05	67	92	297	115	43	32.89	2 835	0.66	7 262
9	江苏	0.95	64	94	287	102	39	31.54	3 008	0.39	7 786
10	广东	0.69	39	71	205	61	24	34.50	2 988	0.37	11 355
11	四川	0.56	40	57	177	61	23	32.62	3 149	0.55	7 693
12	山东	0.57	58	64	181	57	22	32.95	3 202	0.28	6 805
13	甘肃	0.71	42	62	190	66	26	28.13	2 657	0.73	7 282
14	湖南	0.74	42	61	194	61	24	33.06	2 618	0.47	6 477

续表

序号	地区	x_1	x_2	x_3	x_4	x_5	x_6	x_7	x_8	x_9	x_{10}
15	浙江	0.86	42	71	204	66	26	29.94	2 363	0.25	7 704
16	新疆	1.29	47	73	265	114	46	25.93	2 060	0.37	5 719
17	福建	1.04	53	71	218	63	26	29.01	2 099	0.29	7 106
18	山西	0.85	53	65	218	76	30	25.63	2 555	0.43	5 580
19	河北	0.81	43	66	188	61	23	29.82	2 313	0.31	5 704
20	安徽	0.59	35	47	146	46	20	32.83	2 488	0.33	5 628
21	云南	0.66	36	40	130	44	19	28.55	1 974	0.48	9 106
22	江西	0.77	43	63	194	67	23	28.81	2 515	0.34	4 085
23	海南	0.70	33	51	165	47	18	27.34	2 344	0.28	7 928
24	内蒙古	0.84	43	48	171	65	29	27.65	2 032	0.32	5 581
25	西藏	1.69	26	45	137	75	33	12.10	810	1.00	14 199
26	河南	0.55	32	46	130	44	17	28.41	2 341	0.30	5 714
27	广西	0.60	28	43	129	39	17	31.93	2 146	0.24	5 139
28	宁夏	1.39	48	62	208	77	34	22.70	1 500	0.42	5 377
29	贵州	0.64	23	32	93	37	16	28.12	1 469	0.34	5 415
30	青海	1.48	38	46	151	63	30	17.87	1 024	0.38	7 368

7.4.2 问题的分析与建模

对我国各地区普通高等教育的发展状况进行分类,可以采用多元统计分析中的"聚类分析"建模.

以下应用 R 型聚类分析方法和 Q 型聚类分析方法,对我国各地区普通高等教育的发展状况进行分类.

7.4.2.1 R 型聚类分析

(1) 变量的相似性度量——相关系数法

定性考察反映高等教育发展状况的五个方面十项评价指标,可以看出,某些指标之间可能存在较强的相关性. 比如每十万人口高等院校毕业生数、每十万人口高等院校招生数与每十万人口高等院校在校生数之间可能存在较强的相关性,每十万人口高等院校教职工数和每十万人口高等院校专职教师数之间可能存在较强的相关性.

在对多个变量(指标)进行聚类分析时,首先要确定变量的相似性度量,常用的变量相似性度量相关系数.

设 x_1,x_2,$\cdots$,x_{10} 为前叙的十项评价指标,记指标 x_j 的取值 $(x_{1j}$,x_{2j},$\cdots$,$x_{10j})^T \in R^{10}(j=1,2,\cdots,10)$,则可以用两个变量(指标) x_j 和 x_k 的样本相关系数作为它们的相似性度量 $(j,k=1,2,\cdots,10)$. 即

$$r_{jk} = \frac{\sum_{i=1}^{10}(x_{ij}-\bar{x}_j)(x_{ik}-\bar{x}_k)}{\sqrt{\sum_{i=1}^{10}(x_{ij}-\bar{x}_j)^2 \sum_{i=1}^{10}(x_{ik}-\bar{x}_k)^2}},$$

其中 $\bar{x}_j = \frac{1}{10}\sum_{i=1}^{10}x_{ij}$, $j=1,2,\cdots,10$.

在对以上变量(指标)进行聚类时,可以利用相关系数矩阵.

(2) 变量聚类法——类平均法

在变量聚类问题中,常用的方法之一是类平均法(前面已给出类平均法的定义).

7.4.2.2 Q 型聚类分析

对每个变量的数据分别进行标准化处理,样本点间相似性采用欧氏距离度量,类间距离的计算选用类平均法.

(1) 对原始数据进行标准化处理

x_1, x_2, $\cdots$, x_{10} 和 x_{ij} 的意义同前,把各 x_{ij} 转换成标准指标值 $\widetilde{x}_{ij}$,有

$$\widetilde{x}_{ij} = \frac{x_{ij}-\bar{x}_j}{s_j}, \ i,j=1,2,\cdots,10.$$

其中 $\bar{x}_j = \frac{1}{10}\sum_{i=1}^{10}x_{ij}$, $s_j = \sqrt{\frac{1}{10}\sum_{i=1}^{10}(x_{ij}-\bar{x}_j)^2}$, $j=1,2,\cdots,10$. 即 $\bar{x}_j$ 和 s_j 分别为第 j 个指标的样本均值和样本方差.

(2) 样本点间相似性采用欧氏距离度量.

(3) 类间距离的计算选用类平均法.

7.4.3 问题的求解

7.4.3.1 R 型聚类分析的求解

应用 MATLAB 计算十个指标之间的相关系数(计算程序附后),相关系数矩阵如表 7-7 所示.

表 7-7　　　　相关系数矩阵

	x_1	x_2	x_3	x_4	x_5	x_6	x_7	x_8	x_9	x_{10}
x_1	1.000 0	0.943 4	0.952 8	0.959 1	0.974 6	0.979 8	0.406 5	0.066 3	0.868 0	0.660 9
x_2	0.943 4	1.000 0	0.994 6	0.994 6	0.974 3	0.970 2	0.613 6	0.350 0	0.803 9	0.599 8
x_3	0.952 8	0.994 6	1.000 0	0.998 7	0.983 1	0.980 7	0.626 1	0.344 5	0.823 1	0.617 1
x_4	0.959 1	0.994 6	0.998 7	1.000 0	0.987 8	0.985 6	0.609 6	0.325 6	0.827 6	0.612 4

续表

	x_1	x_2	x_3	x_4	x_5	x_6	x_7	x_8	x_9	x_{10}
x_5	0.974 6	0.974 3	0.983 1	0.987 8	1.000 0	0.998 6	0.559 9	0.241 1	0.859 0	0.617 4
x_6	0.979 8	0.970 2	0.980 7	0.985 6	0.998 6	1.000 0	0.550 0	0.222 2	0.869 1	0.616 4
x_7	0.406 5	0.613 6	0.626 1	0.609 6	0.559 9	0.550 0	1.000 0	0.778 9	0.365 5	0.151 0
x_8	0.066 3	0.350 0	0.344 5	0.325 6	0.241 1	0.222 2	0.778 9	1.000 0	0.112 2	0.048 2
x_9	0.868 0	0.803 9	0.823 1	0.827 6	0.859 0	0.869 1	0.365 5	0.112 2	1.000 0	0.683 3
x_{10}	0.660 9	0.599 8	0.617 1	0.612 4	0.617 4	0.616 4	0.151 0	0.048 2	0.683 3	1.000 0

可以看出某些指标之间确实存在很强的相关性,因此可以考虑从这些指标中
选取几个有代表性的指标进行聚类分
析. 为此,把十个指标根据其相关性进行
R 型聚类,再从每个类中选取代表性的
指标. 首先对每个变量(指标)的数据分
别进行标准化处理. 变量间相近性度量
采用相关系数,类间相近性度量的计算
选用类平均法.

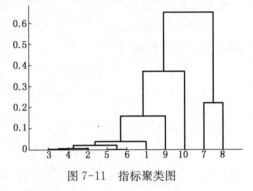

图 7-11　指标聚类图

应用 MATLAB 软件画指标聚类图
(计算程序附后),见图 7-11.

应用 MATLAB 软件计算指标分类(计算程序附后),指标分类结果如下:

第 1 类的有 1

第 2 类的有 2　3　4　5　6

第 3 类的有 9

第 4 类的有 7

第 5 类的有 8

第 6 类的有 10

应用 MATLAB 软件计算相关系数、画聚类图、计算分类结果,其 MATLAB
程序如下:

```
clc, clear
load gj.txt        %把原始数据保存在纯文本文件 gj.txt 中
r = corrcoef(gj)          %计算相关系数矩阵
d = 1-r;         %进行数据变换,把相关系数转化为距离
d = tril(d);           %取出矩阵 d 的下三角元素
d = nonzeros(d);            %取出非零元素
d = d';          %化成行向量
```

```
z = linkage(d,'average');              %按类平均法聚类
dendrogram(z);              %画聚类图
T = cluster(z,'maxclust',6)              %把变量划分成6类
for i = 1 : 6
tm = find(T == i);              %求第i类的对象
tm = reshape(tm,1,length(tm));
fprintf('第%d类的有 %s\n',i,int2str(tm));              %显示分类结果
end
```

从聚类图(图 7-11)中可以看出,每十万人口高等院校招生数、每十万人口高等院校在校生数、每十万人口高等院校教职工数、每十万人口高等院校专职教师数、每十万人口高等院校毕业生数 5 个指标之间有较大的相关性,最先被聚到一起. 如果将 10 个指标分为 6 类,其他 5 个指标各自为一类. 这样就从十个指标中选定了六个指标:

x_1:每百万人口高等院校数;

x_2:每十万人口高等院校毕业生数;

x_7:高级职称占专职教师的比例;

x_8:平均每所高等院校的在校生数;

x_9:国家财政预算内普通高教经费占国内生产总值的比重;

x_{10}:生均教育经费.

可以根据这六个指标对 30 个地区进行聚类分析.

7.4.3.2 Q 型聚类分析的求解

根据以上六个指标对 30 个地区进行聚类分析. 首先对每个变量的数据分别进行标准化处理,样本间相似性采用欧氏距离度量,类间距离的计算选用类平均法.

应用 MATLAB 软件画各地区聚类图(计算程序附后),见图 7-12.

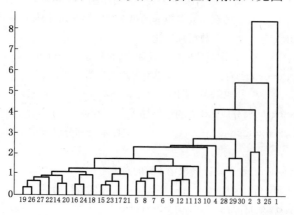

图 7-12 各地区聚类图

应用 MATLAB 软件计算各地区分类结果(计算程序附后),各地区分类结果如下:

(1) 划分成 3 类的结果如下:

第 1 类的有 25

第 2 类的有 2 3 4 5 6 7 8 9 10 11 12 13 14 15 16 17 18 19 20 21 22 23 24 26 27 28 29 30

第 3 类的有 1

(2) 划分成 4 类的结果如下:

第 1 类的有 2 3

第 2 类的有 4 5 6 7 8 9 10 11 12 13 14 15 16 17 18 19 20 21 22 23 24 26 27 28 29 30

第 3 类的有 25

第 4 类的有 1

(3) 划分成 5 类的结果如下:

第 1 类的有 28 29 30

第 2 类的有 4 5 6 7 8 9 10 11 12 13 14 15 16 17 18 19 20 21 22 23 24 26 27

第 3 类的有 2 3

第 4 类的有 25

第 5 类的有 1

有关计算和画图的 MATLAB 程序如下:

```
clc, clear
load gj.txt          %把原始数据保存在纯文本文件 gj.txt 中
gj(:,3:6)=[];         %删除数据矩阵的第 3 列~第 6 列,即使用变量 1,2,7,8,9,10
gj=zscore(gj);        %数据标准化
y=pdist(gj);          %求对象间的欧氏距离,每行是一个对象
z=linkage(y,'average');   %按类平均法聚类
dendrogram(z);        %画聚类图
for k=3:5fprintf('划分成%d类的结果如下: \n',k)
T=cluster(z,'maxclust',k);    %把样本点划分成 k 类
for i=1:k
tm=find(T==i);        %求第 i 类的对象
tm=reshape(tm,1,length(tm));      %变成行向量
fprintf('第%d类的有%s \n',i,int2str(tm));        %显示分类结果
end
```

```
if k = = 5
break
end
fprintf( ' ****************************   \n');
end
```

7.4.4　问题的研究结果

7.4.4.1　分类的结果

各地区高等教育发展状况存在较大的差异,高教资源的地区分布很不均衡.

(1) 如果根据各地区高等教育发展状况把 30 个地区分为三类,结果为:第一类:北京;第二类:西藏;第三类:其他地区.

(2) 如果根据各地区高等教育发展状况把 30 个地区分为四类,结果为:第一类:北京;第二类:西藏;第三类:上海,天津;第四类:其他地区.

(3) 如果根据各地区高等教育发展状况把 30 个地区分为五类,结果为:第一类:北京;第二类:西藏;第三类:上海,天津;第四类:宁夏,贵州,青海;第五类:其他地区.

7.4.4.2　各类地区普通高等教育发展状况的差异与特点

从以上结果结合聚类图中的合并距离可以看出:

(1) 北京的高等教育状况与其他地区相比有非常大的不同,主要表现在每百万人口的学校数量和每十万人口的学生数量以及国家财政预算内普通高教经费占国内生产总值的比重等方面远远高于其他地区,这与北京作为全国的政治、经济与文化中心的地位是吻合的.

(2) 上海和天津作为另外两个较早的直辖市,高等教育状况和北京是类似的状况.

(3) 宁夏、贵州和青海的高等教育状况极为类似,高等教育资源相对匮乏.

(4) 西藏作为一个非常特殊的民族地区,其高等教育状况具有和其他地区不同的情形,被单独聚为一类. 主要表现在每百万人口高等院校数比较高,国家财政预算内普通高教经费占国内生产总值的比重和生均教育经费也相对较高,而高级职称占专职教师的比例与平均每所高等院校的在校生数又都是全国最低的. 这正是西藏高等教育状况的特殊之处:人口相对较少,经费比较充足,高等院校规模较小,师资力量薄弱.

(5) 其他地区(除以上提到的)的高等教育状况较为类似,共同被聚为一类.

针对这种情况,建议有关部门可以采取相应措施对宁夏、贵州、青海和西藏地区进行扶持,促进当地高等教育事业的发展.

7.5 聚类分析要注意的问题

显然,聚类分析的结果主要受所选择的变量影响. 如果去掉一些变量,或者增加一些变量,结果会很不同. 相比之下,聚类分析方法的选择则不那么重要了. 因此,聚类分析之前一定要目标明确. 例如,如果在表 7-1 中的饮料分类的问题再加上包装、颜色、装罐地点等变量,得到的结果就可能不伦不类了.

另外就分成多少类来说,也要有道理. 只要你高兴,计算机结果可以得到任何可能数量的类. 但是,聚类分析的目的是要使各类之间的距离尽可能地远,而类中点之间的距离尽可能地近,而且分类结果还要有令人信服的解释(这一点就不是统计学可以解决的了). 一定要搞清你聚类分析的动机和目的.

7.6 思考与练习题

1. 聚类分析的基本思想是什么? 举例并简要说明进行聚类分析的意义.
2. 在表 7-1 中选取编号的前 6 种饮料,把每种饮料的数据看成一个样品,计算样品之间的欧氏距离矩阵,分别用最短距离法、最长距离法、类平均法进行聚类分析.
3. 根据例 7.1.1 中样品之间的欧氏距离矩阵,分别用最长距离法、类平均法进行聚类分析.
4. 请对感兴趣的问题收集数据,并进行聚类分析.
5. 例 7.2.5 用我国部分省、市、自治区 2007 年城镇居民生活消费情况的数据进行聚类分析,请收集近些年我国各地区的数据,对我国城镇居民生活消费情况进行聚类分析.
6. 本章中给出了"我国高等教育发展状况的聚类分析",请收集近些年我国各地区高等教育发展状况的数据并进行聚类分析,把得到的结果与本章结果进行比较.

8 | 判 别 分 析

在自然科学和社会科学的研究中，研究对象用某种方法已划分为若干类型. 当得到一个新的样本数据(通常为多元数据)，要确定该样品属于已知类型中哪一类，这类问题属于判别分析(discriminate analysis). 判别分析是以判别个体所属群体的 一种统计方法，它产生于 20 世纪 30 年代. 近些年来，判别分析在许多领域中得到广泛应用.

人们常说"像诸葛亮那么神机妙算""像泰山那么稳固""如钻石那样坚硬"等等. 看来，一些判别标准都是有原型的，而不是凭空想出来的. 虽然这些判别的标准并不全是那么精确或严格，但大都是根据一些现有的模型得到的. 有一些昆虫的性别很难看出，只有通过解剖才能够判别；但是雄性和雌性昆虫在若干体表度量上有些综合的差异. 于是统计学家就根据已知雌雄的昆虫体表度量(这些用作度量的变量亦称为预测变量)得到一个标准，并且利用这个标准来判别其他未知性别的昆虫. 这样的判别虽然不能保证百分之百准确，但至少大部分判别都是对的，而且用不着杀死昆虫来进行判别了. 这种判别的方法就是本章要介绍的判别分析.

判别分析和前面的聚类分析有什么不同呢? 主要不同点就是，在聚类分析中一般人们事先并不知道或一定要明确应该分成几类，完全根据数据来确定. 而在判别分析中，至少有一个已经明确知道类别的"训练样本"，利用这些数据，就可以建立判别准则，并通过预测变量来为未知类别的观测值进行判别了. 和聚类分析相同的是，判别分析也是利用距离远近来把对象归类的.

在实际问题中，判别分析具有重要意义. 例如，在寿命试验中，只有在被试样品用坏时寿命才能得到. 而判别分析可以根据某些非破坏性测量指标，便可将产品质量分出等级. 又如在医学诊断中，可以通过某些便于观测的指标，对疾病的类型做出诊断. 利用计算机对某人是否有心脏病进行诊断时，可以选取一批没有心脏病的人，测量其 p 个指标的数据，然后再选取一批有心脏病的人，同样也测量这 p 个指标的数据，利用这些数据建立一个判别函数，并求出相应的临界值. 这时，对于需要进行诊断的人，也同样测量这 p 个指标的数据，将其代入判别函数，求得判别得分，再根据判别临界值就可以判断此人是否属于有心脏病的那一群体. 又如，在考古学中,对化石及文物年代的判断;在地质学中,判断是有矿还是无矿;在质量管理中,判断某种产品是合格品,还是不合格品;在植物学中,对于新发现的植物,判断其属于哪一科. 总之,判别分析方法在很多学科中都有着广泛的应用.

通常各个总体的分布是未知的,它需要由各总体取得的样本数据来估计. 一般,先要估计各个总体的均值向量与协方差矩阵. 从每个总体取得的样本叫训练样本,判别分析从各训练样本中提取总体的信息,构造一定的判别准则,判断新样品属于哪个总体. 从统计学的角度,要求判别在某种准则下最优,例如错判(或误判)的概率最小或错判的损失最小等. 由于判别准则不同,有各种不同的判别方法.

本章将介绍:距离判别、Fisher 判别、Bayes 判别,并介绍蠓虫分类问题.

8.1 距 离 判 别

所谓判别问题,就是将 p 维欧氏(Euclid)空间 R^p 化分成 k 个互不相交的区域 R_1, R_2, $\cdots$, R_k, 即 $R_i \bigcap R_j = \varnothing$ $(i \neq j,\ i,\ j = 1,\ 2,\ \cdots,\ k)$, $\bigcup_{i=1}^{k} R_i = R^p$. 当 $x \in R_i (i = 1,\ 2,\ \cdots,\ k)$ 时,就判定 x 属于总体 $X_i (i = 1,\ 2,\ \cdots,\ k)$. 特别地,当 $k = 2$ 时,就是两个总体的判别问题.

距离判别是最简单、直观的一种判别方法,该方法适用于连续型随机变量的判别类,对变量的概率分布没有限制.

8.1.1 马氏距离

在通常情况下,所说的距离一般是指欧氏距离,即若 x, y 是 R^p 中的两个点,则 x 与 y 的距离为

$$d(x,\ y) = \sqrt{(x-y)^{\mathrm{T}}(x-y)}.$$

人们经研究发现,在判别分析中采用欧氏距离是不适合的,其原因是它没有从统计学角度考虑问题. 在判别分析中采用的距离是马氏距离(Mahalanobis 距离).

定义 8.1.1 设 x, y 是从均值为 μ,协方差矩阵为 $\Sigma(> 0)$ 的总体 X 中抽取的两个样本,则总体 X 内两点 x 与 y 的马氏距离为

$$d(x,\ y) = \sqrt{(x-y)^{\mathrm{T}}\Sigma^{-1}(x-y)}. \tag{8.1.1}$$

样本 x 与总体 X 的马氏距离为

$$d(x,\ X) = \sqrt{(x-\mu)^{\mathrm{T}}\Sigma^{-1}(x-\mu)}. \tag{8.1.2}$$

8.1.2 判别准则与判别函数

以下我们来讨论两个总体的距离判别,分别讨论两个总体协方差矩阵相同和不同的情况.

设总体 X_1 和 X_2 的均值向量分别为 μ_1 和 μ_2,协方差矩阵分别为 Σ_1 和 Σ_2. 给定一个样本 x,要判断 x 来自哪个总体.

首先考虑两个总体 X_1 和 X_2 的协方差矩阵相同的情况,即

$$\mu_1 \neq \mu_2, \quad \Sigma_1 = \Sigma_2 = \Sigma.$$

要判断 x 来自哪个总体,需要计算 x 到总体 X_1 和 X_2 的马氏距离的平方 $d^2(x,\ X_1)$ 和 $d^2(x,\ X_2)$,然后进行比较. 若 $d^2(x,\ X_1) \leqslant d^2(x,\ X_2)$,则判定 x 属于 X_1;否则,则判定 x 属于 X_2. 由此得到如下判别准则:

$$R_1 = \{x: d^2(x,\ X_1) \leqslant d^2(x,\ X_2)\}, \quad R_2 = \{x: d^2(x,\ X_1) > d^2(x,\ X_2)\}. \tag{8.1.3}$$

以下引进判别函数的表达式,考虑 $d^2(x,\ X_1)$ 和 $d^2(x,\ X_2)$ 的关系,则有

$$\begin{aligned}
&d^2(x,\ X_2) - d^2(x,\ X_1)\\
&= (x-\mu_2)^{\mathrm{T}}\Sigma^{-1}(x-\mu_2) - (x-\mu_1)^{\mathrm{T}}\Sigma^{-1}(x-\mu_1)\\
&= (x^{\mathrm{T}}\Sigma^{-1}x - 2x^{\mathrm{T}}\Sigma^{-1}\mu_2 + \mu_2^{\mathrm{T}}\Sigma^{-1}\mu_2) - (x^{\mathrm{T}}\Sigma^{-1}x - 2x^{\mathrm{T}}\Sigma^{-1}\mu_1 + \mu_1^{\mathrm{T}}\Sigma^{-1}\mu_1)\\
&= 2x^{\mathrm{T}}\Sigma^{-1}(\mu_1 - \mu_2) + (\mu_1 + \mu_2)^{\mathrm{T}}\Sigma^{-1}(\mu_2 - \mu_1)\\
&= 2\Big(x - \frac{\mu_1 + \mu_2}{2}\Big)^{\mathrm{T}}\Sigma^{-1}(\mu_1 - \mu_2)\\
&= 2(x - \bar{\mu})^{\mathrm{T}}\Sigma^{-1}(\mu_1 - \mu_2),
\end{aligned} \tag{8.1.4}$$

其中,$\bar{\mu} = \dfrac{\mu_1 + \mu_2}{2}$ 为两个总体均值的平均.

令

$$\omega(x) = (x - \bar{\mu})^{\mathrm{T}}\Sigma^{-1}(\mu_1 - \mu_2), \tag{8.1.5}$$

称 $\omega(x)$ 为两个总体的距离判别函数.

因此,判别准则(8.1.3)变为

$$R_1 = \{x: \omega(x) \geqslant 0\}, \quad R_2 = \{x: \omega(x) < 0\}. \tag{8.1.6}$$

在实际计算中,总体的均值 μ_1, μ_2 和协方差矩阵 Σ 均未知,因此需要用样本均值和样本协方差矩阵来代替. 设 $x_1^{(1)}$, $x_1^{(1)}$, $\cdots$, $x_{n_1}^{(1)}$ 是来自总体 X_1 样本,$x_1^{(2)}$, $x_1^{(2)}$, $\cdots$, $x_{n_2}^{(2)}$ 是来自总体 X_2 样本,则样本均值和样本协方差矩阵分别为

$$\hat{\mu}_i = \overline{x^{(i)}} = \frac{1}{n_i} \sum_{j=1}^{n_i} x_j^{(i)}, \quad i = 1, 2,$$

$$\hat{\Sigma} = \frac{1}{n_1 + n_2 - 2} \sum_{i=1}^{2} \sum_{j=1}^{n_i} (x_j^{(i)} - \overline{x^{(i)}})(x_j^{(i)} - \overline{x^{(i)}})^{\mathrm{T}}$$

$$= \frac{1}{n_1 + n_2 - 2}(S_1 + S_2), \tag{8.1.7}$$

其中

$$S_i = \sum_{j=1}^{n_i} (x_j^{(i)} - \overline{x^{(i)}})(x_j^{(i)} - \overline{x^{(i)}})^{\mathrm{T}}, \quad i = 1, 2. \tag{8.1.8}$$

对于待判样本 x,其判别函数定义为

$$\hat{\omega}(x) = (x - \bar{x})^{\mathrm{T}} \hat{\Sigma}^{-1} (\overline{x^{(1)}} - \overline{x^{(2)}}), \tag{8.1.9}$$

其中,$\bar{x} = \dfrac{\overline{x^{(1)}} - \overline{x^{(2)}}}{2}$. 其判别准则为

$$R_1 = \{x: \hat{\omega}(x) \geqslant 0\}, \quad R_2 = \{x: \hat{\omega}(x) < 0\}. \tag{8.1.10}$$

注意到判别函数(8.1.9)是线性函数,因此,在两个总体的协方差矩阵相同的情况下,距离判别属于线性判别,称 $a = \hat{\Sigma}^{-1}(\overline{x^{(1)}} - \overline{x^{(2)}})$ 为判别系数. 从几何角度上来看,$\hat{\omega}(x) = 0$ 表示一张超平面,将整个空间分成 R_1, R_2 两个半空间.

再考虑两个总体 X_1 和 X_2 的协方差矩阵不同的情况,即

$$\mu_1 \neq \mu_2, \quad \Sigma_1 \neq \Sigma_2.$$

对于样本 x,在协方差矩阵不同的情况,判别函数为

$$\omega(x) = (x - \mu_2)^{\mathrm{T}} \Sigma_2^{-1}(x - \mu_2) - (x - \mu_1)^{\mathrm{T}} \Sigma_1^{-1}(x - \mu_1). \tag{8.1.11}$$

与前面讨论的情况相同,在实际计算中,总体均值和协方差矩阵未知,同样需要用样本的均值和样本协方差矩阵来代替. 因此,对于对于待判样本 x,其判别函数定义为

$$\hat{\omega}(x) = (x - \overline{x^{(2)}})^{\mathrm{T}} \hat{\Sigma}_2^{-1} (x - \overline{x^{(2)}}) - (x - \overline{x^{(1)}})^{\mathrm{T}} \hat{\Sigma}_1^{-1} (x - \overline{x^{(1)}}).$$

(8.1.12)

其中

$$\hat{\Sigma}_i = \frac{1}{n_i - 1} \sum_{j=1}^{n_i} (x_j^{(i)} - \overline{x^{(i)}}) (x_j^{(i)} - \overline{x^{(i)}})^{\mathrm{T}} = \frac{1}{n_i - 1} S_i, \quad i = 1, 2.$$

(8.1.13)

其判别准则与式(8.1.10)的形式相同.

由于 $\hat{\Sigma}_1$ 和 $\hat{\Sigma}_2$ 一般不会相同,所以函数(8.1.12)是二次函数. 因此,在两个总体的协方差矩阵不相同的情况下,距离判别属于二次判别. 从几何角度上来看,$\hat{\omega}(x) = 0$ 表示一张二次曲面.

8.1.3 多总体情形

(1) 协方差矩阵相同

设有 k 个总体 $X_1, X_2, \cdots, X_k$,它们的均值分别为 $\mu_1, \mu_2, \cdots, \mu_k$,它们有相同的协方差矩阵 Σ. 对于任意一个样本观测指标 $x = (x_1, x_2, \cdots, x_p)^{\mathrm{T}}$,计算其到第 i 类的马氏距离(的平方):

$$\begin{aligned}
D(x, X_i) &= (x - \mu_i)^{\mathrm{T}} \Sigma^{-1} (x - \mu_i) = x^{\mathrm{T}} \Sigma^{-1} x - 2\mu_i^{\mathrm{T}} \Sigma^{-1} x \\
&+ \mu_i^{\mathrm{T}} \Sigma^{-1} \mu_i = x^{\mathrm{T}} \Sigma^{-1} x - 2(b_0 + b_i x) = x^{\mathrm{T}} \Sigma^{-1} x - 2Z_i.
\end{aligned}$$

于是得到线性判别函数 $Z_i = b_0 + b_i x (i = 1, 2, \cdots, k)$,其中 $b_0 = -1/2\mu_i^{\mathrm{T}} \Sigma^{-1} \mu_i$ 为常数项,$b_i = \mu_i^{\mathrm{T}} \Sigma^{-1}$ 为线性判别系数.

相应的判别规则为:

当 $Z_i = \max(Z_j), 1 \leqslant j \leqslant k$,则 $x \in X_i$.

当 $\mu_1, \mu_2, \cdots, \mu_k$ 和 Σ 未知时,可用样本均值向量和样本合并方差矩阵 S_p 估计,其中

$$\hat{\Sigma} = S_p = \sum_{k=1}^{k} A_i, \quad A_i = \sum_{k=1}^{n} (X_i - \overline{x})(X_i - \overline{x})^{\mathrm{T}} \quad (i = 1, 2, \cdots, k).$$

(2) 协方差矩阵不同

设有 k 个总体 $X_1, X_2, \cdots, X_k$,它们的均值分别为 $\mu_1, \mu_2, \cdots, \mu_k$,它们的协方差矩阵 Σ_i 不全相同,对于任意一个样本观测指标 $x = (x_1, x_2, \cdots, x_p)^{\mathrm{T}}$,计算其到第 i 类的马氏距离(的平方):$D(x, X_i) = (x - \mu_i)^{\mathrm{T}} \Sigma_i^{-1} (x - \mu_i)$,$i = 1, 2, \cdots, k$. 由于各 Σ_i 不全相同,所以从该式推不出线性判别函数,其本身是一个二次函数.

相应的判别规则为：

当 $D(x, X_i) = \min D(x, X_j), 1 \leqslant j \leqslant k$，则 $x \in X_i$.

当 $\mu_1, \mu_2, \cdots, \mu_k$ 和 $\Sigma_1, \Sigma_2, \cdots, \Sigma_k$ 未知时，同样可用样本来估计（同前）.

8.1.4　R 软件中的判别函数介绍与应用

在 R 软件中，函数 lda（　）和函数 qda（　）提供了对于数据进行线性判别分析和二次判别分析的工具. 这两种函数的使用方法如下：

```
lda(formula, data, ..., subset, na.action)
lda(x, grouping, prior = proportions, tol = 1.0e-4,
method, CV = FALSE, NU,...)

qda(formula, data, ..., subset, na.action)
qda(x, grouping, prior = proportions,
method, CV = FALSE, NU,...)
```

在以上函数中，参数 formula 是因子或分组形如 $\sim x1 + x2 + \ldots$ 的 公式. data 是包含模型变量的数据框. subset 是观察值的子集. x 是由数据构成的数据框或矩阵. grouping 是由样本分类构成的因子向量. prior 是先验概率，缺省时按输入数据的比例给出.

通常预测函数 predict（　）会与函数 dla（　）或函数 qla（　）一起使用，其使用方法如下：

```
predict (object, newdata, prior = object $ prior, dimen,
        method = c( 'plug - in', 'predictive', 'debiased'),...)
```

在函数中，参数 object 是由函数 dla（　）或函数 qla（　）生成的对象. newdata 是由预测数据构成的数据框，如果函数 dla（　）或函数 qla（　）用公式形式计算；或者是向量，如果用矩阵与因子形式计算. prior 是先验概率，缺省时按输入数据的比例给出. dimen 是使用空间的维数.

注意：以上三个函数（predict 函数在作判别分析预测时）不是基本函数. 因此在调用使用前需要载入 MASS 程序包，其具体命令为 library（MASS）或用 Window 窗口加载.

例 8.1.1　某地市场上销售的电视机有多种品牌，该地某商场从市场上随机抽取了 20 种品牌的电视机进行调查，其中 13 种畅销，7 种滞销. 按电视机的质量评分、功能评分和销售价格（单位：百元）收集数据资料，见表 8-1，其中销售状态 1 中："1"表示畅销，"2"表示滞销. 请根据该数据资料建立判别函数，并根据判别准则进行回判. 假设有一个新厂商来推销其产品,其产品的质量评分为 8.0,功能评分为 7.5,销售价格为 65 百元,问该厂的产品的销售前景如何?

表 8-1 　　　　　　　　　　**20 种品牌电视机的销售情况**

编号	质量评分 Q	功能评分 C	销售价格 P	销售状态 1-G	销售状态 2-G1
1	8.3	4.0	29	1	1
2	9.5	7.0	68	1	1
3	8.0	5.0	39	1	1
4	7.4	7.0	50	1	1
5	8.8	6.5	55	1	1
6	9.0	7.5	58	1	2
7	7.0	6.0	75	1	2
8	9.2	8.0	82	1	2
9	8.0	7.0	67	1	2
10	7.6	9.0	90	1	2
11	7.2	8.5	86	1	2
12	6.4	7.0	53	1	2
13	7.3	5.0	48	1	2
14	6.0	2.0	20	2	3
15	6.4	4.0	39	2	3
16	6.8	5.0	48	2	3
17	5.2	3.0	29	2	3
18	5.8	3.5	32	2	3
19	5.5	4.0	34	2	3
20	6.0	4.5	36	2	3

说明:在表 8-1 中,销售状态 2 的含义见例 8.1.2(下一个例题).

有关 R 程序和结果如下:

```
Q=c(8.3,9.5,8.0,7.4,8.8,9.0,7.0,9.2,8.0,7.6,7.2,6.4,7.3,6.0,6.4,6.8,5.2,5.8,5.5,6.0)
C=c(4.0,7.0,5.0,7.0,6.5,7.5,6.0,8.0,7.0,9.0,8.5,7.0,5.0,2.0,4.0,5.0,3.0,3.5,4.0,4.5)
P=c(29,68,39,50,55,58,75,82,67,90,86,53,48,20,39,48,29,32,34,36)
G=c(1,1,1,1,1,1,1,1,1,1,1,1,1, 2,2,2,2,2,2,2)
G1=c(1,1,1,1,1, 2,2,2,2,2,2,2,2,3,3,3,3,3,3,3)
```

```
plot(Q,C);text(Q,C,G,adj=-0.8)
plot(Q,P);text(Q,P,G,adj=-0.8)
plot(C,P);text(C,P,G,adj=-0.8)
```

运行结果分别见图 8-1—图 8-3.

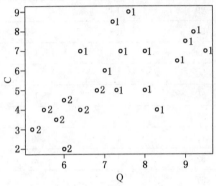

图 8-1　Q 和 C 的散点图

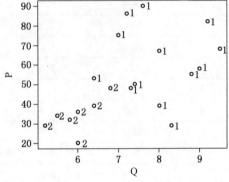

图 8-2　Q 和 P 的散点图

　　上述三个图分别是按质量评分、功能评分和销售价格的分类图,从中可以看到原始数据中每类样品在样本空间中的分布情况.

　　如果假定协方差矩阵相等,就可以进行线性判别,其 R 程序和结果如下:

```
library(MASS)
(ld=lda(G~Q+C+P))
```

运行结果如下

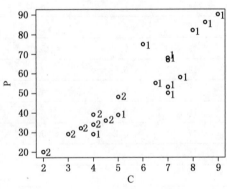

图 8-3　C 和 P 的散点图

```
Call:
lda(G ~ Q+C+P)
Prior probabilities of groups:
    1       2
0.65   0.35
Group means:
          Q          C          P
1  7.976923  6.730769  61.53846
2  5.957143  3.714286  34.00000
Coefficients of linear discriminants:
```

```
        LD1
Q  - 0.82211427
C  - 0.64614217
P    0.01495461
```

```
W.x = predict(ld) $ x
cbind(G,W = W.x,newG = ifelse(W.x<0, 1, 2))
```

运行结果如下

	G	LD1	LD1
1	1	- 0.1069501	1
2	1	- 2.4486840	1
3	1	- 0.3569119	1
4	1	- 0.9914270	1
5	1	- 1.7445428	1
6	1	- 2.5102440	1
7	1	0.3574261	2
8	1	- 2.6388274	1
9	1	- 1.2304672	1
10	1	- 1.8499498	1
11	1	- 1.2578515	1
12	1	- 0.1244489	1
13	1	0.3531596	2
14	2	2.9416056	2
15	2	1.6046131	2
16	2	0.7642167	2
17	2	3.0877463	2
18	2	2.3162705	2
19	2	2.2697429	2
20	2	1.5655239	2

以上结果说明,按线性判别函数进行判别,有两个样品数据(第 7、13)判错.说明前面我们协方差矩阵相等的假定值得商榷.

例 8.1.2 (续例 8.1.1)在例 8.1.1 中抽取的 20 种品牌的 13 种畅销的电视机中,实际只有 5 种真正畅销,8 种平销,另有 7 种滞销.按电视机的质量评分、功能评分和销售价格(单位:百元)收集数据资料,见表 8-1,其销售状态 2 分 3 种:

"1"表示畅销、"2"表示平销、"3"表示滞销. 请根据此数据资料建立判别函数,并根据判别准则进行回判.

有关 R 程序和结果如下:

```
plot(Q,C);text(Q,C,G1,adj= - 0.8)
plot(Q,P);text(Q,P,G1,adj= - 0.8)
plot(C,P);text(C,P,G1,adj= - 0.8)
```

运行结果见图 8-4—图 8-6.

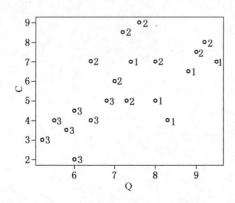

图 8-4　三个总体时 Q 和 C 的散点图

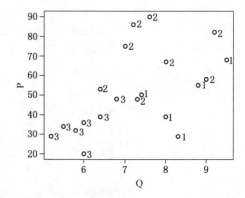

图 8-5　三个总体时 Q 和 P 的散点图

上述三个图分别是在三个总体时按质量评分、功能评分和销售价格的分类图,从中可以看出原始数据中每类样品在样本空间中的分布情况.

线性判别——协方差矩阵相等情形.

（ld = lda(G1~ Q+C+P)）

运行结果如下

```
Call:
lda(G1 ~ Q+C+P)
Prior probabilities of groups:
    1      2      3
  0.25   0.40   0.35
Group means:
        Q      C      P
```

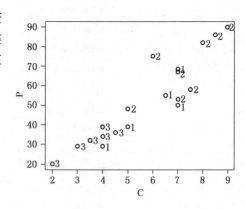

图 8-6　　三个总体时 C 和 P 的散点图

```
1  8.400000  5.900000  48.200
2  7.712500  7.250000  69.875
3  5.957143  3.714286  34.000
```

Coefficients of linear discriminants:

	LD1	LD2
Q	−0.81173396	0.88406311
C	−0.63090549	0.20134565
P	0.01579385	−0.08775636

Proportion of trace:

```
  LD1     LD2
0.7403  0.2597
```

```
Z = predict(ld)
newG1 = Z $ class
cbind(G1,Z $ x,newG1)
```

运行结果如下

	G1	LD1	LD2	newG1
1	1	−0.1409984	2.582951755	1
2	1	−2.3918356	0.825366275	1
3	1	−0.3704452	1.641514840	1
4	1	−0.9714835	0.548448277	1
5	1	−1.7134891	1.246681993	1
6	2	−2.4593598	1.361571174	1
7	2	0.3789617	−2.200431689	2
8	2	−2.5581070	−0.467096091	2
9	2	−1.1900285	−0.412972027	2
10	2	−1.7638874	−2.382302324	2
11	2	−1.1869165	−2.485574940	2
12	2	−0.1123680	−0.598883922	2
13	2	0.3399132	0.232863397	3
14	3	2.8456561	0.936722573	3
15	3	1.5592346	0.025668216	3
16	3	0.7457802	−0.209168159	3
17	3	3.0062824	−0.358989534	3

18	3	2.2511708	0.008852067	3
19	3	2.2108260	− 0.331206768	3
20	3	1.5210939	0.035984885	3

tab = table(G,newG)

运行结果如下

```
    newG
G    1  2  3
  1  5  0  0
  2  1  6  1
  3  0  0  7
```

diag(prop.table(tab,1))

运行结果如下

```
   1      2      3
1.00   0.75   1.00
```

sum(diag(prop.table(tab)))

运行结果如下

[1]0.9

根据以上计算结果,判别符合率为:(5+6+7)/20=90.0%.

二次函数判别——协方差矩阵不等情形. 当协方差矩阵不同时,距离判别为非线性形式,一般为二次函数,以下在异方差情形下进行二次判别.

> (qd = qda(G1~ Q + C + P))

运行结果如下

```
Call:
qda(G1 ~ Q + C + P)
Prior probabilities of groups:
     1      2      3
  0.25   0.40   0.35
Group means:
```

```
            Q           C          P
1   8.400000    5.900000    48.200
2   7.712500    7.250000    69.875
3   5.957143    3.714286    34.000
```

```
> Z = predict(qd)
> newG1 = Z $ class
> cbind(G1,Z $ x,newG1)
```

运行结果如下

```
        G1 newG1
[1,]     1     1
[2,]     1     1
[3,]     1     1
[4,]     1     1
[5,]     1     1
[6,]     2     2
[7,]     2     2
[8,]     2     2
[9,]     2     2
[10,]    2     2
[11,]    2     2
[12,]    2     2
[13,]    2     3
[14,]    3     3
[15,]    3     3
[16,]    3     3
[17,]    3     3
[18,]    3     3
[19,]    3     3
[20,]    3     3
```

```
>(tab = table(G,newG))
```

运行结果如下

```
    newG
G      1  2  3
   1   5  0  0
   2   0  7  1
   3   0  0  7
```

```
> sum(diag(prop.table(tab)))
```

运行结果如下

[1]0.95

根据以上结果,判别符合率为:(5+7+7)/20=95.0%.

根据判别符合率,应用二次判别的效果要好于一次判别的效果.

例8.1.3 某气象站监测前14年气象的资料,有两项综合预报因子(气象含义),其中有春旱的是6个年份的资料,无春旱的是8个年份的资料,见表8-2.今年测到两方指标的数据为(23.5,−1.6),请用距离判别对数据进行分析,并预报今年是否有春旱.

表 8-2 某气象站有无春旱的数据

序号	有春旱		无春旱	
1	24.8	−2.0	22.1	−0.7
2	24.1	−2.4	21.6	−1.4
3	26.6	−3.0	22.0	−0.8
4	23.5	−1.9	22.8	−1.6
5	25.5	−2.1	22.7	−1.5
6	27.4	−3.1	21.5	−1.0
7			22.1	−1.2
8			21.4	−1.3

按矩阵形式输入训练样本和待判样本,调用函数 discriminiant.distance.R(附后),作距离判别

```
TrnX1<− matrix(
    c(24.8,24.1, 26.6,23.5,25.5,27.4,
      −2.0,−2.4,−3.0,−1.9,−2.1,−3.1),
    ncol=2)
TrnX2<− matrix(
    c(22.1, 21.6,22.0,22.8,22.7,21.5,22.1, 21.4,
      −0.7,−1.4,−.08,−1.6,−1.5,−1.0,−1.2,−1.3),
    ncol=2)
tst<−c(23.5,−1.6)
source('discriminiant.distance.R')
```

在协方差矩阵相同的情况下作判别

```
discriminiant.distance(TrnX1,TrnX2,tst,var.equal=T)
        1
blong   2
```

以上结果说明属于 2 类, 即无春旱.

以下在协方差矩阵不相同的情况下作判别.

```
discriminiant.distance(TrnX1,TrnX2,tst)
        2
blong   1
```

以上结果说明属于 1 类, 即可能会发生春旱. 那么究竟哪一个结果更合理呢?
以下把训练样本回代

```
discriminiant.distance(TrnX1,TrnX2,tst,var.equal=T)
        1 2 3 4 5 6 7 8 9 10 11 12 13 14
blong   1 1 1 2 1 1 2 2 2  2  2  2  2  2
discriminiant.distance(TrnX1,TrnX2)
        1 2 3 4 5 6 7 8 9 10 11 12 13 14
blong   1 1 1 1 1 1 2 2 2  2  2  2  2  2
```

以上结果说明, 在协方差矩阵相同的情况下, 第 4 号样本错判; 在协方差矩阵
不相同的情况下, 全部样本回代正确. 从这个角度来看, 今年发生春旱的可能性会
较大些.

再看一下几何直观. 在协方差矩阵相同的情况下, 判别函数 $\hat{\omega}(x)=0$ 是一条
直线, 见图 8-7.

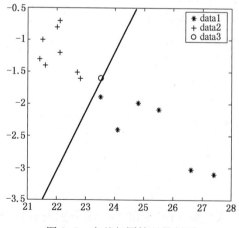

图 8-7 方差相同情况的判别

在协方差矩阵不相同的情况下,判别函数 $\hat{\omega}(x)=0$ 是一条二次曲线,与判别函数是一条直线情形类似,只是把直线换成二次曲线(图形从略).

附:有关 R 程序:

```
discriminiant.distance< - function
    (TrnX1,TrnX2,TstX = NULL,var.equal = FALSE){
if(is.matrix(TrnX1)! = TRUE)TrnX1< - as.matrix(TrnX1)
if(is.matrix(TrnX2)! = TRUE)TrnX2< - as.matrix(TrnX2)
if(is.null(TstX) = = TRUE)TstX< - rbind(TrnX1,TrnX2)
if(is.vector(TstX) = = TRUE)TstX< - t(as.matrix(TstX))
else if(is.matrix(TstX)! = TRUE)
    TstX< - as.matrix(TstX)
nx< - nrow(TstX)
blong< - matrix(rep(0,nx),nrow = 1,byrow = TRUE,
        dimnames = list('blong',1:nx))
mu1< - colMeans(TrnX1); mu2< - colMeans(TrnX2)
if(var.equal = = TRUE || var.equal = = T){
n1< - nrow(TrnX1); n2< - nrow(TrnX2)
S< - (n1 + n2 - 1)/(n1 + n2 - 2)* var(rbind(TrnX1,TrnX2))
w< -mahalanobis(TstX,mu2,S)
    - mahalanobis(TstX,mu1,S)
}
else{
S1< - var(TrnX1); S2< - var(TrnX2)
w< -mahalanobis(TstX,mu2,S2)
    - mahalanobis(TstX,mu1,S1)
}
for(i in 1:nx){
    if(w[i]>0)
blong[i]< - 1
    else
blong[i]< - 2
}
blong
}
```

在以上程序中,输入变量 TrnX1 和 TrnX2 分别表示 X_1 和 X_2 的训练样本,其输入格式是数据框或矩阵(样本按行输入).TstX 是待判样本,其输入格式是数据框或矩阵(样本按行输入),或向量(一个待判样本). 如果不输入 TstX(默认值),则待判样本为两个训练样本之和,即计算训练样本的回代情况. 输入变量 var. equal 是逻辑变量,var. equal＝TRUE 表示两个总体协方差相同;否则(默认值),为不同. 函数的输出是由"1"和"2"构成的一维矩阵,"1"表示待判样本属于 X_1 类,"2"表示待判样本属于 X_2 类.

在上述程序中,用到 mahalanobis 距离函数 mahalanobis( ),该函数的使用格式为

```
mahalanobis(x,center,cov,inverted=FALSE,...)
```

在函数中,x 是由样本数据构成的向量或矩阵,center 是样本中心,cov 是样本的协方差矩阵,mahalanobis 距离的公式为 $D^2 = (x-\mu)^{\mathrm{T}}\Sigma^{-1}(x-\mu)$.

8.2 Fisher 判别

Fisher 判别是按类内方差尽量小,类间方差尽量大的准则来求判别函数的. 以下只介绍两个总体的判别方法.

8.2.1 判别准则

设两个总体 X_1 和 X_2 的均值向量分别为 $\boldsymbol{\mu}_1$ 和 $\boldsymbol{\mu}_2$,协方差矩阵分别为 $\boldsymbol{\Sigma}_1$ 和 $\boldsymbol{\Sigma}_2$,对于任意的一个样本 x,考虑它的判别函数

$$u = u(x), \tag{8.2.1}$$

并假设

$$u_1 = E[u(x) \mid x \in X_1], \ u_2 = E[u(x) \mid x \in X_2], \tag{8.2.2}$$

$$\sigma_1^2 = \mathrm{Var}[u(x)|x \in X_1], \ \sigma_2^2 = \mathrm{Var}[u(x)|x \in X_2]. \tag{8.2.3}$$

Fisher 判别准则就是要寻找判别函数 $u(x)$,使类内偏差平方和

$$W_0 = \sigma_1^2 + \sigma_2^2$$

最小,而类间偏差平方和

$$B_0 = (u_1 - u)^2 - (u_2 - u)^2$$

最大,其中 $u = \frac{1}{2}(u_1 + u_2)$.

将上面两个要求结合在一起,Fisher 判别准则就是要求 $u(x)$,使得

$$I = \frac{B_0}{W_0} \tag{8.2.3}$$

达到最大. 因此,判别准则为

$$R_1 = \{x: |u(x) - u_1| \leqslant |u(x) - u_2|\}, \quad R_2 = \{x: |u(x) - u_1| > |u(x) - u_2|\}. \tag{8.2.4}$$

8.2.2 判别函数中系数的确定

从理论上说,$u(x)$ 可以是任意函数,但对于任意函数 $u(x)$,使(8.2.3)中的 I 达到最大是很困难的. 因此,通常取 $u(x)$ 为线性函数,即令

$$u(x) = a^{\mathrm{T}} x = a_1 x_1 + a_2 x_2 + \cdots + a_p x_p. \tag{8.2.5}$$

因此,问题就转化为求 $u(x)$ 的系数 a,使得目标函数 I 达到最大.

与距离判别一样,在实际计算中,总体的均值与协方差矩阵是未知的. 因此,需要用样本的均值与协方差矩阵来替换. 设用 $x_1^{(1)}$,$x_1^{(1)}$,$\cdots$,$x_{n_1}^{(1)}$ 是来自总体 X_1 样本,$x_1^{(2)}$,$x_1^{(2)}$,$\cdots$,$x_{n_2}^{(2)}$ 是来自总体 X_2 样本,用这些样本得到 u_1,u_2,u 和 σ_1,σ_2 的估计:

$$\hat{u}_i = \overline{u}_i = \frac{1}{n_i} \sum_{j=1}^{n_i} u(x_j^{(i)}) = \frac{1}{n_i} \sum_{j=1}^{n_i} a^{\mathrm{T}} x_j^{(i)} = a^{\mathrm{T}} \overline{x^{(i)}}, \ i = 1, 2, \tag{8.2.6}$$

$$\hat{u} = \overline{u} = \frac{1}{n} \sum_{i=1}^{2} \sum_{j=1}^{n_i} u(x_j^{(i)}) = \frac{1}{n} \sum_{i=1}^{2} \sum_{j=1}^{n_i} a^{\mathrm{T}} x_j^{(i)} = a^{\mathrm{T}} \overline{x}, \tag{8.2.7}$$

$$
\begin{aligned}
\hat{\sigma}_i^2 &= \frac{1}{n_i - 1} \sum_{j=1}^{n_i} [u(x_j^{(i)}) - \overline{u}_i]^2 \\
&= \frac{1}{n_i - 1} \sum_{j=1}^{n_i} [a^{\mathrm{T}} (x_j^{(i)} - \overline{x^{(i)}})]^2 \\
&= \frac{1}{n_i - 1} a^{\mathrm{T}} \Big[\sum_{j=1}^{n_i} (x_j^{(i)} - \overline{x^{(i)}}) (x_j^{(i)} - \overline{x^{(i)}})^{\mathrm{T}} \Big] a \\
&= \frac{1}{n_i - 1} a^{\mathrm{T}} S_i a, \quad i = 1, 2,
\end{aligned}
\tag{8.2.8}
$$

其中,$n = n_1 + n_2$,$S_i = \sum_{j=1}^{n_i} (x_j^{(i)} - \overline{x^{(i)}}) (x_j^{(i)} - \overline{x^{(i)}})^{\mathrm{T}}$,$i = 1, 2$.

因此,将类内偏差的平方和 W_0 与类间偏差平方和 B_0 改为组内离差平方和 $\hat{W}_0$

与组间离偏差平方和 $\hat{B}_0$，即

$$\hat{W}_0 = \sum_{i=1}^{2} (n_i - 1) \hat{\sigma}_i^2 = a^T(S_1 + S_2)a = a^T S a, \tag{8.2.9}$$

$$\hat{B}_0 = \sum_{i=1}^{2} n_i (\hat{\mu}_i - \hat{\mu})^2 = a^T \Big[\sum_{i=1}^{2} n_i (\overline{x^{(i)}} - \bar{x})(\overline{x^{(i)}} - \bar{x})^T \Big] a \tag{8.2.10}$$

$$= \frac{n_1 n_2}{n} a^T (dd^T) a,$$

其中 $S = S_1 + S_2$，$d = (\overline{x^{(2)}} - \overline{x^{(1)}})$. 因此，求 $I = \dfrac{\hat{B}_0}{\hat{W}_0}$ 最大，等价于求

$$\frac{a^T(dd^T)a}{a^T S a}$$

最大. 这个解不是唯一的，因为对任意的 $a \neq 0$，它的任意非零倍均保持其值不变. 不失一般性，把最大问题转化为约束优化问题

$$\max a^T(dd^T)a, \tag{8.2.11}$$

$$\text{s. t. } a^T S a = 1. \tag{8.2.12}$$

根据约束问题的一阶必要条件，得到

$$a = S^{-1} d. \tag{8.2.13}$$

8.2.3　确定判别函数

对于一个新样本 x，现在要确定 x 属于哪一类. 为方便起见，不妨设 $\bar{u}_1 < \bar{u}_2$. 因此，根据判别准则 (8.2.4)，当 $u(x) < \bar{u}_1$ 时，判 $x \in X_1$；当 $u(x) > \bar{u}_2$ 时，判 $x \in X_2$；那么当 $\bar{u}_1 < u(x) < \bar{u}_2$ 时，x 属于哪一个总体呢？ 应该找 $\bar{u}_1$，$\bar{u}_2$ 的均值 $\bar{u} = \dfrac{n_1}{n} \bar{u}_1 + \dfrac{n_2}{n} \bar{u}_2$.

当 $u(x) < \bar{u}$ 时，判 $x \in X_1$；否则判 $x \in X_2$. 由于

$$u(x) - \bar{u} = u(x) - \Big(\frac{n_1}{n} \bar{u}_1 + \frac{n_2}{n} \bar{u}_2 \Big) = a^T \Big(x - \frac{n_1}{n} \overline{x^{(1)}} - \frac{n_2}{n} \overline{x^{(2)}} \Big)$$

$$= a^T (x - \bar{x}) = d^T S^{-1} (x - \bar{x}), \tag{8.2.14}$$

其中

$$\overline{x^{(i)}} = \frac{1}{n_i} \sum_{j=1}^{n_i} x_j^{(i)}, \quad i = 1, 2,$$

$$\bar{x} = \frac{n_1}{n}\overline{x^{(1)}} + \frac{n_2}{n}\overline{x^{(2)}} = \frac{1}{n}\sum_{i=1}^{2}\sum_{j=1}^{n_i}x_j^{(i)},$$

所以由上式可知,$\bar{x}$ 就是样本均值. 因此构造判别函数

$$\omega(x) = d^{\mathrm{T}}S^{-1}(x - \bar{x}), \tag{8.2.15}$$

此时,判别准则(8.2.4)等价为

$$R_1 = \{x:\omega(x) \leqslant 0\}, \quad R_2 = \{x:\omega(x) > 0\}. \tag{8.2.16}$$

函数(8.2.15)是线性函数,因此 Fisher 判别属于线性判别,称 $a = S^{-1}d$ 为判别系数.

例 8.2.1 根据经验,今天和昨天的湿温差 x_1 及气温差 x_2 是预报明天下雨或不下雨的两个重要因子. 请根据表 8-3 得数据建立 Fisher 线性判别函数并进行判别. 如果今天测得 $x_1 = 8.1$,$x_2 = 2.0$,请问明天是雨天还是晴天?

表 8-3 　　　　　　雨天和晴天湿温差 x_1 及气温差 x_2 的数据

雨天			晴天		
组别	x_1	x_2	组别	x_1	x_2
1	-1.9	3.2	2	0.2	6.2
1	-6.9	0.4	2	-0.1	7.5
1	5.2	2.0	2	0.4	14.6
1	5.0	2.5	2	2.7	8.3
1	7.3	0.0	2	2.1	0.8
1	6.8	12.7	2	-4.6	4.3
1	0.9	-5.4	2	-1.7	10.9
1	-12.5	2.5	2	-2.6	13.1
1	1.5	1.3	2	2.6	12.8
1	3.8	6.8	2	-2.8	10.0

有关 R 程序和结果如下:

```
G = c(1,1,1,1,1,1,1,1,1,1,
2,2,2,2,2,2,2,2,2,2)
x1 = c(-1.9,-6.9,5.2,5.0,7.3,6.8,0.9,-12.5,1.5,3.8,
0.2,-0.1,0.4,2.7,2.1,-4.6,-1.7,-2.6,2.6,-2.8)
x2 = c(3.2,0.4,2.0,2.5,0.0,12.7,-5.4,-2.5,1.3,6.8,
6.2,7.5,14.6,8.3,0.8,4.3,10.9,13.1,12.8,10.0)
plot(x1,x2);text(x1,x2,G,adj = -0.5)
library(MASS)
```

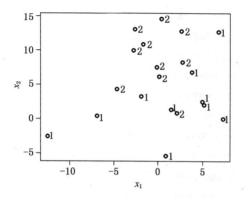

图 8-8 雨天和晴天湿温差 x_1 及气温差 x_2 的散点图

(ld = lda(G~ x1+x2))

运行结果为

Call:

lda(G ~ x1+x2)

Prior probabilities of groups:

   1   2

0.5 0.5

Group means:

	x1	x2
1	0.92	2.10
2	−0.38	8.85

Coefficients of linear discriminants:

          LD1

x1 −0.1035305

x2   0.2247957

Z = predict(ld)

newG = Z $ class

cbind(G,Z $ x,newG)

	G	LD1	newG
1	1	−0.28674901	1
2	1	−0.39852439	1
3	1	−1.29157053	1
4	1	−1.15846657	1

5	1	-1.95857603	1
6	1	0.94809469	2
7	1	-2.50987753	1
8	1	-0.47066104	1
9	1	-1.06586461	1
10	1	-0.06760842	1
11	2	0.17022402	2
12	2	0.49351760	2
13	2	2.03780185	2
14	2	0.38346871	2
15	2	-1.24038077	1
16	2	0.24005867	2
17	2	1.42347182	2
18	2	2.01119984	2
19	2	1.40540244	2
20	2	1.33503926	2

```
(tab = table(G,newG))
     newG
G     1 2
   1  9 1
   2  1 9
sum(diag(prop.table(tab)))
[1] 0.9
```

根据以上计算结果,判别符合率为:$18/20 = 90.00\%$.

于是有线性判别函数 $y = -0.1035305x_1 + 0.2247957x_2$,其图形见图 8-9 中的直线,每组都有一个点在直线的另一侧.

例 8.2.2 (续例 8.1.3)用 Fisher 判别对前面的"某气象站有无春旱的判别问题"中的数据进行判别分析与预测.

解 按矩阵形式输入训练样本和待判样本,调用以上函数 discriminiant.fisher.R(附后),作距离判别

```
TrnX1 <- matrix(
    c(24.8,24.1, 26.6,23.5,25.5,27.4,
      -2.0, -2.4, -3.0, -1.9, -2.1, -3.1),
    ncol = 2)
```

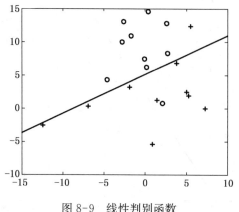

图 8-9　线性判别函数

```
TrnX2<- matrix(
    c(22.1, 21.6,22.0,22.8,22.7,21.5,22.1, 21.4,
      -0.7, -1.4, -.08, -1.6, -1.5, -1.0, -1.2, -1.3),
    ncol=2)
tst<-c(23.5, -1.6)
source('discriminiant.fisher.R')
discriminiant.fisher(TrnX1,TrnX2,tst)
```

得到结果

```
        1
blong   2
```

以上结果说明属于 2 类, 即无春旱. 把训练样本回代

```
discriminiant.distance(TrnX1,TrnX2)
```

	1	2	3	4	5	6	7	8	9	10	11	12	13	14
blong	1	1	1	2	1	1	2	2	2	2	2	2	2	2

全部样本回代正确. 从这个角度来看, 今年不发生春旱的可能性会较大些.
再看一下几何直观. Fisher 判别函数是一条直线, 见图 8-10.
附:有关 R 程序

```
discriminiant.fisher<- function
    (TrnX1,TrnX2,TstX=NULL){
if(is.matrix(TrnX1)! =TRUE)TrnX1<-as.matrix(TrnX1)
if(is.matrix(TrnX2)! =TRUE)TrnX2<-as.matrix(TrnX2)
if(is.null(TstX)==TRUE)TstX<-rbind(TrnX1,TrnX2)
```

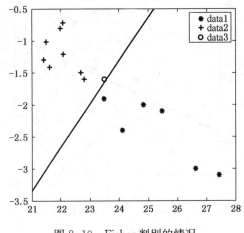

图 8-10　Fisher 判别的情况

```
if(is.vector(TstX)= = TRUE)TstX<－t(as.matrix(TstX))
else if(is.matrix(TstX)! = TRUE)
    TstX<－as.matrix(TstX)
nx<－nrow(TstX)
blong<－ matrix(rep(0,nx),nrow=1,byrow= TRUE,
    dimnames= list('blong',1:nx))
n1<－nrow(TrnX1); n2<－nrow(TrnX2)
mu1<－colMeans(TrnX1); mu2<－colMeans(TrnX2)
S<－(n1－1)* var(TrnX1) + (n2－1)* var(TrnX2)
mu<－n1/(n1+n2)* mu1 + n2/(n1+n2)* mu2
w<－(－rep(1,nx)%o% mu)%o% solve(S,mu2－mu1);
for(i in 1:nx){
    if(w[i]<= 0)
        blong[i]<－1
    else
        blong[i]<－2
    }
    blong
}
```

在以上程序中,输入变量 TrnX1 和 TrnX2 分别表示 X_1 和 X_2 类的训练样本,
其输入格式是数据框或矩阵(样本按行输入).输入变量 TstX 是待判样本 TstX,
其输入格式是数据框或矩阵(样本按行输入).函数的输出是由"1"和"2"构成的一
维矩阵,"1"表示待判样本属于 X_1 类,"2"表示待判样本属于 X_2 类.

例 8.2.3 (续例 8.2.2)对"某气象站有无春旱的判别问题"中的数据进行判别分析与预测.

用矩阵与因子形式输入数据

```
train<- matrix(
    c(24.8,24.1,26.6,23.5,25.5,27.4,
      22.1,21.6,22.0,22.8,22.7,21.5,22.1,21.4,
      -2.0,-2.4,-3.0,-1.9,-2.1,-3.1,
      -0.7,-1.4,-.08,-1.6,-1.5,-1.0,-1.2,-1.3),
    ncol=2)
sp<- factor(rep(1:2,c(6,8)))
```

调用函数进行判别分析与预测

```
library(MASS);lda.sol<- lda(train,sp)
tst<- c(23.5,-1.6); predict(lda.sol,tst)$class
```

预测结果为

```
[1] No
Levels:Have No
```

表明无春旱.再看回代情况

```
table(sp, predict(lda.sol)$class)
sp   Have No
Have  5  1
No    0  8
```

以上结果说明,6 个有春旱的年度中一个错判,8 个无春旱的年度中全都判对.

8.3 Bayes 判别

Bayes 统计是现代统计学的重要分支,其基本思想是:假定对所研究的对象(总体)在抽样前已有一定的认识,常用先验分布来描述这种认识,然后基于抽取的样本再对先验认识做修正,得到后验分布,而各种统计推断均基于后验分布进行.将 Bayes 统计的思想用于判别分析,就得到 Bayes 判别.关于 Bayes 统计,有兴趣的读者可参考《贝叶斯统计学及其应用》(韩明,2015).

8.3.1　误判概率与误判损失

设有两个总体 X_1 和 X_2，根据某一个判别规则，把实际上为 X_1 的个体判为 X_2 或者把实际上为 X_2 的个体判为 X_1 的概率称为误判（或错判）概率.

一个好的判别规则应该使误判概率最小. 除此之外还有一个误判损失问题，如果把 X_1 的个体判到 X_2 的损失比 X_2 的个体判到 X_1 严重得多，则人们在作前一种判断时就要特别谨慎. 比如，在药品检验中把有毒的样品判为无毒比把无毒判为有毒严重得多，因此一个好的判别规则还必须使误判损失最小.

以下讨论两个总体的情况. 设所考虑的两个总体 X_1 和 X_2 分别具有密度函数 $f_1(x)$ 与 $f_2(x)$，其中 x 为 p 维向量. 记 Ω 为 x 的所有可能观察值的全体，称它为样本空间，R_1 为根据要判为 X_1 的那些 x 的全体，而 $R_2 = \Omega - R_1$ 为根据要判为 X_2 的那些 x 的全体.

某样本实际上是来自 X_1，但判为 X_2 的概率为

$$P(2 \mid 1) = P(x \in R_2 \mid X_1) = \int_{R_2} \cdots \int f_1(x)\,\mathrm{d}x.$$

来自 X_2，但判为 X_1 的概率为

$$P(1 \mid 2) = P(x \in R_1 \mid X_2) = \int_{R_1} \cdots \int f_2(x)\,\mathrm{d}x.$$

类似地，来自 X_1 判为 X_1 的概率，来自 X_2 判为 X_2 的概率分别为

$$P(1 \mid 1) = P(x \in R_1 \mid X_1) = \int_{R_1} \cdots \int f_1(x)\,\mathrm{d}x,$$

$$P(2 \mid 2) = P(x \in R_2 \mid X_2) = \int_{R_2} \cdots \int f_2(x)\,\mathrm{d}x.$$

设 p_1，p_2 分别表示某样本来自总体 X_1 和 X_2 的先验概率，且 $p_1 + p_2 = 1$，于是，有

$$P(\text{正确地判为 } X_1) = P(\text{来自 } X_1, \text{被判为 } X_1)$$
$$= P(x \in R_1 \mid X_1)P(X_1) = P(1 \mid 1)p_1,$$
$$P(\text{误判到 } X_1) = P(\text{来自 } X_2, \text{被判为 } X_1)$$
$$= P(x \in R_1 \mid X_2)P(X_2) = P(1 \mid 2)p_2.$$

类似地有

$$P(\text{正确地判为 } X_2) = P(2 \mid 2)p_2, \quad P(\text{误判到 } X_2)$$
$$= P(2 \mid 1)p_1.$$

设 $L(1 \mid 2)$ 表示来自 X_2 误判为 X_1 引起的损失,$L(2 \mid 1)$ 表示来自 X_1 误判为 X_2 引起的损失,并规定 $L(1 \mid 1) = L(2 \mid 2) = 0$.

把上述误判概率与误判损失结合起来,定义平均误判损失 ECM(expected cost of misclassification)如下:

$$ECM(R_1, R_2) = L(2 \mid 1)P(2 \mid 1)p_1 + L(1 \mid 2)P(1 \mid 2)p_2, \quad (8.3.1)$$

一个合理的判别规则应使 ECM 达到最小.

8.3.2 两总体的 Bayes 判别

根据上面的叙述,要选择样本空间 Ω 的一个划分 R_1 和 $R_2 = \Omega - R_1$,使得平均误判损失 ECM 达到极小.

定理 8.3.1 极小化平均误判损失式(8.3.1)的区域 R_1 和 R_2 分别为

$$R_1 = \left\{ x : \frac{f_1(x)}{f_2(x)} \geqslant \frac{L(1 \mid 2)}{L(2 \mid 1)} \cdot \frac{p_2}{p_1} \right\},$$

$$R_2 = \left\{ x : \frac{f_1(x)}{f_2(x)} < \frac{L(1 \mid 2)}{L(2 \mid 1)} \cdot \frac{p_2}{p_1} \right\}.$$

说明:当 $\dfrac{f_1(x)}{f_2(x)} = \dfrac{L(1 \mid 2)}{L(2 \mid 1)} \cdot \dfrac{p_2}{p_1}$ 时,即 x 为边界点,它可以归入 R_1 和 R_2 中的任何一个,为了方便就将它归入 R_1.

根据定理 8.3.1,得到两总体的 Bayes 判别准则:

$$\begin{cases} x \in X_1, & \dfrac{f_1(x)}{f_2(x)} \geqslant \dfrac{L(1 \mid 2)}{L(2 \mid 1)} \cdot \dfrac{p_2}{p_1}, \\[3mm] x \in X_2, & \dfrac{f_1(x)}{f_2(x)} < \dfrac{L(1 \mid 2)}{L(2 \mid 1)} \cdot \dfrac{p_2}{p_1}. \end{cases}$$

应用此准则时仅需要计算:

(1) 新样本点 $x_0 = (x_{01}, x_{02}, \cdots, x_{0p},)^{\mathrm{T}}$ 的密度函数比 $\dfrac{f_1(x_0)}{f_2(x_0)}$;

(2) 损失比 $\dfrac{L(1 \mid 2)}{L(2 \mid 1)}$;

(3) 先验概率比 $\dfrac{p_2}{p_1}$.

损失和先验概率以比值的形式出现是很重要的,因为确定两种损失的比值(或两总体的先验概率的比值)往往比确定损失本身(或先验概率本身)要容易. 以下看三种特殊情况:

(1) 当 $\dfrac{p_2}{p_1} = 1$ 时,有

$$\begin{cases} x \in X_1, \dfrac{f_1(x)}{f_2(x)} \geqslant \dfrac{L(1 \mid 2)}{L(2 \mid 1)}, \\ x \in X_2, \dfrac{f_1(x)}{f_2(x)} < \dfrac{L(1 \mid 2)}{L(2 \mid 1)}. \end{cases}$$

(2) $\dfrac{L(1 \mid 2)}{L(2 \mid 1)} = 1$ 时,有

$$\begin{cases} x \in X_1, \dfrac{f_1(x)}{f_2(x)} \geqslant \dfrac{p_2}{p_1}, \\ x \in X_2, \dfrac{f_1(x)}{f_2(x)} < \dfrac{p_2}{p_1}. \end{cases}$$

(3) 当 $\dfrac{p_2}{p_1} = \dfrac{L(1 \mid 2)}{L(2 \mid 1)} = 1$ 时,有

$$\begin{cases} x \in X_1, \dfrac{f_1(x)}{f_2(x)} \geqslant 1, \\ x \in X_2, \dfrac{f_1(x)}{f_2(x)} < 1. \end{cases}$$

把上述的两总体的 Bayes 判别应用于正态总体 $X_i \sim N_p(\mu_i, \Sigma_i)$, $i = 1, 2$, 分两种情况讨论.

(1) $\Sigma_1 = \Sigma_2 = \Sigma$, $\Sigma > 0$

此时 X_i 的密度函数为

$$f_i(x) = (2\pi)^{-p/2} \mid \Sigma \mid^{-1/2} \exp\left[-\frac{1}{2}(x - \mu_i)^{\mathrm{T}}(x - \mu_i)\right].$$

定理 8.3.2 设总体 $X_i \sim N_p(\mu_i, \Sigma_i)$, $i = 1, 2$, 其中 $\Sigma > 0$, 则使平均误判损失极小的划分为

$$\begin{cases} R_1 = \{x : W(x) \geqslant \beta\}, \\ R_2 = \{x : W(x) < \beta\}. \end{cases}$$

其中 $W(x) = \left[x - \dfrac{1}{2}(\mu_1 + \mu_2)\right]^{\mathrm{T}} \Sigma^{-1}(\mu_1 - \mu_2)$, $\beta = \ln \dfrac{L(1 \mid 2) \cdot p_2}{L(2 \mid 1) \cdot p_1}$.

如果 μ_1, μ_2 和 Σ 未知, 用样本的均值与协方差矩阵来(估计)代替:

$$\hat{\mu}_i = \overline{x^{(i)}} = \frac{1}{n_i} \sum_{j=1}^{n_i} x_j^{(i)}, \ i = 1, 2,$$

$$\hat{\Sigma} = \frac{1}{n_1 + n_2 - 2} \sum_{i=1}^{2} \sum_{j=1}^{n_i} (x_j^{(i)} - \overline{x^{(i)}})(x_j^{(i)} - \overline{x^{(i)}})^{\mathrm{T}} = \frac{1}{n_1 + n_2 - 2}(S_1 + S_2),$$

其中

$$S_i = \sum_{j=1}^{n_i} (x_j^{(i)} - \overline{x^{(i)}})(x_j^{(i)} - \overline{x^{(i)}})^{\mathrm{T}}, \quad i = 1, 2.$$

对于待判样本 x，其判别函数定义为

$$\hat{\omega}(x) = (x - \bar{x})^{\mathrm{T}} \hat{\Sigma}^{-1} (\overline{x^{(1)}} - \overline{x^{(2)}}),$$

其中 $\bar{x} = \dfrac{\overline{x^{(1)}} - \overline{x^{(2)}}}{2}$.

得到的判别函数

$$W(x) = \left[x - \frac{1}{2}(\hat{\mu}_1 + \hat{\mu}_2) \right]^{\mathrm{T}} \hat{\Sigma}^{-1} (\hat{\mu}_1 - \hat{\mu}_2)$$

称为 Anderson 线性判别函数，判别的规则为

$$\begin{cases} x \in X_1, \ W(x) \geqslant \beta, \\ x \in X_2, \ W(x) < \beta. \end{cases}$$

其中，$\beta = \ln \dfrac{L(1 \mid 2) \cdot p_2}{L(2 \mid 1) \cdot p_1}$.

(2) $\Sigma_1 \neq \Sigma_2$, $\Sigma_1 > 0$, $\Sigma_2 > 0$

由于误判损失极小化的划分依赖于密度函数之比 $\dfrac{f_1(x)}{f_2(x)}$ 或等价于 $\ln\left[\dfrac{f_1(x)}{f_2(x)}\right]$，把协方差矩阵不等的两个多元正态密度函数代入这个比值后，包含 $|\Sigma_i|^{1/2}(i = 1, 2)$ 的因子不能消去，而且 $f_i(x)$ 的指数部分也不能组合成简单的表达式，因此，$\Sigma_1 \neq \Sigma_2$ 时，根据定理 8.3.1 可以得到判别区域：

$$\begin{cases} R_1 = \{x : W(x) \geqslant K\}, \\ R_2 = \{x : W(x) < K\}. \end{cases}$$

其中

$$W(x) = -\frac{1}{2} x^{\mathrm{T}} (\Sigma_1^{-1} - \Sigma_2^{-1}) x + (\mu_1^{\mathrm{T}} \Sigma_1^{-1} - \mu_2^{\mathrm{T}} \Sigma_2^{-1}) x,$$

$$K = \ln\left[\ln \frac{L(1 \mid 2) \cdot p_2}{L(2 \mid 1) \cdot p_1} \right] + \frac{1}{2} \ln \frac{|\Sigma_1|}{|\Sigma_2|} + \frac{1}{2} (\mu_1^{\mathrm{T}} \Sigma_1^{-1} \mu_1 - \mu_2^{\mathrm{T}} \Sigma_2^{-1} \mu_2).$$

显然，判别函数 $W(x)$ 是关于 x 的二次函数，它比 $\Sigma_1 = \Sigma_2$ 的情形要复杂得

多. 如果 μ_i 和 Σ_i 未知,仍然可以采用其估计来代替.

对于多总体情形,也要讨论各类的协方差矩阵相等与不等两种情况,与两个总体情形类似.

例 8.3.1 (续例 8.1.2)在进行 Bayes 判别时,以下假设各类的协方差矩阵相等,此时判别函数为线性函数.

(1) 先验概率相等

取 $p_1 = p_2 = p_3 = 1/3$,此时判别函数等价于 Fisher 线性判别函数.

有关 R 程序和结果如下:

```
>(ld1=lda(G1~ Q+C+P,prior=c(1,1,1)/3))
```

运行结果为

```
Call:
lda(G1 ~ Q+C+P,prior = c(1,1,1)/3)
Prior probabilities of groups:
          1         2         3
  0.3333333 0.3333333 0.3333333
Group means:
          Q         C         P
  1  8.400000  5.900000  48.200
  2  7.712500  7.250000  69.875
  3  5.957143  3.714286  34.000
Coefficients of linear discriminants:
          LD1          LD2
  Q   -0.92307369   0.76708185
  C   -0.65222524   0.11482179
  P    0.02743244  -0.08484154
Proportion of trace:
   LD1     LD2
  0.7259  0.2741
```

(2) 先验概率不相等

取 $p_1 = 5/20$,$p_2 = 8/20$,$p_3 = 7/20$,以下求在先验概率不相等时的 Bayes 判别函数的系数.

```
>(ld2=lda(G1~ Q+C+P,prior=c(5,8,7)/20))
```

运行结果为

Call：

lda(G1 ～ Q＋C＋P,prior ＝ c(5,8,7)/20)

Prior probabilities of groups：

1	2	3
0.25	0.40	0.35

Group means：

	Q	C	P
1	8.400000	5.900000	48.200
2	7.712500	7.250000	69.875
3	5.957143	3.714286	34.000

Coefficients of linear discriminants：

	LD1	LD2
Q	−0.81173396	0.88406311
C	−0.63090549	0.20134565
P	0.01579385	−0.08775636

Proportion of trace：

LD1	LD2
0.7403	0.2597

下面是两种情况的比较：

```
>Z1＝ predict(ld1)
>cbind(G1,Z1＄x,Z1＄class)
```

运行结果为

	G1	LD1	LD2	
1	1	−0.40839476	2.37788417	1
2	1	−2.40289378	0.33402788	1
3	1	−0.50937350	1.41416605	1
4	1	−0.95822294	0.25030363	1
5	1	−1.78725129	0.84259965	1
6	2	−2.54179395	0.85631321	1
7	2	0.74904277	−2.29238928	2
8	2	−2.39414277	−0.96905637	2
9	2	−1.04571568	−0.73175336	2
10	2	−1.34999059	−2.76029783	2

11	2	− 0.76437825	− 2.78517532	2
12	2	0.04714807	− 0.77130282	2
13	2	0.38367004	0.11363494	3
14	3	2.77223326	1.14752615	3
15	3	1.61976965	0.07201330	3
16	3	0.84520688	− 0.26990599	3
17	3	3.10535893	− 0.11489136	3
18	3	2.30769941	0.14824404	3
19	3	2.31337377	− 0.19415269	3
20	3	1.58058919	0.07711606	3

```
>table(G1,Z1$class)
```

运行结果为

```
G1  1 2 3
1   5 0 0
2   1 6 1
3   0 0 7
```

```
>Z2 = predict(ld2)
>cbind(G1,Z2$x,Z2$class)
```

运行结果为

	G1	LD1	LD2	
1	1	− 0.1409984	2.582951755	1
2	1	− 2.3918356	0.825366275	1
3	1	− 0.3704452	1.641514840	1
4	1	− 0.9714835	0.548448277	1
5	1	− 1.7134891	1.246681993	1
6	2	− 2.4593598	1.361571174	1
7	2	0.3789617	− 2.200431689	2
8	2	− 2.5581070	− 0.467096091	2
9	2	− 1.1900285	− 0.412972027	2
10	2	− 1.7638874	− 2.382302324	2
11	2	− 1.1869165	− 2.485574940	2
12	2	− 0.1123680	− 0.598883922	2
13	2	0.3399132	0.232863397	3

14	3	2.8456561	0.936722573	3
15	3	1.5592346	0.025668216	3
16	3	0.7457802	−0.209168159	3
17	3	3.0062824	−0.358989534	3
18	3	2.2511708	0.008852067	3
19	3	2.2108260	−0.331206768	3
20	3	1.5210939	0.035984885	3

>table(G1,Z2 $ class)

运行结果为

```
G1  1 2 3
1 15 0 0
2 1 6 1
3 0 0 7
```

　　根据以上计算的判别符合率,应用 Bayes 判别函数进行判别的效果还是比较好的.

>Z1 $ post

运行结果为

	1	2	3
1	9.825868e-01	0.0055569542	1.185623e-02
2	7.942318e-01	0.2056795353	8.863083e-05
3	9.372086e-01	0.0431043895	1.968700e-02
4	6.537085e-01	0.3371446000	9.146940e-03
5	9.051591e-01	0.0943611123	4.797895e-04
6	9.278323e-01	0.0721271201	4.054001e-05
7	3.336193e-03	0.8632226466	1.334412e-01
8	1.774694e-01	0.8224629811	6.760323e-05
9	1.846964e-01	0.8105204167	4.783224e-03
10	2.846667e-03	0.9969782280	1.751051e-04
11	2.196368e-03	0.9968539111	9.497206e-04
12	1.112250e-01	0.7798203058	1.089547e-01
13	2.917605e-01	0.3250330167	3.832065e-01
14	7.593656e-04	0.0001977776	9.990429e-01
15	1.210206e-02	0.0227472382	9.651507e-01

16	7.940855e-02	0.2426608653	6.779306e-01
17	7.945077e-05	0.0003790029	9.995415e-01
18	1.392102e-03	0.0028100452	9.957979e-01
19	9.960190e-04	0.0042952808	9.947087e-01
20	1.377258e-02	0.0252493823	9.609780e-01

后验概率给出了样品落在各类的概率大小,这也是 Bayes 判别区别于 Fisher 判别的主要特点.

8.3.3 再看某气象站有无春旱的判别问题

前面我们讨论过"某气象站有无春旱的判别问题". 某气象站监测前 14 年气象的资料,有两项综合预报因子(气象含义),分别用 x_1 和 x_2 来表示,见表 8-2. 有春旱的是 6 个年份的资料,无春旱的是 8 个年份的资料. 今年测到两方指标的数据为 $(23.5, -1.6)$,请用 Bayes 判别对数据进行分析,并预报今年是否有春旱.

根据表 8-2,有春旱和无春旱的先验概率分别用 6/14 和 8/14 来估计.

把表 8-2 中的相关数据记为 $x_j^{(1)}$ 和 $x_j^{(2)}$,得到表 8-4.

表 8-4   某气象站有无春旱的数据

序号	$x_j^{(1)}$	有春旱	$x_j^{(1)}$	$x_j^{(2)}$	无春旱	$x_j^{(2)}$
1	24.8		−2.0	22.1		−0.7
2	24.1		−2.4	21.6		−1.4
3	26.6		−3.0	22.0		−0.8
4	23.5		−1.9	22.8		−1.6
5	25.5		−2.1	22.7		−1.5
6	27.4		−3.1	21.5		−1.0
7				22.1		−1.2
8				21.4		−1.3

以下分 $\Sigma_1 = \Sigma_2 = \Sigma$ 和 $\Sigma_1 \neq \Sigma_2$ 两种情况.

(1) $\Sigma_1 = \Sigma_2 = \Sigma$ 情形

根据 $\hat{\mu}_i = \overline{x^{(i)}} = \dfrac{1}{n_i}\sum_{j=1}^{n_i} x_j^{(i)}$, $\hat{\Sigma} = \dfrac{1}{n_1+n_2-2}\sum_{i=1}^{2}\sum_{j=1}^{n_i}(x_j^{(i)}-\overline{x^{(i)}})$

$(x_j^{(i)}-\overline{x^{(i)}})^{\mathrm{T}} = \dfrac{1}{n_1+n_2-2}(S_1+S_2)$,其中 $S_i = \sum_{j=1}^{n_i}(x_j^{(i)}-\overline{x^{(i)}})(x_j^{(i)}-\overline{x^{(i)}})^{\mathrm{T}}$,

$i=1,2$, $n_1=6$, $n_2=8$,并根据表 8-2 的数据,经计算(Matlab 程序附后),得到:

$$\hat{u}_1 = (25.316\ 7, -2.416\ 7)^{\mathrm{T}}, \quad \hat{u}_2 = (22.025\ 0, -1.187\ 5)^{\mathrm{T}},$$

$$\hat{\Sigma} = \begin{pmatrix} 1.081\ 9 & -0.310\ 9 \\ -0.310\ 9 & 0.174\ 8 \end{pmatrix}, \beta = \ln \frac{p_2}{p_1} = 0.287\ 7.$$

判别函数为 $W(x) = W(x_1, x_2) = 2.089\ 34x_1 - 55.433\ 1 - 3.316\ 52x_2$.

根据表 8-3, $W(x_1, x_2)$ 的计算结果, 见表 8-5.

表 8-5 $\pmb{\Sigma}_1 = \pmb{\Sigma}_2 = \pmb{\Sigma}$ 情形 $\pmb{W}(x_1, x_2)$ 的计算结果

序号	x_1	有春旱	x_2	$W(x_1, x_2)$	x_1	无春旱	x_2	$W(x_1, x_2)$
1	24.8		-2.0	3.015 6	22.1		-0.7	-6.937 1
2	24.1		-2.4	2.879 6	21.6		-1.4	-5.660 2
3	26.6		-3.0	10.092 9	22.0		-0.8	-6.814 4
4	23.5		-1.9	-0.032 2	22.8		-1.6	-2.489 7
5	25.5		-2.1	4.809 8	22.7		-1.5	-3.030 3
6	27.4		-3.1	12.096 0	21.5		-1.0	-7.195 8
7					22.1		-1.2	-5.278 9
8					21.4		-1.3	-6.409 7

从表 8-5 可以看出, 错判的只有一个 (春旱中的第 4 号), 与历史数据的拟合率为 93%.

今年测到两方指标的数据为 (23.5, -1.6), 把 $x_1 = 23.5$ 和 $x_1 = -1.6$ 代入判别函数中, 得到 $W(x_1, x_2) = 2.089\ 34 \times 23.5 - 55.433\ 1 - 3.316\ 52 \times (-1.6) = -1.027\ 2$, 因此预报今年无春旱.

(2) $\Sigma_1 \neq \Sigma_2$ 情形

这里只列出判别函数、判别值 (Matlab 程序附后):

$$\begin{aligned} W(x_1, x_2) = {}& 1.296\ 71x_1^2 - 1.497\ 838x_1x_2 \\ & - 1.317\ 72x_2^2 - 58.416\ 9x_1 + 26.478\ 0x_2. \end{aligned}$$

根据表 8-4, $W(x_1, x_2)$ 的计算结果, 见表 8-6 相应的栏目中.

表 8-6 $\pmb{\Sigma}_1 \neq \pmb{\Sigma}_2$ 情形 $\pmb{W}(x_1, x_2)$ 的计算结果

序号	x_1	有春旱	x_2	$W(x_1, x_2)$	x_1	无春旱	x_2	$W(x_1, x_2)$
1	24.8		-2.0	-635.144 7	22.1		-0.7	-653.696 1
2	24.1		-2.4	-639.207 5	21.6		-1.4	-651.169 3
3	26.6		-3.0	-608.155 4	22.0		-0.8	-653.228 0
4	23.5		-1.9	-644.875 8	22.8		-1.6	-648.920 6
5	25.5		-2.1	-627.651 0	22.7		-1.5	-649.562 4
6	27.4		-3.1	-594.623 8	21.5		-1.0	-652.151 4
7					22.1		-1.2	-651.635 8
8					21.4		-1.3	-651.258 8

从表 8-6 可以看出,错判的为零,与历史数据的拟合率为 100%.

$K = -647.6233$,今年测到两方指标的数据为 $(23.5, -1.6)$,把 $x_1 = 23.5$ 和 $x_1 = -1.6$ 代入判别函数中,得到 $W(x_1, x_2) = 1.29671 * 23.5^2 - 1.497838 * 23.5 *(-1.6) - 1.31772 *(-1.6)^2 - 58.4169 * 23.5 + 26.4780 *(-1.6) = -646.1085$,因此预报今年可能有春旱(注意:$K = -647.6233$ 与 -646.1085 比较接近).

8.3.4 有关 MATLAB 程序和计算结果

有关 MATLAB 程序如下.

(1) $\Sigma_1 = \Sigma_2 = \Sigma$ 情形的 MATLAB 程序

```
clear
a=[24.8  24.1  26.6  23.5  25.5  27.4
   -2.0  -2.4  -3.0  -1.9  -2.1  -3.1]';
b=[22.1  21.6  22.0  22.8  22.7  21.5  22.1  21.4
   -0.7  -1.4  -0.8  -1.6  -1.5  -1.0  -1.2  -1.3]';
n1=6;n2=8;
mu1=mean(a);mu2=mean(b);   %计算两个总体样本的均值向量,注意得到的是行向量
sig1=cov(a);sig2=cov(b);   %计算两个总体样本的协方差矩阵
sig=((n1-1)*sig1+(n2-1)*sig2)/(n1+n2-2)   %计算两总体公共协方差阵的估计
beta=log(8/6)
syms x1 x2
x=[x1 x2];
wx=(x-0.5*(mu1+mu2))*inv(sig)*(mu1-mu2)';   %构造判别函数
wx=vpa(wx,6)   %显示判别函数
ahat=subs(wx,{x1,x2},{a(:,1),a(:,2)})'   %计算总体1样本的判别函数值
bhat=subs(wx,{x1,x2},{b(:,1),b(:,2)})'   %计算总体2样本的判别函数值
sol1=(ahat>beta), sol2=(bhat<beta)   %回代,计算误判
```

运行结果为

```
sig =
     1.0819   -0.3109
    -0.3109    0.1748

beta =
     0.2877

wx =
2.08934*x1-55.4331-3.31652*x2
```

```
ahat =
    3.0156    2.8796   10.0929   -0.0322    4.8098   12.0960
bhat =
   -6.9371   -5.6602   -6.8144   -2.4897   -3.0303   -7.1958   -5.2789
   -6.4097
sol1 =
    1    1    1    0    1    1
sol2 =
    1    1    1    1    1    1    1    1
```

以下是直接利用 MATLAB 中的分类函数 classify 用其他方法进行分类的程序：

```
clear
p1=6/14;p2=8/14;
a=[24.8  24.1  26.6  23.5  25.5  27.4
   -2.0  -2.4  -3.0  -1.9  -2.1  -3.1]';
b=[22.1  21.6  22.0  22.8  22.7  21.5  22.1  21.4
   -0.7  -1.4  -0.8  -1.6  -1.5  -1.0  -1.2  -1.3]';
n1=6;n2=8;
train=[a;b];   %train 为已知样本
group=[ones(n1,1);2*ones(n2,1)]; %已知样本类别标识
prior=[p1;p2]; %已知样本的先验概率
sample=train; %sample 一般为未知样本,这里是准备回代检验误判
[x1,y1]=classify(sample,train,group,'linear',prior)%线性分类
[x2,y2]=classify(sample,train,group,'quadratic',prior)%二次分类
%函数 classify 的第二个返回值为误判率
```

运行结果为

```
x1 =
    1
    1
    1
    2
    1
    1
    2
    2
```

```
                2
                2
                2
                2
                2
                2
y1 =
            0.0714
x2 =
                1
                1
                1
                1
                1
                2
                2
                2
                2
                2
                2
                2
y2 =
                0
```

（2）$\Sigma_1 \neq \Sigma_2$ 情形的 MATLAB 程序

```
clear
p1=6/14;p2=8/14;
a=[24.8  24.1  26.6  23.5  25.5  27.4
   -2.0  -2.4  -3.0  -1.9  -2.1  -3.1]';
b=[22.1  21.6  22.0  22.8  22.7  21.5  22.1  21.4
   -0.7  -1.4  -0.8  -1.6  -1.5  -1.0  -1.2  -1.3]';
n1=6;n2=8;
mu1=mean(a);mu2=mean(b);  %计算两个总体样本的均值向量,注意得到的是行向量
cov1=cov(a);cov2=cov(b);   %计算两个总体样本的协方差矩阵
k=log(p2/p1)+0.5*log(det(cov1)/det(cov2))+...
```

```
        0.5 * (mu1 * inv(cov1) * mu1' − mu2 * inv(cov2) * mu2')   %计算 K 值
syms x1 x2
x = [x1 x2];
wx = −0.5 * x * (inv(cov1) − inv(cov2)) * x.' + (mu1 * inv(cov1) − mu2 * inv(cov2)) *
x.';
wx = vpa(wx,6);
wx = simple(wx)   %化简并显示判别函数
ahat = subs(wx,{x1,x2},{a(:,1),a(:,2)})'   %计算总体 1 样本的判别函数值
bhat = subs(wx,{x1,x2},{b(:,1),b(:,2)})'   %计算总体 2 样本的判别函数值
sol1 = (ahat >= k),sol2 = (bhat < k)  %回代,计算误判
```

运行结果为

```
k =
 −647.6233
wx =
1.29671 * x1^2 − 1.497838 * x1 * x2 − 1.31772 * x2^2 − 58.4169 * x1 + 26.4780 * x2
ahat =
 −635.1447  −639.2075  −608.1554  −644.8758  −627.6510  −594.6238
bhat =
 −653.6961  −651.1693  −653.2280  −648.9206  −649.5624  −652.1514
 −651.6358  −651.2588
sol1 =
    1    1    1    1    1    1
sol2 =
    1    1    1    1    1    1    1    1
```

以上结果说明,线性判别的错判率为 0.071 4(或 7.14%),二次判别的错判率为 0.

8.4 蠓虫分类问题

8.4.1 问题的提出

两类蠓虫 Af 和 Apf 已由生物学家 W. L. Grogon 和 W. W. Wirth(1981)根据它们的触角长度翅膀长度加以区分.已经测得 9 只 Af 和 6 只 Apf 的数据(触角长度用 x 表示,翅膀长度用表示 y),如表 8-7 所示.

表 8-7			Af 和 Apf 的数据			
Apf (x, y)	(1.14, 1.78)	(1.18, 1.96)	(1.20, 1.86)	(1.26, 2.00)	(1.28, 2.00)	(1.30, 1.96)
Af (x, y)	(1.24, 1.27*)	(1.36, 1.74)	(1.38, 1.64)	(1.38, 1.82)	(1.38, 1.90)	(1.40, 1.70)
	(1.48, 1.82)	(1.54, 1.82)	(1.56, 2.08)			

(1) 如何依据以上数据,制定一种方法正确区分两类蠓虫;

(2) 将你的方法用于触角长度、翅膀长度分别为(1.24, 1.80),(1.28, 1.84),(1.40, 2.04)的 3 个样本进行识别.

说明:(1)本问题是由"美国大学生数学建模竞赛"的 1989 年的 A 题改编的;(2) 表 8-7 中的(1.24, 1.27*),有一些材料中的数据是(1.24, 1.72).虽然以上两个数据不同的,但处理数据的方法是相同的(用后面的方法还可以说明两个不同数据的结果是一致的).

8.4.2   问题的分析与模型的建立

这是一个判别问题,建模的目标是寻找一种方法对问题提供的三个样本数据进行判别.首先根据表 8-7 的 15 对数据画出散点图,其 MATLAB 程序如下:

```
clear
x1=[1.24,1.36,1.38,1.38,1.38,1.40,1.48,1.54,1.56];
x2=[1.14,1.18,1.20,1.26,1.28,1.30];
y1=[1.27,1.74,1.64,1.82,1.90,1.70,1.82,1.82,2.08];
y2=[1.78,1.96,1.86,2.00,2.00,1.96];
plot(x1,y1,'*',x2,y2,'r+')
```

结果见图 8-11.

说明:在图 8-11 中,*表示 Af,+表示 Apf.

从图 8-11 中可以明显看出,9 个 Af 的点集中在图中的右下方,而 6 个 Apf 的点集中在图中的左上方.客观上存在一条直线 L 将两类点分开,如果确定了这条直线 L 并将它作为 Af 和 Apf 的分界线,就有了判别方法.确定直线 L 应该依据问题所给的数据(表 8-7).设直线 L 的方程为

$$w_1 x + w_2 y + w_3 = 0.$$

对于平面上的任意一点 $P(x, y)$,如果该点在直线 L 上,则点 $P(x, y)$ 的坐标 x 和 y 满足上述方程;如果该点不在直线 L 上,将其坐标 x 和 y 代入上述方程,则方程的左边不为零.由于 Af 和 Apf 的散点都不在直线上,所以把表 8-7 中的数据代入上述直线方程的左边应使得到表达式的值大于零或小于零两种不同的结果.

为了建立判别系统,以下以建立判别函数 $g(P) = w_1 x + w_2 y + w_3$.

判别准则:

$$\begin{cases} g(P) > 0, P(x, y) \in Af, \\ g(P) < 0, P(x, y) \in Apf. \end{cases}$$

当 $P(x, y)$ 属于 Af 时,$g(P) = 1$;当 $P(x, y)$ 属于 Apf 时,$g(P) = -1$.

于是由所给数据形成的约束条件,这是关于判别函数中的三个待定系数 w_1, w_2, w_3 的线性方程组:

$$\begin{cases} w_1 x_i + w_2 y_i + w_3 = 1, & i = 1, 2, \cdots, 9, \\ w_1 x_i + w_2 y_i + w_3 = -1, & i = 10, 11, \cdots, 15. \end{cases}$$

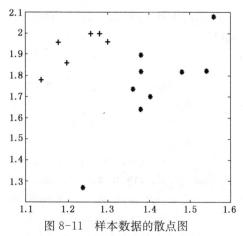

图 8-11 样本数据的散点图

这是包含三个未知数 w_1, w_2, w_3 共 15 个方程组成的超定方程组. 可以求出方程组的一种广义解,即最小二乘解.

8.4.3 模型求解

根据上面的分析,写出超定方程组如下:

$$\begin{cases} 1.24 w_1 + 1.27 w_2 + w_3 = 1, \\ 1.36 w_1 + 1.74 w_2 + w_3 = 1, \\ 1.38 w_1 + 1.64 w_2 + w_3 = 1, \\ 1.38 w_1 + 1.82 w_2 + w_3 = 1, \\ 1.38 w_1 + 1.90 w_2 + w_3 = 1, \\ 1.40 w_1 + 1.70 w_2 + w_3 = 1, \\ 1.48 w_1 + 1.82 w_2 + w_3 = 1, \\ 1.54 w_1 + 1.82 w_2 + w_3 = 1, \\ 1.56 w_1 + 2.08 w_2 + w_3 = 1, \\ 1.14 w_1 + 1.78 w_2 + w_3 = -1, \\ 1.18 w_1 + 1.96 w_2 + w_3 = -1, \\ 1.20 w_1 + 1.86 w_2 + w_3 = -1, \\ 1.26 w_1 + 2.00 w_2 + w_3 = -1, \\ 1.28 w_1 + 2.00 w_2 + w_3 = -1, \\ 1.30 w_1 + 1.96 w_2 + w_3 = -1. \end{cases}$$

求解上述方程组的最小二乘解并在散点图中画出分类直线的 MATLAB 程序如下：

```
clear
x=[1.24,1.36,1.38,1.38,1.38,1.40,1.48,1.54,1.56,1.14,1.18,1.20,1.26,1.28,
1.30];
y=[1.27,1.74,1.64,1.82,1.90,1.70,1.82,1.82,2.08,1.78,1.96,1.86,2.00,2.00,
1.96];
x1=[1.24,1.36,1.38,1.38,1.38,1.40,1.48,1.54,1.56];
x2=[1.14,1.18,1.20,1.26,1.28,1.30];
y1=[1.27,1.74,1.64,1.82,1.90,1.70,1.82,1.82,2.08];
y2=[1.78,1.96,1.86,2.00,2.00,1.96];
z=[1;1;1;1;1;1;1;1;1;-1;-1;-1;-1;-1;-1];
A=[1.24 1.27 1;1.36 1.74 1;1.38 1.64 1;1.38 1.82 1;1.38 1.90 1;1.40 1.70 1;1.48
1.82 1;1.54 1.82 1;1.56 2.08 1;1.14 1.78 1;1.18 1.96 1;1.20 1.86 1;1.26 2.00 1;1.28
2.00 1;1.30 1.96 1];
W=A\z   %求方程组的最小二乘解
x=1.10:0.02:1.60;
y=(-w(1).*x-w(3))./w(2);   %确定分类直线
plot(x1,y1,'*',x2,y2,'r+',x,y)   %在散点图中画分类直线
```

执行程序后，从图形窗口得到散点图中画出分类直线图，见图 8-12. 从命令窗口得到方程组的最小二乘解为 $w=(6.645\,5,-2.912\,8,-3.385\,1)$.

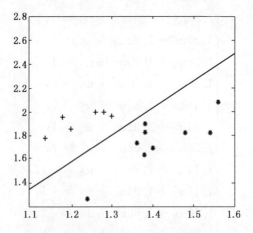

图 8-12　样本数据的散点图和判别直线

因此直线方程

$$w_1 x + w_2 y + w_3 = 0$$

中的三个待定系数 w_1，w_2，w_3 分别为

$$w_1 = 6.6455,\ w_2 = -2.9128,\ w_3 = -3.3851,$$

所以判别直线方程为

$$6.6455x - 2.9128y - 3.3851 = 0,$$

判别函数为

$$g(P) = 6.6455x - 2.9128y - 3.3851. \tag{8.4.1}$$

将 15 个样本数据分别代入式(8.4.1)，$g(P)$ 的计算结果见表 8-8.

表 8-8 样本数据判别函数值的计算结果

(x, y)	(1.14, 1.78)	(1.18, 1.96)	(1.20, 1.86)	(1.26, 2.00)	(1.28, 2.00)	(1.30, 1.96)
$g(P)$	−0.9940	−1.2525	−0.8283	−0.8374	−0.7045	−0.4550
(x, y)	(1.24, 1.72)	(1.36, 1.74)	(1.38, 1.64)	(1.38, 1.82)	(1.38, 1.90)	(1.40, 1.70)
$g(P)$	1.1561	0.5845	1.0087	0.4844	0.2514	0.9668
(x, y)	(1.48, 1.82)	(1.54, 1.82)	(1.56, 2.08)			
$g(P)$	1.1489	1.5477	0.9233			

在表 8-8 中，前 6 个 $g(P)$ 的值为负，后 9 个 $g(P)$ 的值为正. 根据判别函数 $g(P)$ 定义，可知前 6 个样本属于 Apf 类，后 9 个样本属于 Af 类. 这与样本的本身是一致的. 说明已知的两类蠓虫仍然属于各自的类别，这表明我们的方法能够正确区分两类蠓虫，即回代误判率为零.

在前面的问题中提供了三个样本供判别，它们的数据见表 8-9.

表 8-9 供判别的样本数据

编号	1	2	3
(x, y)	(1.24, 1.80)	(1.28, 1.84)	(1.40, 2.04)

把表 8-9 中的数据代入式(8.4.1)，判别函数值的计算结果见表 8-10.

表 8-10 样本数据的判别函数值

编号	1	2	3
$g(P)$	−0.3877	−0.2384	−0.0235

根据表 8-10，由所给数据用判别函数判别三个新的蠓虫均属于 Apf 类.

8.5　判别分析中需要注意的几个问题

（1）训练样本中必须有所有要判别的类型，分类必须清楚，不能有混杂.

（2）在收集数据时，要选择好可能用于判别的变量. 这是最重要的一步. 当然，在处理现成数据时，选择的余地就不一定那么大了.

（3）要注意数据是否有不寻常的点或者模式存在. 还要检查用于的预测变量中是否有些不适宜的；这可以用单变量方差分析（ANOVA）和相关分析来验证.

（4）判别分析是为了正确地分类，但同时也要注意使用尽可能少的预测变量来达到这个目的. 使用较少的变量意味着节省资源和易于对结果进行解释.

（5）在计算中需要看关于各个类的有关变量的均值是否显著不同，以确定分类结果是否仅仅由于随机因素所致；这可以从有关的检验结果得到.

（6）此外需要考虑成员的权数. 一般来说，加权要按照各类观测值的多少，观测值少的就要按照比例多加权. 对于多个判别函数，要弄清各自的重要性.

（7）注意训练样本的正确和错判率. 研究被错判的观测值，看是否可以找出原因.

8.6　思考与练习题

1. 判别分析的基本思想是什么？举例并简要说明进行判别分析的意义.

2. 分别叙述距离判别、Fisher 判别、Bayes 判别的基本思想.

3. 设有两个二元正态总体，从中分别抽取容量为 3 的训练样本如下

x_1	3	2	4
x_2	7	4	7
x_1	6	5	4
x_2	9	7	8

（1）求两个样本的样本均值、样本协方差矩阵；

（2）假设两个总体的协方差矩阵相等，记为 $\boldsymbol{\Sigma}$，用两个样本协方差矩阵来估计 $\boldsymbol{\Sigma}$；

（3）建立距离判别法则；

（4）设有一个新样品 $\boldsymbol{x}_0 = (x_1, x_2)^{\mathrm{T}} = (2, 7)^{\mathrm{T}}$，进行距离判别.

4. 设有 $n_1 = 11$ 和 $n_2 = 12$ 个观测值分别取自两个正态随机变量，已知它们的样本

均值分别为 $\bar{x}_1 = (-1, -1)^T$，$\bar{x}_2 = (2,1)^T$，且它们有相同的协方差矩阵

$$\Sigma = \begin{pmatrix} 7.3 & -1.1 \\ -1.1 & 4.8 \end{pmatrix}.$$

(1) 构造样本的 Fisher 线性判别函数；

(2) 把观测值 $x_0 = (0, 1)^T$ 分配到两个总体.

5. 已知两个总体的概率密度函数分别为 $f_1(x)$，$f_2(x)$，且两个总体的先验概率
   分别为 $p_1 = 0.2$，$p_2 = 0.8$，错判损失分别为 $L(2|1)=50$，$L(1|2)=100$.

(1) 建立 Bayes 判别准则；

(2) 设有一个新样品 x_0 满足 $f_1(x_0) = 6.3$，$f_2(x_0) = 0.5$，请判别新样品 x_0 的归
   属问题.

6. 请对感兴趣的问题收集数据，并进行判别分析.

9 | 主成分分析

　　假定你是一个公司的财务经理,掌握了公司的所有主要数据,比如固定资产、流动资金、每一笔借贷的数额和期限、各种税费、工资支出、原料消耗、产值、利润、折旧、职工人数、职工的分工和教育程度等等.如果让你向上面介绍公司状况,你能够把这些指标和数字都原封不动地摆出去吗? 当然不能.你必须要把各个方面进行高度概括,用一两个指标简单明了地把情况说清楚.其实,每个人都会遇到有很多变量的数据.比如全国或各个地区的带有许多经济和社会变量的数据,各个学校的研究、教学及各类学生人数及科研经费等各种变量的数据等.这些数据的共同特点是变量很多,在如此多的变量之中,有很多是相关的.人们希望能够找出它们的少数"代表"来对它们进行描述.

　　在实际问题中,往往会涉及众多有关的变量.但是,变量太多不仅会增加计算的复杂性,而且也给合理地分析问题和解释问题带来困难.一般来说,虽然每个变量都提供了一定的信息,但其重要性有所不同,而在很多情况下,变量间有一定的相关性,从而使得这些变量所提供的信息在一定程度上有所重叠.因而人们希望对这些变量加以"改造",用为数较少的互不相关的新变量来反映原变量所提供的绝大部分信息,通过对新变量的分析达到解决问题的目的.主成分分析便是在这种降维的思想下产生出来的处理高维数据的方法.

　　本章就介绍把变量维数降低以便于描述、理解和分析问题的方法:主成分分析(principal component analysis).主成分分析是 1901 年 Pearson 对非随机变量引入的,1933 年 Hotelling 将此方法推广到随机向量的情形,主成分分析和聚类分析有很大的不同,它有严格的数学理论作基础.主成分分析的主要目的是希望用较少的变量去解释原来资料中的大部分变异,将我们手中许多相关性很高的变量转化成彼此相互独立或不相关的变量.通常是选出比原始变量个数少,能解释大部分资料中的变异的几个新变量,即所谓主成分,并用以解释资料的综合性指标.由此可见,主成分分析实际上是一种降维方法.

　　多维变量的情况和二维类似,也有高维的椭球,只不过无法直观地看见罢了.首先把高维椭球的各个主轴找出来,再用代表大多数数据信息的最长的几个轴作为新变量;这样,主成分分析就基本完成了.注意,和二维情况类似,高维椭球的主轴也是互相垂直的.这些互相正交的新变量是原先变量的线性组合,叫做主成分(principal component).

正如二维椭圆有两个主轴,三维椭球有三个主轴一样,有几个变量,就有几个主成分.当然,选择越少的主成分,降维就越好.什么是选择的标准呢?那就是这些被选的主成分所代表的主轴的长度之和占了主轴长度总和的大部分.有些文献建议,所选的主轴总长度占所有主轴长度之和的大约 80%(也有的说 75%左右等)即可.其实,这只是一个大体的说法;具体选几个,要看实际情况而定.但如果所有涉及的变量都不那么相关,就很难降维.不相关的变量就只有自己代表自己了.

本章将介绍:主成分分析的基本思想及方法、特征值因子的筛选、主成分回归分析、主成分分析应用案例(成年男子 16 项身体指标的主成分分析、学生身体四项指标的主成分分析、我国部分地区人均消费水平的主成分分析、我国各地区普通高等教育发展情况的主成分分析).

9.1 主成分分析的基本思想及方法

如果用 x_1,x_2,$\cdots$,x_p 表示 p 门课程,c_1,c_2,$\cdots$,c_p 表示各门课程的权重,那么加权之和就是

$$s = c_1 x_1 + c_2 x_2 + \cdots + c_p x_p.$$

我们希望选择适当的权重能更好地区分学生的成绩.每个学生都对应一个这样的综合成绩,记为 s_1,s_2,$\cdots$,s_n(n 为学生人数).如果这些值很分散,表明区分得好,就是说,需要寻找这样的加权,能使 s_1,s_2,$\cdots$,s_n 尽可能的分散,下面来看它的统计定义.设 X_1,X_2,$\cdots$,X_p 表示以 x_1,x_2,$\cdots$,x_p 为样本观测值的随机变量,如果能找到 c_1,c_2,$\cdots$,c_p,使得方差

$$\mathrm{Var}(c_1 X_1 + c_2 X_2 + \cdots + c_p X_p) \tag{9.1.1}$$

的值达到最大,则由于方差反映了数据差异的程度,因此也就表明我们抓住了这 p 个变量的最大变异.当然,式(9.1.1)必须加上某种限制,否则权值可选择无穷大而没有意义,通常规定

$$c_1^2 + c_2^2 + \cdots + c_p^2 = 1.$$

在此约束下,求式(9.1.1)的最优解.由于这个解是 p 维空间的一个单位向量,它代表一个"方向",它就是常说的主成分方向.

一个主成分不足以代表原来的 p 个变量,因此需要寻找第二个乃至第三、第四主成分,第二个主成分不应该再包含第一个主成分的信息,统计上的描述就是让这两个主成分的协方差为零,几何上就是这两个主成分的方向正交.具体确定各个主成分的方法如下.

设 Z_i 表示第 i 个主成分 $(i = 1, 2, \cdots, p)$,可设

$$\begin{cases} Z_1 = c_{11}X_1 + c_{12}X_2 + \cdots + c_{1p}X_p, \\ Z_2 = c_{21}X_1 + c_{22}X_2 + \cdots + c_{2p}X_p, \\ \quad\vdots \qquad\qquad\qquad\qquad\qquad \vdots \\ Z_p = c_{p1}X_1 + c_{p2}X_2 + \cdots + c_{pp}X_p. \end{cases} \tag{9.1.2}$$

其中,对每一个 i,均有 $c_{i1}^2 + c_{i2}^2 + \cdots + c_{ip}^2 = 1$,且 $(c_{11}, c_{12}, \cdots, c_{1p})$ 使得 $\mathrm{Var}(Z_1)$ 的值达到最大;$(c_{21}, c_{22}, \cdots, c_{2p})$ 不仅垂直于 $(c_{11}, c_{12}, \cdots, c_{1p})$,而且使 $\mathrm{Var}(Z_2)$ 的值达到最大;$(c_{31}, c_{32}, \cdots, c_{3p})$ 同时垂直于 $(c_{11}, c_{12}, \cdots, c_{1p})$ 和 $(c_{21}, c_{22}, \cdots, c_{2p})$,并使 $\mathrm{Var}(Z_3)$ 的值达到最大;以此类推可以得到全部 p 个主成分,这项工作用手工做是很繁琐的,但借助于计算机很容易完成.剩下的是如何确定主成分的个数,我们总结在下面几个注意事项中:

(1) 主成分分析的结果受量纲的影响,由于各变量的单位可能不一样,如果各自改变量纲,结果会不一样,这是主成分分析的最大问题,回归分析是不存在这种情况的,所以实际中可以先把各变量的数据标准化,然后使用协方差矩阵或相关系数矩阵进行分析.

(2) 使方差达到最大的主成分分析不用转轴(由于统计软件常把主成分分析和因子分析放在一起,后者往往需要转轴,使用时应注意).

(3) 主成分的保留.用相关系数矩阵求主成分时,Kaiser 主张将特征值小于 1 的主成分予以放弃(这也是 SPSS 软件的默认值).

(4) 在实际研究中,由于主成分的目的是为了降维,减少变量的个数,故一般选取少量的主成分(不超过 5 或 6 个),一般只要它们能解释变异的 $70\% \sim 80\%$ (称累积贡献率)就可以了.

9.2 特征值因子的筛选

设有 p 个指标变量 $x_1, x_2, \cdots, x_p$,它在第 i 次试验中的取值为

$$a_{i1}, a_{i2}, \cdots, a_{ip}, i = 1, 2, \cdots, n,$$

将它们写成矩阵的形式

$$A = \begin{pmatrix} a_{11} & a_{12} & \cdots & a_{1p} \\ a_{21} & a_{22} & \cdots & a_{2p} \\ \vdots & \vdots & & \vdots \\ a_{n1} & a_{n2} & \cdots & a_{np} \end{pmatrix}.$$

矩阵 A 称为设计矩阵.

回到主成分分析,实际中确定式(9.1.2)中的系数就是采用矩阵 A^TA 的特征向量. 因此,剩下的问题仅仅是将 A^TA 的特征值按由大到小的次序排列之后,如何筛选这些特征值? 一个实用的方法是删去 $\lambda_{r+1}, \lambda_{r+2}, \cdots, \lambda_p$ 后,这些删去的特征值之和占整个特征值之和 $\sum_{r+1}^{p} \lambda_i$ 的 20% 以下,换句话说,余下的特征值所占的比重(定义为累积贡献率)将超过 80%,当然这不是一种严格的规定,近年来文献中关于这方面的讨论很多,有很多比较成熟的方法,这里不一一介绍.

注意:使用 $\tilde{x}_i = \dfrac{x_i - u_i}{\sigma_i}$ 对数据进行标准化后,得到的标准化数据矩阵记为 $\tilde{A}$,相关系数矩阵 $R = \tilde{A}^T\tilde{A}/(n-1)$.在主成分分析中需要计算相关系数矩阵 R 的特征值和特征向量.

单纯考虑累积贡献率有时是不够的,还需要考虑选择的主成分对原始变量的贡献值.我们用相关系数的平方和来表示,如果选取的主成分为 $z_1, z_2, \cdots, z_r$,则它们对原变量 x_i 的贡献值为

$$\rho_i = \sum_{j=1}^{r} r^2(z_j, x_i),$$

其中 $r(z_j, x_i)$ 表示 z_j 与 x_i 的相关系数.

例 9.2.1 设 $x = (x_1, x_2, x_3)^T$,且

$$A^TA = \begin{pmatrix} 1 & -2 & 0 \\ -2 & 5 & 0 \\ 0 & 0 & 0 \end{pmatrix}.$$

用 R 软件计算协方差矩阵 A^TA 的特征值.

```
A<-matrix(c(1, -2, 0, -2, 5, 0, 0, 0, 0), 3, 3);
eigen(A)
```

则得 $\lambda_1 = 5.8284, \lambda_2 = 0.1716$,如果我们仅取第一个主成分,由于其贡献率

已经达到 97.14%,似乎很理想了,但如果进一步计算主成分对原变量的贡献值,容易发现

$$\rho_3 = r^2(z_1, x_3) = 0,$$

可见,第一个主成分对第三个变量的贡献值为 0,这是因为 x_3 和 x_1,x_2 都不相关.由于在第一个主成分中一点也不包含 x_3 的信息,这时只选择一个主成分就不够了,需要再取第二个主成分.

例 9.2.2 设随机向量 $\boldsymbol{x} = (x_1, x_2, x_3)^{\mathrm{T}}$ 的协方差矩阵为

$$\boldsymbol{\Sigma} = \begin{pmatrix} 1 & -2 & 0 \\ -2 & 5 & 0 \\ 0 & 0 & 2 \end{pmatrix},$$

求 x 的各主成分.

用 R 软件计算矩阵的特征值和特征向量.

```
A<-matrix(c(1, -2, 0, -2, 5, 0, 0, 0, 2), 3, 3);
eigen(A)
```

运行结果为

```
$ values
[1] 5.8284271  2.0000000  0.1715729
$ vectors
          [, 1]      [, 2]      [, 3]
[1, ] -0.3826834   0     0.9238795
[2, ]  0.9238795   0     0.3826834
[3, ]  0.0000000   1     0.0000000
```

解 协方差矩阵 $\boldsymbol{\Sigma}$ 的特征值为:$\lambda_1 = 5.83$,$\lambda_2 = 2.00$,$\lambda_3 = 0.17$.
相应的正交单位化特征向量分别为:

$$\boldsymbol{e}_1^{\mathrm{T}} = (-0.383, 0.924, 0), \quad \boldsymbol{e}_2^{\mathrm{T}} = (0, 0, 1), \quad \boldsymbol{e}_3^{\mathrm{T}} = (0.924, 0.383, 0).$$

因此 x 的主成分为

$$z_1 = \boldsymbol{e}_1^{\mathrm{T}} x = -0.383x_1 + 0.924x_2,$$
$$z_2 = \boldsymbol{e}_2^{\mathrm{T}} x = x_3,$$
$$z_3 = \boldsymbol{e}_3^{\mathrm{T}} x = 0.924x_1 + 0.383x_2.$$

根据 $\boldsymbol{\Sigma}$ 可知,x_3 与 x_1,x_2 均不相关.

如果只取第一主成分,则贡献率为

$$\frac{5.83}{5.83 + 2.00 + 0.17} = 73\%.$$

如果取前两个主成分,则累积贡献率为

$$\frac{5.83 + 2.00}{5.83 + 2.00 + 0.17} = 98\%.$$

因此,用取前两个主成分代替原来的三个变量,其信息的损失是很小的.

进一步可以得到前两个主成分与各原变量 x_1, x_2, x_3 的相关系数分别为(具体计算附后):

$$r(z_1, x_1) = 0.925, \ r(z_1, x_2) = -0.958, \ r(z_1, x_3) = 0,$$
$$r(z_2, x_1) = 0, \ r(z_2, x_2) = 0, \ r(z_2, x_3) = 1.$$

以上结果说明,z_1 与 x_1, x_2 高度相关而与 x_3 不相关;z_2 与 x_3 呈线性关系.

例 9.2.3 研究纽约股票市场上五种股票的周回升率. 这里,周回升率=(本星期五市场收盘价-上星期五市场收盘价)/上星期五市场收盘价. 从 1975 年 1 月到 1976 年 12 月,对这五种股票作了 100 组独立观测. 因为随着一般经济状况的变化,股票有集聚的趋势,因此,不同股票周末回升率是彼此相关的.

设 x_1, x_2, $\cdots$, x_5 分别为五只股票的周回升率,则从数据算得

$$\bar{x} = (0.005\,4, \ 0.004\,8, \ 0.005\,7, \ 0.006\,3, \ 0.003\,7),$$

$$R = \begin{bmatrix} 1.000 & 0.577 & 0.509 & 0.387 & 0.462 \\ 0.577 & 1.000 & 0.599 & 0.389 & 0.322 \\ 0.509 & 0.599 & 1.000 & 0.436 & 0.426 \\ 0.387 & 0.389 & 0.436 & 1.000 & 0.523 \\ 0.462 & 0.322 & 0.426 & 0.523 & 1.000 \end{bmatrix},$$

这里 R 是相关系数矩阵,它的 5 个特征值分别为(具体计算附后):

$$\lambda_1 = 2.857, \quad \lambda_2 = 0.809, \quad \lambda_3 = 0.540, \quad \lambda_4 = 0.452, \quad \lambda_5 = 0.343.$$

λ_1 和 λ_2 对应的标准正交特征向量为

$$\boldsymbol{\eta}_1^{\mathrm{T}} = (0.464, \ 0.457, \ 0.470, \ 0.421, \ 0.421),$$
$$\boldsymbol{\eta}_2^{\mathrm{T}} = (0.240, \ 0.509, \ 0.260, \ -0.526, \ -0.582),$$

标准化变量的前两个主成分为

$$z_1 = 0.464\,\tilde{x}_1 + 0.457\,\tilde{x}_2 + 0.470\,\tilde{x}_3 + 0.421\,\tilde{x}_4 + 0.421\,\tilde{x}_5,$$
$$z_2 = 0.240\,\tilde{x}_1 + 0.509\,\tilde{x}_2 + 0.260\,\tilde{x}_3 - 0.526\,\tilde{x}_4 - 0.582\,\tilde{x}_5,$$

它们的累积贡献率为

$$\frac{\lambda_1 + \lambda_2}{\sum\limits_{i=1}^{5}\lambda_i} \times 100\% = 73\%.$$

这两个主成分具有重要的实际解释,第一主成分大约等于这五种股票周回升率和的一个常数倍,通常称为股票市场主成分,简称市场主成分;第二主成分代表化学股票(在 z_2 中系数为正的三只股票都是化学工业上市企业)和石油股票(在 z_2 中系数为负的两只股票恰好都为石油板块的上市企业)的一个对照,称之为工业主成分. 这说明,这些股票周回升率的大部分变差来自市场活动和与它不相关的工业活动. 关于股票价格的这个结论与经典的证券理论吻合. 至于其他主成分解释较为困难,很可能表示每种股票自身的变差,好在它们的贡献率很少,可以忽略不计.

附:用 MATLAB 求矩阵的特征值与特征向量.

[v, d] = eig(A)

其中 A 为矩阵,v 为特征向量矩阵,d 为特征值矩阵——主对角线元素就是特征向量对应的特征值.

例 9.2.3 中,用 MATLAB 求矩阵的特征值与特征向量.

A = [1.000 0.577 0.509 0.387 0.462
0.577 1.000 0.599 0.389 0.322
0.509 0.599 1.000 0.436 0.426
0.387 0.389 0.436 1.000 0.523
0.462 0.322 0.426 0.523 1.000]

[v, d] = eig(A)

运行结果为

v =

```
    0.4513    0.3866   -0.6117   -0.2403   0.4636
   -0.6762    0.2065    0.1782   -0.5093   0.4571
    0.4000   -0.6624    0.3351   -0.2604   0.4702
    0.1756    0.4720    0.5408    0.5257   0.4215
   -0.3850   -0.3824   -0.4352    0.5820   0.4212
```

d =

```
 0.3429        0        0        0        0
      0   0.4515        0        0        0
      0        0   0.5397        0        0
      0        0        0   0.8092        0
      0        0        0        0   2.8567
```

9.3 主成分回归分析

主成分估计(principal component estimate)是 Massy 在 1965 年提出的,它是回归系数参数的一种线性有偏估计(biased estimate),同其他有偏估计,如岭估计(ridge estimate)等一样,是为了克服最小二乘(LS)估计在设计矩阵病态(即存在多重共线性)时表现出的不稳定性而提出的.

主成分回归分析采用的方法是将原来的回归自变量变换到另一组变量,即主成分,选择其中一部分重要的主成分作为新的自变量(此时丢弃了一部分影响不大的自变量,这实际达到了降维的目的),然后用最小二乘法对选取主成分后的模型参数进行估计,最后再变换回原来的模型求出参数的估计.

例 9.3.1 (续例 4.1.1)继续讨论例 4.1.1——Hald 水泥问题. 考察含如下四种化学成分 $x_1 = 3CaO \cdot Al_2O_3$ 的含量, $x_2 = 3CaO \cdot SiO_2$ 的含量, $x_3 = 4CaO \cdot Al_2O_3 \cdot Fe_2O_3$ 的含量, $x_4 = 2CaO \cdot SiO_2$ 的含量的某种水泥,每一克所释放出的热量 y 与这四种成分含量之间的关系数据共 13 组,见表 9-1(与表 4-1 的行与列对调).对表 9-1 中的数据实施标准化得到数据矩阵 $\tilde{A}$,则 $\tilde{A}^T \tilde{A}/12$ 就是样本相关系数阵,其计算结果见表 9-2(MATLAB 程序附后).

表 9-1 Hald 水泥数据

序号	$x_1/\%$	$x_2/\%$	$x_3/\%$	$x_4/\%$	y/cal
1	7	26	6	60	78.5
2	1	29	15	52	74.3
3	11	56	8	20	104.3
4	11	31	8	47	87.6
5	7	52	6	33	95.9
6	11	55	9	22	109.2
7	3	71	17	6	102.7
8	1	31	22	44	72.5
9	2	54	18	22	93.1
10	21	47	4	26	115.9
11	1	40	23	34	83.8
12	11	66	9	12	113.3
13	10	68	8	12	109.4

表 9-2		Hald 水泥的样本相关系数阵		
	x_1	x_2	x_3	x_4
x_1	1	0.228 6	$-0.824\ 1$	$-0.245\ 4$
x_2	0.228 6	1	$-0.139\ 2$	$-0.973\ 0$
x_3	$-0.824\ 1$	$-0.139\ 2$	1	0.029 5
x_4	$-0.245\ 4$	$-0.973\ 0$	0.029 5	1

相关系数阵的四个特征值依次为 2.235 7, 1.576 1, 0.186 6, 0.001 6. 最后一个特征值接近于零, 前三个特征值之和所占比例(累积贡献率)达到 0.999 594. 于是我们略去第 4 个主成分. 其他三个保留的特征值对应的三个特征向量分别为

$$\boldsymbol{\eta}_1 = (0.476\ 0,\ 0.563\ 9,\ -0.394\ 1,\ -0.547\ 9)^{\mathrm{T}},$$
$$\boldsymbol{\eta}_2 = (-0.509\ 0,\ 0.413\ 9,\ 0.605\ 0,\ -0.451\ 2)^{\mathrm{T}},$$
$$\boldsymbol{\eta}_3 = (0.675\ 5,\ -0.314\ 4,\ 0.637\ 7,\ -0.195\ 4)^{\mathrm{T}},$$

即取前三个主成分, 分别为

$$z_1 = 0.476\ 0\ \tilde{x}_1 + 0.563\ 9\ \tilde{x}_2 - 0.394\ 1\ \tilde{x}_3 - 0.547\ 9\ \tilde{x}_4,$$
$$z_2 = -0.509\ 0\ \tilde{x}_1 + 0.413\ 9\ \tilde{x}_2 + 0.605\ 0\ \tilde{x}_3 - 0.451\ 2\ \tilde{x}_4,$$
$$z_3 = 0.675\ 5\ \tilde{x}_1 - 0.314\ 4\ \tilde{x}_2 + 0.637\ 7\ \tilde{x}_3 - 0.195\ 4\ \tilde{x}_4.$$

对 Hald 数据直接作线性回归得经验回归方程

$$\hat{y} = 62.405\ 4 + 1.551\ 1x_1 + 0.510\ 2x_2 + 0.102\ 0x_3 - 0.144\ 0x_4. \tag{9.3.1}$$

作主成分回归分析, 得到如下主成分回归方程

$$\hat{y} = 0.657\ 0z_1 + 0.008\ 3z_2 + 0.302\ 8z_3.$$

化成标准化变量的回归方程为

$$\hat{y} = 0.513\ \tilde{x}_1 + 0.278\ 7\ \tilde{x}_2 - 0.060\ 8\ \tilde{x}_3 - 0.422\ 9\ \tilde{x}_4.$$

恢复到原始的自变量, 得到主成分回归方程为

$$\hat{y} = 85.743\ 3 + 1.311\ 9x_1 + 0.269\ 4x_2 - 0.142\ 8x_3 - 0.380\ 1x_4. \tag{9.3.2}$$

两个方程(9.3.1)和(9.3.2)的区别在于后者具有更小的均方误差, 因而更稳定. 此外前者所有系数都无法通过显著性检验.

以上得到的主成分回归方程与例 4.1.1 中的"逐步回归方程"的结果有所不

同,这是为什么呢? 在第四章的逐步回归部分曾指出:什么是"最优"回归方程呢? 对这个问题有许多不同的准则,在不同准则 下"最优"回归方程也可能不同.

有关 MATLAB 程序如下:

```
clear
load sn.txt %把原始的 x1,x2,x3,x4,y 的数据保存在纯文本文件 sn.txt 中
[m,n] = size(sn);
x0 = sn(:,1:n-1);y0 = sn(:,n);
r = corrcoef(x0)%计算相关系数矩阵
xb = zscore(x0); %对设计矩阵进行标准化处理
yb = zscore(y0); %对 y0 进行标准化处理
[c,s,t] = princomp(xb)
contr = cumsum(t)/sum(t)%计算累积贡献率,第 i 个分量表示前 i 个主成分的贡献率
num = input('请选项主成分的个数:')%通过累积贡献率交互式选择主成分的个数
hg1 = [ones(m,1),x0]  \y0; %计算普通最小二乘法回归系数
hg1 = hg1'%下面显示普通最小二乘法回归结果
fprintf('y = %f',hg1(1));
for i = 1:n-1
fprintf('+ %f * x %d',hg1(i+1),i);
end
fprintf(' \n')
hg = s(:,1:num)\yb; %主成分变量的回归系数
hg = c(:,1:num) * hg; %标准化变量的回归方程系数%下面计算原始变量回归方程的
系数
hg2 = [mean(y0) - std(y0) * mean(x0)./std(x0) * hg,std(y0) * hg'./std(x0)]%下面
显示主成分回归结果
fprintf('y = %f',hg2(1));
for i = 1:n-1
fprintf('+ %f * x %d',hg2(i+1),i);
end
fprintf(' \n ') %下面计算两种回归分析的剩余标准差
rmse1 = sqrt(sum((x0 * hg1(2:end)'+hg1(1) - y0).^2)/(m-n))
rmse2 = sqrt(sum((x0 * hg2(2:end)'+hg2(1) - y0).^2)/(m-num-1))
```

9.4 成年男子 16 项身体指标的主成分分析

对 128 个成年男子的身材进行测量,每人各测 16 项指标:身高(x_1)、坐围

(x_2)、胸围(x_3)、头高(x_4)、裤长(x_5)、下裆(x_6)、手长(x_7)、领围(x_8)、前胸(x_9)、后背(x_{10})、肩后(x_{11})、肩宽(x_{12})、袖长(x_{13})、肋围(x_{14})、腰围(x_{15})和脚肚(x_{16}). 16 项指标的相关系数矩阵 **R** 如表 9-3(由于相关系数矩阵是对称矩阵,所以只列出下三角部分),试从相关系数矩阵出发进行主成分分析,并对 16 项指标进行分类.

表 9-3　　　　　　　　　　16 项身体指标数据的相关矩阵

	x_1	x_2	x_3	x_4	x_5	x_6	x_7	x_8	x_9	x_{10}	x_{11}	x_{12}	x_{13}	x_{14}	x_{15}	x_{16}
x_1	1.00															
x_2	0.79	1.00														
x_3	0.36	0.31	1.00													
x_4	0.96	0.74	0.38	1.00												
x_5	0.89	0.58	0.31	0.90	1.00											
x_6	0.79	0.58	0.30	0.78	0.79	1.00										
x_7	0.76	0.55	0.35	0.75	0.74	0.73	1.00									
x_8	0.26	0.19	0.58	0.25	0.25	0.18	0.24	1.00								
x_9	0.21	0.07	0.28	0.20	0.18	0.18	0.29	-0.04	1.00							
x_{10}	0.26	0.16	0.33	0.22	0.23	0.23	0.25	0.49	-0.34	1.00						
x_{11}	0.07	0.21	0.38	0.08	-0.02	0.10	0.10	0.44	-0.16	0.23	1.00					
x_{12}	0.52	0.41	0.35	0.53	0.48	0.38	0.44	0.30	-0.05	0.50	0.24	1.00				
x_{13}	0.77	0.47	0.41	0.79	0.79	0.69	0.67	0.32	0.23	0.31	0.10	0.62	1.00			
x_{14}	0.25	0.17	0.64	0.27	0.27	0.14	0.16	0.51	0.21	0.15	0.31	0.17	0.26	1.00		
x_{15}	0.51	0.35	0.58	0.57	0.51	0.26	0.38	0.51	0.15	0.29	0.28	0.41	0.50	0.63	1.00	
x_{16}	0.21	0.16	0.51	0.26	0.23	0.00	0.12	0.38	0.18	0.14	0.31	0.18	0.24	0.50	0.65	1.00

首先输入相关系数矩阵的数据,再用 R 软件的函数 princomp( )对相关系数矩阵作主成分分析,最后画出各变量在第一、第二主成分下的散点图,并对 16 项指标的进行分类.

```
x<- c(1.00,
0.79, 1.00,
0.36, 0.31, 1.00,
0.96, 0.74, 0.38, 1.00,
0.89, 0.58, 0.31, 0.90, 1.00,
0.79, 0.58, 0.30, 0.78, 0.79, 1.00,
0.76, 0.55, 0.35, 0.75, 0.74, 0.73, 1.00,
0.26, 0.19, 0.58, 0.25, 0.25, 0.18, 0.24, 1.00,
```

```
0.21, 0.07, 0.28, 0.20, 0.18, 0.18, 0.29, -0.04, 1.00,
0.26, 0.16, 0.33, 0.22, 0.23, 0.23, 0.25, 0.49, -0.34, 1.00,
0.07, 0.21, 0.38, 0.08, -0.02, 0.00, 0.10, 0.44, -0.16, 0.23,
1.00,
0.52, 0.41, 0.35, 0.53, 0.48, 0.38, 0.44, 0.30, -0.05, 0.50,
0.24, 1.00,
0.77, 0.47, 0.41, 0.79, 0.79, 0.69, 0.67, 0.32, 0.23, 0.31,
0.10, 0.62, 1.00,
0.25, 0.17, 0.64, 0.27, 0.27, 0.14, 0.16, 0.51, 0.21, 0.15,
0.31, 0.17, 0.26, 1.00,
0.51, 0.35, 0.58, 0.57, 0.51, 0.26, 0.38, 0.51, 0.15, 0.29,
0.28, 0.41, 0.50, 0.63, 1.00,
0.21, 0.16, 0.51, 0.26, 0.23, 0.00, 0.12, 0.38, 0.18, 0.14,
0.31, 0.18, 0.24, 0.50, 0.65, 1.00)
names<-c("X1", "X2", "X3", "X4", "X5", "X6", "X7", "X8", "X9",
"X10", "X11", "X12", "X13", "X14", "X15", "X16")
R<-matrix(0, nrow=16, ncol=16, dimnames=list(names, names))
for(i in 1:16){
  for(j in 1:i){
    R[i, j]<-x[(i-1)*i/2+j]; R[j, i]<-R[i, j]
  }
}
pr<-princomp(covmat=R); load<-loadings(pr)
plot(load[,1:2]); text(load[,1], load[,2], adj=c(-0.4, 0.3))
```

第一、第二主成分下的散点图,见图 9-1.

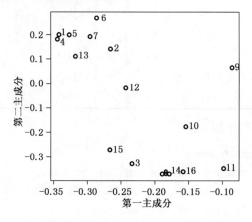

图 9-1　第一、第二主成分下的散点图

图 9-1 的左上角的点看成一类,它们是"长"类,即身高(x_1)、坐围(x_2)、头高(x_4)、裤长(x_5)、下裆(x_6)、手长(x_7)、袖长(x_{13}).

图 9-1 的右下角的点看成一类,它们是"围"类,即胸围(x_3)、领围(x_8)、前胸(x_9)、后背(x_{10})、肩后(x_{11})、肩宽(x_{12})、肋围(x_{14})、腰围(x_{15})和脚肚(x_{16}).

9.5 学生身体四项指标的主成分分析

在某中学随机抽取某年级 30 名学生,测得身高(x_1)、体重(x_2)、胸围(x_3)、坐高(x_4),数据见表 9-4.试对这 30 名学生身体四项指标进行主成分分析.

表 9-4   30 名学生身体四项指标

序号	x_1/cm	x_2/kg	x_3/kg	x_4/kg	序号	x_1/cm	x_2/kg	x_3/kg	x_4/kg
1	148	41	72	78	16	152	35	73	79
2	139	34	71	76	17	149	47	82	79
3	160	49	77	86	18	145	35	70	77
4	149	36	67	79	19	160	47	74	87
5	159	45	80	86	20	156	44	78	85
6	142	31	66	76	21	151	42	73	82
7	153	43	76	83	22	147	38	73	78
8	150	43	77	79	23	157	39	68	80
9	151	42	77	80	24	147	30	65	75
10	139	31	68	74	25	157	48	80	88
11	140	29	64	74	26	151	36	74	80
12	161	47	78	84	27	144	36	68	76
13	158	49	78	83	28	141	30	67	76
14	140	33	67	77	29	139	32	68	73
15	137	31	66	73	30	148	38	70	78

编写相应的 R 程序如下:

```
> student<-data.frame(
X1 = c(148, 139, 160, 149, 159, 142, 153, 150, 151, 139,
       140, 161, 158, 140, 137, 152, 149, 145, 160, 156,
       151, 147, 157, 147, 157, 151, 144, 141, 139, 148),
X2 = c(41, 34, 49, 36, 45, 31, 43, 43, 42, 31,
```

```
      29, 47, 49, 33, 31, 35, 47, 35, 47, 44,
      42, 38, 39, 30, 48, 36, 36, 30, 32, 38),
X3 = c(72, 71, 77, 67, 80, 66, 76, 77, 77, 68,
      64, 78, 78, 67, 66, 73, 82, 70, 74, 78,
      73, 73, 68, 65, 80, 74, 68, 67, 68, 70),
X4 = c(78, 76, 86, 79, 86, 76, 83, 79, 80, 74,
      74, 84, 83, 77, 73, 79, 79, 77, 87, 85,
      82, 78, 80, 75, 88, 80, 76, 76, 73, 78)
)
> student.pr <- princomp(student, cor = TRUE)
> summary(student.pr, loadings = TRUE)
```

计算结果为:

```
Importance of components:
                      Comp.1      Comp.2      Comp.3      Comp.4
Standard deviation    1.8817805   0.55980636  0.28179594  0.25711844
Proportion of Variance 0.8852745  0.07834579  0.01985224  0.01652747
Cumulative Proportion 0.8852745   0.96362029  0.98347253  1.00000000

Loadings:
    Comp.1  Comp.2  Comp.3  Comp.4
X1  0.497   0.543  -0.450   0.506
X2  0.515  -0.210  -0.462  -0.691
X3  0.481  -0.725   0.175   0.461
X4  0.507   0.368   0.744  -0.232
```

对上述结果作一些说明:

（1）Standard deviation:表示主成分的标准差,即主成分的方差平方根（相应特征值的开方）;

（2）Proportion of Variance:表示方差的贡献率;

（3）Cumulative Proportion:表示方差的累计贡献率.

（4）由于在 summary( )函数的参数中选择了 loadings=TRUE,因此列出了 loadings(载荷)的内容,它实际上是主成分对应于原始变量 x_1, x_2, x_3, x_4 的系数.因此得到

$$z_1 = 0.497\,\tilde{x}_1 + 0.515\,\tilde{x}_2 + 0.481\,\tilde{x}_3 + 0.507\,\tilde{x}_4,$$
$$z_2 = 0.543\,\tilde{x}_1 - 0.210\,\tilde{x}_2 - 0.725\,\tilde{x}_3 + 0.368\,\tilde{x}_4.$$

　　由于前两个主成分的累积贡献率已达 96.36%,另外两个主成分可以舍去,达到了降维的目的.

　　(5) 对于主成分的解释:由 z_1 的系数都接近于 0.5,它反映学生身材的魁梧程度,因此我们称第一主成分为大小因子(魁梧因子);z_2 的系数中体重(x_2)和胸围(x_3)为正值,它反映学生的胖瘦情况,故称第二主成分为形状因子(或胖瘦因子).

　　以下画碎石图:

```
> screeplot(student.pr, type = 'lines')
```

　　结果见图 9-2.

　　碎石图(或悬崖碎石图)是一种可以帮助我们确定主成分合适个数的有用的视觉工具,将特征值从大到小排列,选取一个拐点对应的序号,此序号后的特征值全部较小且彼此大小差异不大,这样选出的序号作为主成分的个数.

　　前面我们选定了两个主成分,其累积方差贡献率为 96.36%.另外,从图9-2(碎石图)上也可以看出取两个主成分比较合适.

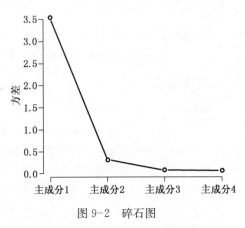

图 9-2　碎石图

9.6　我国部分地区人均消费水平的主成分分析

　　例 2.2.2 给出了我国各部分省、市、自治区 2007 年城镇居民生活消费的情况,原始数据见表 2-3.用表 2-3 的数据采用主成分分析方法对我国各部分省、市、自治区 2007 年城镇居民生活消费情况进行综合评价.

　　以下用主成分分析方法,以例 2.2.2 的 8 个指标作为原始变量,对部分地区的人均消费水平作分析评价,并根据因子得分和综合得分对各地区的人均消费水平进行综合评价.

　　用 R 软件编写有关程序如下:

　　输入数据(如果前面已输入数据,可以省略)

```
x1 = c(4934, 4249, 2790, 2600, 2825, 3560, 2843, 2633, 6125, 3929, 4893, 3384)
x2 = c(1513, 1024, 976, 1065, 1397, 1018, 1127, 1021, 1330, 990, 1406, 906)
x3 = c(981, 760, 547, 478, 562, 439, 407, 356, 959, 707, 666, 465)
```

```
x4 = c(1294, 1164, 834, 640, 719, 879, 855, 729, 857, 689, 859, 554)
x5 = c(2328, 1310, 1010, 1028, 1124, 1033, 874, 746, 3154, 1303, 2473, 891)
x6 = c(2385, 1640, 895, 1054, 1245, 1053, 998, 938, 2653, 1699, 2158, 1170)
x7 = c(1246, 1417, 917, 992, 942, 1047, 1062, 785, 1412, 1020, 1168, 850)
x8 = c(650, 464, 245, 468, 400, 394, 311, 764, 377, 468, 309, 376)
X = data.frame(x1, x2, x3, x4, x5, x6, x7, x8)
```

（1）计算相关矩阵

```
> cor(X)
```

	x1	x2	x3	x4	x5	x6	x7	x8
x1	1.00000000	0.5397058	0.86835962	0.4954243	0.93654149	0.95823054	0.8169063	−0.03067876
x2	0.53970578	1.0000000	0.60378672	0.4697730	0.72027796	0.68900653	0.4567343	0.08567160
x3	0.86835962	0.6037867	1.00000000	0.6295411	0.84513781	0.92124951	0.8022518	0.07939782
x4	0.49542427	0.4697730	0.62954112	1.0000000	0.42818098	0.49901647	0.7078714	0.22031029
x5	0.93654149	0.7202780	0.84513781	0.4281810	1.00000000	0.95536213	0.7379240	−0.06197519
x6	0.95823054	0.6890065	0.92124951	0.4990165	0.95536213	1.00000000	0.7741325	0.07686812
x7	0.81690630	0.4567343	0.80225181	0.7078714	0.73792396	0.77413246	1.0000000	−0.10332753
x8	−0.03067876	0.0856716	0.07939782	0.2203103	−0.06197519	0.07686812	−0.1033275	1.00000000

（2）求相关矩阵的特征值和主成分负荷

```
> PCA = princomp(X, cor = T)
> PCA
Call:
princomp(x = X, cor = T)


Standard deviations:
   Comp.1    Comp.2    Comp.3    Comp.4    Comp.5    Comp.6    Comp.7    Comp.8
2.30645814 1.06234043 0.85458121 0.73820178 0.37435229 0.31823508 0.16661632 0.08519706

 8  variables and  12 observations.

> PCA $ loadings
```

Loadings:

	Comp.1	Comp.2	Comp.3	Comp.4	Comp.5	Comp.6	Comp.7	Comp.8
x1	−0.407	0.138		−0.339	−0.209	−0.416	0.420	0.550
x2	−0.315	−0.106	−0.419	0.774		0.191	0.183	0.189
x3	−0.408			−0.158	0.799	0.307	−0.123	0.243
x4	−0.292	−0.368	0.647	0.345		−0.466		−0.124
x5	−0.406	0.163	−0.289		−0.189	−0.266	−0.780	
x6	−0.419		−0.226	−0.183			0.398	−0.759
x7	−0.378		0.456	−0.102	−0.483	0.628		
x8		−0.892	−0.241	−0.308	−0.171	0.111		

	Comp. 1	Comp. 2	Comp. 3	Comp. 4	Comp. 5	Comp. 6	Comp. 7	Comp. 8
SS loadings	1.000	1.000	1.000	1.000	1.000	1.000	1.000	1.000
Proportion Var	0.125	0.125	0.125	0.125	0.125	0.125	0.125	0.125
Cumulative Var	0.125	0.250	0.375	0.500	0.625	0.750	0.875	1.000

```
>eigen(cor(X))
```

得到特征值为：$5.319\ 7$，$1.128\ 6$，$0.730\ 3$，$0.544\ 9$，$0.140\ 1$，$0.101\ 3$，$0.027\ 8$，$0.007\ 3$

（3）确定主成分

选定了两个主成分，其累积方差贡献率为 80.6%.

以下画碎石图

```
>screeplot(PCA, type = 'lines')
```

结果见图 9-3.

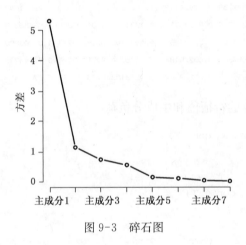

图 9-3　碎石图

从以下碎石图（图 9-3）上也可以看出取两个主成分比较合适.

（4）主成分得分

```
> PCA $ scores
```

	Comp. 1	Comp. 2	Comp. 3	Comp. 4	Comp. 5	Comp. 6	Comp. 7	Comp. 8
[1,]	-3.9534441	-1.9810480	0.0214972	0.6419382	0.4476089	-0.2193358	0.0219374	-0.0155799
[2,]	-1.4841984	-0.5212879	2.0538543	-0.4929616	-0.1400301	0.3335588	0.0825645	-0.0108659
[3,]	1.7549709	1.0077898	0.7605138	0.3766928	0.6684951	-0.3566789	-0.3063128	0.0048253
[4,]	1.8091771	-0.0716057	-0.3309726	-0.0723738	-0.1444869	0.5509241	-0.2611405	-0.0717221
[5,]	0.8223408	0.0593813	-0.8941588	1.3430180	0.2236511	0.4750443	0.1438753	0.1215446
[6,]	1.1562232	0.1457051	0.7258213	0.0159677	-0.4081372	-0.3627379	0.0697079	0.1481908
[7,]	1.4615385	0.5437867	0.7167583	0.8580890	-0.3626444	0.0681423	0.0848481	-0.0839252
[8,]	2.5885704	-2.2439557	-0.8133965	-0.4933537	-0.3717180	-0.2247280	-0.1135832	0.0007916
[9,]	-4.3626332	1.0939827	-0.6408809	-0.8142378	-0.2279068	0.1312021	-0.1827722	0.1039376

[10,]	0.2194360	0.1177897	−0.3464419	−1.1186866	0.5070673	0.1672868	0.1787095 −0.0824781
[11,]	−2.2106107	1.0812890	−0.7678338	0.5882954	−0.3961153	−0.3494627	0.0604583 −0.1398541
[12,]	2.1986296	0.7681730	−0.4847602	−0.8323876	0.2042162	−0.2132151	0.2217078 0.0251355

（5）计算综合得分和各地区排名

根据加权法计算出的综合得分，其计算公式如下：

$$C = (0.664\,963C_1 + 0.141\,075C_2)/(0.664\,963 + 0.141\,075)$$
$$= 0.824\,977C_1 + 0.175\,023C_2.$$

```
>s = PCA $ scores[, 1:2]
>C = s[1:12, 1] * 0.824977 + s[1:12, 2] * 0.175023
>rank = rank(C)
>cbind(s, C, rank)
```

得出各地区主成分得分及排名如下：

	Comp. 1	Comp. 2	C	rank
[1,]	−3.9534441	−1.98104808	−3.60822943	1
[2,]	−1.4841984	−0.52128796	−1.31566693	4
[3,]	1.7549709	1.00778983	1.62419703	10
[4,]	1.8091771	−0.07160571	1.50506214	9
[5,]	0.8223408	0.05938139	0.68880536	6
[6,]	1.1562232	0.14570510	0.97935929	7
[7,]	1.4615385	0.54378674	1.30091083	8
[8,]	2.5885704	−2.24395578	1.74276717	11
[9,]	−4.3626332	1.09398271	−3.4075999	2
[10,]	0.2194360	0.11778972	0.20164556	5
[11,]	−2.2106107	1.08128900	−1.6344525	3
[12,]	2.1986296	0.76817305	1.94826680	12

这里：序号[1,]—[12,]分别是：北京，天津，河北，山西，内蒙古，辽宁，吉林，黑龙江，上海，江苏，浙江，安徽.

9.7 我国高等教育发展情况的主成分分析

近些年来，我国普通高等教育得到了迅速发展，为国家培养了大批人才. 但由于我国各地区经济发展水平不均衡，加之高等院校原有布局使各地区高等教育发展的起点不一致，因而各地区普通高等教育的发展水平存在一定的差异，不同的地区具有不同的特点.

根据以下"综合评价指标体系"和表 7-6（我国各地区普通高等教育发展状况

数据),建立数学模型,并且应用主成分分析,对我国各地区普通高等教育发展水平进行综合评价和排名,并对这个排名和综合评价结果进行简要分析.

以下对我国各地区普通高等教育发展水平进行综合评价排序,可以采用主成分分析建模.

对原始数据进行标准化处理、计算相关系数矩阵同前.

9.7.1 计算特征值和特征向量

计算相关系数矩阵 $\boldsymbol{R}$ 的特征值 $\lambda_1 \geqslant \lambda_2 \geqslant \cdots \geqslant \lambda_{10} \geqslant 0$,及对应的特征向量 $\boldsymbol{u}_1$, $\boldsymbol{u}_2$, $\cdots$, $\boldsymbol{u}_{10}$,其中 $\boldsymbol{u}_j = (u_{1j}, u_{2j}, \cdots, u_{10j})^{\mathrm{T}}$. 由特征向量组成 10 个新的指标变量:

$$y_1 = u_{11}\tilde{x}_1 + u_{21}\tilde{x}_2 + \cdots + u_{10,1}\tilde{x}_{10},$$
$$y_2 = u_{12}\tilde{x}_1 + u_{22}\tilde{x}_2 + \cdots + u_{10,2}\tilde{x}_{10},$$
$$\vdots$$
$$y_{10} = u_{1,10}\tilde{x}_1 + u_{2,10}\tilde{x}_2 + \cdots + u_{10,10}\tilde{x}_{10}.$$

其中 y_1 是第 1 主成分,y_2 是第 2 主成分,$\cdots$,y_{10} 是第 10 主成分.

9.7.2 选择主成分与计算综合评价值

(1) 计算特征值 $\lambda_j (j = 1, 2, \cdots, 10)$ 的信息贡献率和累积贡献率.
称

$$b_j = \frac{\lambda_j}{\sum\limits_{j=1}^{10}\lambda_j}, \quad j = 1, 2, \cdots, 10$$

为主成分 y_j 的信息贡献率;
称

$$\alpha_p = \frac{\sum\limits_{j=1}^{p}\lambda_j}{\sum\limits_{j=1}^{10}\lambda_j}$$

为主成分 y_1, y_2, $\cdots$, y_p 的累积贡献率.

当 α_p 接近于 1(一般取 $\alpha_p = 0.80, 0.85, 0.90, 0.95$ 等)时,则选择前 p 个指标变量 y_1, y_2, $\cdots$, y_p 作为 p 个主成分,代替原来 10 个指标变量,从而可对 p 个主成分进行综合分析.

(2) 计算综合得分
称

$$Z = \sum_{j=1}^{p} b_j y_j$$

为综合得分.

其中 b_j 为第 j 个主成分的信息贡献率,根据综合得分值就可进行评价——排序.

从以上综合得分的定义,可以看出综合得分是以各主成分的信息贡献率为权重的加权平均.

9.7.3 问题的求解

(1) 相关系数矩阵

定性考察反映高等教育发展状况的五个方面十项评价指标,可以看出,某些指标之间可能存在较强的相关性. 从得到的十个指标之间的相关系数矩阵(表7-7)可以看出某些指标之间确实存在很强的相关性,如果直接用这些指标进行综合评价,必然造成信息的重叠,影响评价结果的客观性. 主成分分析方法可以把多个指标转化为少数几个不相关的综合指标,因此,可以利用主成分进行综合评价.

(2) 前几个特征根及其贡献率

编写 MATLAB 程序(相关计算程序附后)对十个评价指标进行主成分分析,相关系数矩阵的前六个特征根及其贡献率见表 9-5.

表 9-5   **主成分分析结果**

序号	特征根	贡献率	累计贡献率
1	7.502 2	75.021 6	75.021 6
2	1.577 0	15.769 9	90.791 5
3	0.536 2	5.362 1	96.153 6
4	0.206 4	2.063 8	98.217 4
5	0.145 0	1.450 0	99.667 4
6	0.022 2	0.221 9	99.889 3

从表 9-5 可以看出,前两个特征根的累计贡献率就达到 90% 以上,主成分分析效果很好.

(3) 前四个特征根对应的特征向量

下面选取前四个主成分(累计贡献率就达到 98% 以上)进行综合评价. 编写 MATLAB 程序(相关计算程序附后)计算前四个特征根对应的特征向量见表9-6.

表 9-6   标准化变量的前 4 个主成分对应的特征向量

	$\tilde{x}_1$	$\tilde{x}_2$	$\tilde{x}_3$	$\tilde{x}_4$	$\tilde{x}_5$	$\tilde{x}_6$	$\tilde{x}_7$	$\tilde{x}_8$	$\tilde{x}_9$	$\tilde{x}_{10}$
1	0.349 7	0.359 0	0.362 3	0.362 3	0.360 5	0.360 2	0.224 1	0.120 1	0.319 2	0.245 2
2	−0.197 2	0.034 3	0.029 1	0.013 8	−0.050 7	−0.064 6	0.582 6	0.702 1	−0.194 1	−0.286 5
3	−0.163 9	−0.108 4	−0.090 0	−0.112 8	−0.153 4	−0.164 5	−0.039 7	0.357 7	0.120 4	0.863 7
4	−0.102 2	−0.226 6	−0.169 2	−0.160 7	−0.044 2	−0.003 2	0.081 2	0.070 2	0.899 9	0.245 7

由此可得四个主成分分别为

$$y_1 = 0.349\ 7\ \tilde{x}_1 + 0.359\ 0\ \tilde{x}_2 + \cdots + 0.245\ 2\ \tilde{x}_{10},$$
$$y_2 = -0.197\ 2\ \tilde{x}_1 + 0.034\ 3\ \tilde{x}_2 + \cdots - 0.286\ 5\ \tilde{x}_{10},$$
$$y_3 = -0.163\ 9\ \tilde{x}_1 - 0.108\ 4\ \tilde{x}_2 + \cdots + 0.863\ 7\ \tilde{x}_{10},$$
$$y_4 = -0.102\ 2\ \tilde{x}_1 - 0.226\ 6\ \tilde{x}_2 + \cdots + 0.245\ 7\ \tilde{x}_{10}.$$

从主成分的系数可以看出,第一主成分主要反映了前六个指标(学校数、学生数和教师数方面)的信息,第二主成分主要反映了高校规模和教师中高级职称的比例,第三主成分主要反映了生均教育经费,第四主成分主要反映了国家财政预算内普通高教经费占国内生产总值的比重.

把各地区原始十个指标的标准化数据代入四个主成分的表达式,就可以得到各地区的四个主成分值.

(4) 分别以四个主成分的贡献率为权重,构建主成分综合评价模型

编写 MATLAB 程序(相关计算程序附后),分别以四个主成分的贡献率为权重,构建主成分综合评价模型:

$$Z = 0.750\ 2y_1 + 0.157\ 7y_2 + 0.053\ 6y_3 + 0.020\ 6y_4$$

编写 MATLAB 程序(相关计算程序附后),把各地区的四个主成分值代入上式,可以得到各地区高教发展水平的排名和综合评价值的计算结果,见表 9-7.

表 9-7   排名和综合评价值的计算结果

地区	北京	上海	天津	陕西	辽宁	吉林	黑龙江	湖北
名次	1	2	3	4	5	6	7	8
综合评价值	8.604 3	4.473 8	2.788 1	0.811 9	0.762 1	0.588 4	0.297 1	0.245 5

地区	江苏	广东	四川	山东	甘肃	湖南	浙江	新疆
名次	9	10	11	12	13	14	15	16
综合评价值	0.058 1	0.005 8	−0.268	−0.364 5	−0.487 9	−0.506 5	−0.701 6	−0.742 8

续表

地区	福建	山西	河北	安徽	云南	江西	海南	内蒙古
名次	17	18	19	20	21	22	23	24
综合评价值	-0.7697	-0.7965	-0.8895	-0.8917	-0.9557	-0.9610	-1.0147	-1.1246

地区	西藏	河南	广西	宁夏	贵州	青海		
名次	25	26	27	28	29	30		
综合评价值	-1.1470	-1.2059	-1.2250	-1.2513	-1.6514	-1.6800		

有关计算的 MATLAB 程序如下：

```
clear
load gj.txt          %把原始数据保存在纯文本文件 gj.txt 中
gj = zscore(gj);          %数据标准化
r = corrcoef(gj);          %计算相关系数矩阵
%下面利用相关系数矩阵进行主成分分析,x 的列为 r 的特征向量,即主成分的系数
[x,y,z] = pcacov(r)          %y 为 r 的特征值,z 为各个主成分的贡献率
f = repmat(sign(sum(x)),size(x,1),1);          %构造与 x 同维数的元素为 ±1 的矩阵
x = x. * f;          %修改特征向量的正负号,每个特征向量乘以所有分量和的符号函数值
num = 4;          %num 为选取的主成分的个数
df = gj * x(:,1:num);          %计算各个主成分的得分
tf = df * z(1:num)/100;          %计算综合得分
[stf,ind] = sort(tf,'descend');          %把得分按照从高到低的次序排列
stf = stf',ind = ind'
```

9.7.4 问题的研究结果

对我国各地区普通高等教育发展水平的排名和综合评价值的计算结果,见表 9-5.对以上排名和综合评价值的计算结果进行简要分析,主要有以下几个方面：

(1) 北京、上海、天津等地区高等教育发展水平遥遥领先,主要表现在每百万人口的学校数量和每十万人口的教师数量、学生数量以及国家财政预算内普通高教经费占国内生产总值的比重等方面.

(2) 陕西和东北三省高等教育发展水平也比较高.

(3) 贵州、广西、河南、安徽等地区高等教育发展水平比较落后,这些地区的高等教育发展需要政策和资金的扶持.

(4) 值得一提的是西藏、新疆、甘肃等经济不发达地区的高等教育发展水平居于中上游水平,可能是由于人口等原因.

9.8 主成分分析中需要注意的几个问题

主成分分析依赖于原始变量,也只能反映原始变量的信息.所以原始变量的选择很重要,一定要符合进行分析所要达到的目标.

另外,如果原始变量基本上互相独立,那么降维就可能失败,这是因为很难把很多独立变量用少数综合的变量概括.数据越相关,降维效果就越好.那些选出的主成分代表了一些相关的信息(从相关性和线性组合的形式可以看出来).

在用主成分分析进行排序时要特别小心,特别是对于敏感问题.由于原始变量不同,主成分的选取不同,排序结果可能不同.

9.9 思考与练习题

1. 主成分分析的基本思想是什么?举例并简要说明"主成分分析"的意义.
2. 结合本章中的例子(或选择其他例子),说明"碎石图"的意义与作用.
3. 设随机向量 $x = (x_1, x_2)^T$ 的协方差矩阵为

$$\boldsymbol{\Sigma} = \begin{pmatrix} 1 & 4 \\ 4 & 100 \end{pmatrix}$$

相应的相关矩阵为

$$\boldsymbol{R} = \begin{pmatrix} 1 & 0.4 \\ 0.4 & 1 \end{pmatrix}$$

分别从 $\boldsymbol{\Sigma}$ 和 $\boldsymbol{R}$ 出发,求 x 的各主成分,并加以比较.

4. 收集近些年"我国各地区普通高等教育发展情况"的数据,并对其进行主成分分析.把所得到的结果与本章中相应部分的结果进行比较,并说明二者的区别与联系,并简要分析产生这些区别的主要原因.

5. 收集近些年"我国部分地区人均消费水平"的数据,并对其进行主成分分析.把所得到的结果与本章中相应部分的结果进行比较,并说明二者的区别与联系.

10 | 因 子 分 析

实际上主成分分析可以说是因子分析(factor analysis)的一个特例. 主成分分析从原理上是寻找椭球的所有主轴. 因此,原先有几个变量就有几个主成分. 而因子分析是事先确定要找几个成分(component),也称为因子(factor)(从数学模型本身来说是事先确定因子个数,但统计软件是事先确定因子个数,或者把符合某些标准的因子都选入). 变量和因子个数的不一致使得不仅在数学模型上,而且在计算方法上,因子分析和主成分分析有不少区别. 因子分析的计算要复杂一些. 根据因子分析模型的特点,它还多一道工序:因子旋转(factor rotation),这个步骤可以使结果更加使人满意. 当然,对于计算机来说,因子分析并不比主成分分析多费多少时间(可能多一两个选项罢了). 和主成分分析类似,也根据相应特征值大小来选择因子.

因子分析是由英国心理学家 Spearman 在 1904 年提出来的,他成功地解决了智力测验得分的统计分析,长期以来,教育心理学家不断丰富、发展了因子分析理论和方法,并应用这一方法在行为科学领域进行了广泛的研究. 因子分析可以看成主成分分析的推广,它也是多元统计分析中常用的一种降维方式,因子分析所涉及的计算与主成分分析也很类似,但差别也是很明显的:

(1) 主成分分析把方差划分为不同的正交成分,而因子分析则把方差划归为不同的起因因子;

(2) 主成分分析仅仅是变量变换,而因子分析需要构造因子模型;

(3) 主成分分析中原始变量的线性组合表示新的综合变量,即主成分. 而因子分析中潜在的假想变量和随机影响变量的线性组合表示原始变量.

因子分析与回归分析不同,因子分析中因子是一个比较抽象的概念,而回归变量有非常明确的实际意义.

因子分析有确定的模型,观察数据在模型中被分解为公共因子、特殊因子和误差三部分.

根据研究对象的不同,因子分析可分为 R 型和 Q 型两种. 当研究对象是变量时,属于 R 型因子分析;当研究对象是样品时,属于 Q 型因子分析.

本章将介绍:因子分析模型、因子载荷矩阵的估计方法、因子旋转、因子得分、因子分析的步骤、因子分析应用案例(学生六门课程的因子分析、我国上市公司赢利能力与资本结构的实证分析).

10.1　因子分析模型

初学因子分析的最大困难在于理解它的模型,我们先看如下几个例子.

例 10.1.1　为了解学生的知识和能力,对学生进行了抽样命题考试,考题包括的面很广,但总的来讲可归结为学生的语文水平、数学推导、艺术修养、历史知识、生活知识等五个方面,我们把每一个方面称为一个(公共)因子,显然每个学生的成绩均可由这五个因子来确定,即可设想第 i 个学生考试的分数 X_i 能用这五个公共因子 $F_1, F_2, \cdots, F_5$ 的线性组合表示出来

$$X_i = \mu_i + a_{i1}F_1 + a_{i2}F_2 + \cdots + a_{i5}F_5 + \varepsilon_i, \quad i = 1, 2, \cdots, n.$$

线性组合系数 $a_{i1}, a_{i2}, \cdots, a_{i5}$ 称为因子载荷(loadings),它分别表示第 i 个学生在这五个因子方面的能力,μ_i 是总平均,ε_i 是第 i 个学生的能力和知识不能被这五个因子包含的部分,称为特殊因子,常假定 $\varepsilon_i \sim N(0, \sigma_i^2)$. 不难发现,这个模型与回归模型在形式上是很相似的,但这里 $F_1, F_2, \cdots, F_5$ 的值却是未知的,有关参数的意义也有很大的差异.

因子分析的首要任务就是估计因子载荷 a_{ij} 和方差 σ_i^2,然后给因子 F_i 一个合理的解释,若难以进行合理的解释,则需要进一步作因子旋转,希望旋转后能发现比较合理的解释.

例 10.1.2　诊断时,医生检测了病人的五个生理指标:收缩压、舒张压、心跳间隔、呼吸间隔和舌下温度,但依据生理学知识,这五个指标是受植物神经支配的,植物神经又分为交感神经和副交感神经,因此这五个指标可用交感神经和副交感神经两个公共因子来确定,从而也构成了因子模型.

例 10.1.3　Holjinger 和 Swineford 在芝加哥郊区对 145 名七、八年级学生进行了 24 个心理测验,通过因子分析,这 24 个心理指标被归结为 4 个公共因子,即词语因子、速度因子、推理因子和记忆因子.

特别需要说明的是这里的因子和试验设计里的因子(或因素)是不同的,它比较抽象和概括,往往是不可以单独测量的.

10.1.1　数学模型

设有 p 个原始变量 $X_i (i = 1, 2, \cdots, p)$ 可以表示为

$$X_i = \mu_i + a_{i1}F_1 + a_{i2}F_2 + \cdots + a_{im}F_m + \varepsilon_i, \ m \leqslant p, \qquad (10.1.1)$$

或

$$X - \mu = \Lambda F + \varepsilon,$$

其中

$$X = \begin{pmatrix} X_1 \\ X_2 \\ \vdots \\ X_p \end{pmatrix}, \ \mu = \begin{pmatrix} \mu_1 \\ \mu_2 \\ \vdots \\ \mu_p \end{pmatrix}, \ \Lambda = \begin{pmatrix} a_{11} & a_{12} & \cdots & a_{1m} \\ a_{21} & a_{22} & \cdots & a_{2m} \\ \vdots & \vdots & & \vdots \\ a_{p1} & a_{p2} & \cdots & a_{pm} \end{pmatrix}, \ F = \begin{pmatrix} F_1 \\ F_2 \\ \vdots \\ F_m \end{pmatrix}, \ \varepsilon = \begin{pmatrix} \varepsilon_1 \\ \varepsilon_2 \\ \vdots \\ \varepsilon_p \end{pmatrix}.$$

称 F_1, F_2, $\cdots$, F_m 为公共因子,是不可观测的变量,它们的系数 a_{ij} 称为载荷因子. ε_i 是一个特殊因子,是不能被前 m 个公共因子包含的部分. 并且满足

$$E(F) = 0, \quad E(\varepsilon) = 0, \quad \text{Cov}(F) = I_m,$$

$$\text{Var}(\varepsilon) = \text{Cov}(\varepsilon) = \text{diag}(\sigma_1^2, \sigma_2^2, \cdots, \sigma_m^2), \quad \text{Cov}(F, \varepsilon) = 0.$$

$\text{Cov}(F) = I_m$ 说明 F 的各分量方差为 1,且互不相关. 即在因子分析中,要求公共因子彼此不相关且具有单位方差.

10.1.2 因子分析模型的性质

(1) 原始变量 X 协方差矩阵的分解

由 $X - \mu = \Lambda F + \varepsilon$, 得 $\text{Cov}(X - \mu) = \Lambda \text{Cov}(F) \Lambda^\text{T} + \text{Cov}(\varepsilon)$, 即 $\text{Cov}(X) = \Lambda \Lambda^\text{T}$ $+ \text{diag}(\sigma_1^2, \sigma_2^2, \cdots, \sigma_m^2)$. $\sigma_1^2, \sigma_2^2, \cdots, \sigma_m^2$ 的值越小,则公共因子共享的成分越多.

(2) 载荷矩阵 $\Lambda = (a_{ij})_{p \times m}$ 不是唯一的

设 B 是一个 $p \times p$ 正交矩阵,令 $\widetilde{\Lambda} = \Lambda B$, $\widetilde{F} = B^\text{T} F$, 则有

$$X - \mu = \widetilde{\Lambda} \widetilde{F} + \varepsilon.$$

10.1.3 因子载荷矩阵中的几个统计性质

(1) 因子载荷 a_{ij} 的统计意义

因子载荷 a_{ij} 是第 i 个变量与第 j 个公共因子的相关系数,它反映了第 i 个变量与第 j 个公共因子的相关重要性. 绝对值越大,相关的密切程度越高.

(2) 变量共同度的统计意义

变量 X_i 的共同度是因子载荷矩阵的第 i 行的元素的平方和,记为 $h_i^2 = \sum\limits_{j=1}^{m} a_{ij}^2$.

对式(10.1.1)两边求方差,得

$$\mathrm{Var}(\boldsymbol{X}_i) = a_{i1}^2 \mathrm{Var}(\boldsymbol{F}_1) + a_{i2}^2 \mathrm{Var}(\boldsymbol{F}_2) + \cdots + a_{im}^2 \mathrm{Var}(\boldsymbol{F}_m) + \mathrm{Var}(\boldsymbol{\varepsilon}_i),$$

即

$$1 = \sum_{j=1}^m a_{ij}^2 + \sigma_i^2,$$

其中,特殊因子的方差 $\sigma_i^2 (i = 1, 2, \cdots, p)$ 称为特殊方差.

可以看出所有公共因子和特殊因子对变量 X_i 的贡献为 1. 如果 $\sum\limits_{j=1}^m a_{ij}^2$ 非常接近 1, σ_i^2 非常小,则因子分析的效果好,从原始变量空间的转化效果好.

(3) 公共因子 F_j 方差贡献的统计意义

因子载荷矩阵中各列元素的平方和 $s_j = \sum\limits_{i=1}^p a_{ij}^2$ 称为 $F_j (j = 1, 2, \cdots, m)$ 对所有的 X_i 的方差贡献和,用于衡量 F_j 的相对重要性.

因子分析的一个基本问题是如何估计因子载荷,即如何求解因子模型(10.1.1).

以下介绍常用的因子载荷矩阵的估计方法.

10.2 因子载荷矩阵的估计方法

10.2.1 主成分分析法

设 $\lambda_1 \geqslant \lambda_2 \geqslant \cdots \geqslant \lambda_p$ 为样本相关系数矩阵 R 的特征值, $\eta_1, \eta_2, \cdots, \eta_p$ 为相应的标准正交化特征向量. 设 $m < p$,则样本相关系数矩阵 $\boldsymbol{R}$ 的主成分因子分析的载荷矩阵为

$$\boldsymbol{\Lambda} = (\sqrt{\lambda_1}\,\eta_1,\ \sqrt{\lambda_2}\,\eta_2,\ \cdots,\ \sqrt{\lambda_m}\,\eta_m). \tag{10.2.1}$$

特殊因子的方差用 $\boldsymbol{R} - \boldsymbol{\Lambda}\boldsymbol{\Lambda}^\mathrm{T}$ 的对角元来估计,即 $\sigma_i^2 = 1 - \sum\limits_{j=1}^m a_{ij}^2$.

以下举两个例子分别用 MATLAB 和 R 软件和写出相应的程序.

例 10.2.1 (续例 9.2.3)在例 9.2.3 中,研究纽约股票市场上五种股票的周回升率.

在例 9.2.3 中,设 $x_1, x_2, \cdots, x_5$ 分别为五只股票的周回升率,则从数据算得

（MATLAB 程序附后）

$$\bar{\boldsymbol{x}}^{\mathrm{T}} = (0.005\,4,\ 0.004\,8,\ 0.005\,7,\ 0.006\,3,\ 0.003\,7),$$

$$\boldsymbol{R} = \begin{bmatrix} 1.000 & 0.577 & 0.509 & 0.387 & 0.462 \\ 0.577 & 1.000 & 0.599 & 0.389 & 0.322 \\ 0.509 & 0.599 & 1.000 & 0.436 & 0.426 \\ 0.387 & 0.389 & 0.436 & 1.000 & 0.532 \\ 0.462 & 0.322 & 0.426 & 0.523 & 1.000 \end{bmatrix}$$

这里 $\boldsymbol{R}$ 是相关系数矩阵.

我们考虑样本相关系数矩阵 $\boldsymbol{R}$ 的前两个样本主成分,对 $m=1$ 和 $m=2$,因子分析表,见表 10-1 和表 10-2;对 $m=2$,残差矩阵 $\boldsymbol{R}-\boldsymbol{\Lambda}\boldsymbol{\Lambda}^{\mathrm{T}}-\mathrm{Cov}(\boldsymbol{\varepsilon})$ 为(MATLAB 程序附后)

$$\begin{bmatrix} 0 & -0.127\,4 & -0.164\,3 & -0.068\,9 & 0.017\,3 \\ -0.127\,4 & 0 & -0.122\,3 & 0.055\,3 & 0.011\,8 \\ -0.164\,3 & -0.123\,4 & 0 & -0.019\,3 & -0.017\,1 \\ -0.068\,9 & 0.055\,3 & -0.019\,3 & 0 & -0.231\,7 \\ 0.017\,3 & 0.011\,8 & -0.017\,1 & -0.231\,7 & 0 \end{bmatrix}.$$

表 10-1 因子分析表(一个因子)

变量	因子载荷估计 F_1	特殊方差
1	0.783 6	0.386 0
2	0.772 6	0.403 1
3	0.794 7	0.368 5
4	0.712 3	0.492 6
5	0.711 9	0.493 1
累积贡献	0.571 342	

表 10-2 因子分析表(两个因子)

变量	因子载荷估计 F_1	因子载荷估计 F_2	特殊方差
1	0.783 6	-0.216 2	0.339 3
2	0.772 6	-0.458 1	0.193 2
3	0.794 7	-0.234 3	0.313 6
4	0.712 3	0.472 9	0.269 0
5	0.711 9	0.523 5	0.219 1
累积贡献	0.571 342	0.733 175	

由这两个因子解释的总方差比一个因子大很多. 然而, 对 $m=2$, 残差矩阵负元素较多, 这表明 $\boldsymbol{\Lambda}\boldsymbol{\Lambda}^{\mathrm{T}}$ 产生的数比 $\boldsymbol{R}$ 中对应元素(相关系数)要大.

第一个因子 F_1 代表了一般经济条件, 称为市场因子, 所有股票在这个因子上的载荷都比较大, 且大致相等, 第二个因子是化学股和石油股的一个对照, 两者分别有比较大的负、正载荷. 可见 F_2 使不同的工业部门的股票产生差异, 通常称之为工业因子. 归纳起来, 我们有如下结论: 股票回升率由一般经济条件、工业部门活动和各公司本身特殊活动三部分决定.

有关 MATLAB 程序如下

```
clear
r=[1.000 0.577 0.509 0.387 0.462 0.577 1.000 0.599 0.389 0.322 0.509 0.599 1.000
0.436 0.426 0.387 0.389 0.436 1.000 0.523 0.462 0.322 0.426 0.523 1.000];%下面利
用相关系数矩阵求主成分解,val的列为r的特征向量,即主成分的系数
[vec,val,con]=pcacov(r); %val为r的特征值,con为各个主成分的贡献率
f1=repmat(sign(sum(vec)),size(vec,1),1); %构造与vec同维数的元素为±1的
矩阵
vec=vec.*f1; %
f2=repmat(sqrt(val)',size(vec,1),1);
a=vec.*f2 %构造全部因子的载荷矩阵
a1=a(:,1)%提出一个因子的载荷矩阵
tcha1=diag(r-a1*a1') %计算一个因子的特殊方差
a2=a(:,[1,2]) %提出两个因子的载荷矩阵
tcha2=diag(r-a2*a2') %计算两个因子的特殊方差
ccha2=r-a2*a2'-diag(tcha2)%求两个因子时的残差矩阵
gong=cumsum(con)%求累积贡献率
```

运行结果为

```
a =
    0.7836    -0.2162    -0.4494     0.2598    -0.2643
    0.7726    -0.4581     0.1309     0.1387     0.3960
    0.7947    -0.2343     0.2461    -0.4451    -0.2343
    0.7123     0.4729     0.3973     0.3172    -0.1028
    0.7119     0.5235    -0.3197    -0.2570     0.2255
a1 =
    0.7836
    0.7726
```

```
        0.7947
        0.7123
        0.7119
tcha1 =
        0.3860
        0.4031
        0.3685
        0.4926
        0.4931
a2 =
        0.7836        -0.2162
        0.7726        -0.4581
        0.7947        -0.2343
        0.7123         0.4729
        0.7119         0.5235
tcha2 =
        0.3393
        0.1932
        0.3136
        0.2690
        0.2191
ccha2 =
             0        -0.1274        -0.1643        -0.0689         0.0173
       -0.1274              0        -0.1223         0.0553         0.0118
       -0.1643        -0.1223              0        -0.0193        -0.0171
       -0.0689         0.0553        -0.0193              0        -0.2317
        0.0173         0.0118        -0.0171        -0.2317              0
gong =
        57.1342
        73.3175
        84.1110
        93.1410
       100.0000
```

例 10.2.2 对 55 个国家和地区的男子径赛成绩作统计,每位运动员记录 8 项指标:100 米跑(x_1)、200 米跑(x_2)、400 米跑(x_3)、800 米跑(x_4)、1 500 米跑

(x_5)、5 000 米跑(x_6)、10 000 米跑(x_7)、马拉松(x_8). 8 项指标的相关矩阵 $\boldsymbol{R}$ 见表 10-3. 取 $m = 2$，用主成分分析法估计因子载荷和共线性方差等指标.

表 10-3　　　　　　　　　　运动员 8 项指标数据的相关矩阵

	x_1	x_2	x_3	x_4	x_5	x_6	x_7	x_8
x_1	1.000							
x_2	0.923	1.000						
x_3	0.794 7	0.368 5						
x_4	0.841	0.851	1.000					
x_5	0.700	0.775	0.835	0.918	1.000			
x_6	0.619	0.695	0.779	0.864	0.928	1.000		
x_7	0.633	0.697	0.787	0.869	0.935	0.975	1.000	
x_8	0.520	0.596	0.705	0.806	0.866	0.932	0.943	1.000

解　输入相关矩阵，用 R 软件编写的程序（附后，程序名：factor. analy1. R）计算主成分法估计载荷和相关指标.

```
x<-c(1.000,
0.923, 1.000,
0.841, 0.851, 1.000,
0.756, 0.807, 0.870, 1.000,
0.700, 0.775, 0.835, 0.918, 1.000,
0.619, 0.695, 0.779, 0.864, 0.928, 1.000,
0.633, 0.697, 0.787, 0.869, 0.935, 0.975, 1.000,
0.520, 0.596, 0.705, 0.806, 0.866, 0.932, 0.943, 1.000)
names<-c("X1","X2","X3","X4","X5","X6","X7","X8")
R<-matrix(0, nrow=8, ncol=8, dimnames=list(names, names))
for(i in 1:8){
for(j in 1:i){
R[i,j]<-x[(i-1)*i/2+j]; R[j,i]<-R[i,j]
}
}
source("factor.analy1.R")
fa<-factor.analy1(R, m=2); fa
```

运行结果为：

```
$method
[1] "Principal Component Method"

$loadings
```

	Factor1	Factor2
X1	−0.8171700	−0.53109531
X2	−0.8672869	−0.43271347
X3	−0.9151671	−0.23251311
X4	−0.9487413	−0.01184826
X5	−0.9593762	0.13147503
X6	−0.9376630	0.29267677
X7	−0.9439737	0.28707618
X8	−0.8798085	0.41117192

$ var

	common	spcific
X1	0.9498290	0.05017099
X2	0.9394274	0.06057257
X3	0.8915931	0.10840689
X4	0.9002505	0.09974954
X5	0.9376883	0.06231171
X6	0.9648716	0.03512837
X7	0.9734990	0.02650100
X8	0.9431254	0.05687460

$ B

	Factor1	Factor2
SS loadings	6.6223580	0.8779264
Proportion Var	0.8277947	0.1097408
Cumulative Var	0.8277947	0.9375355

根据以上的计算结果可以得出:因子载荷估计,见表 10-4;共线性方差和特殊方差,见表 10-5.

表 10-4　　　　　　　　因子载荷估计(两个因子)

变量	因子载荷估计 F_1	因子载荷估计 F_2
1	−0.817 170 0	−0.531 095 31
2	−0.867 286 9	−0.432 713 47
3	−0.915 167 1	−0.232 513 11
4	−0.948 741 3	−0.011 848 26
5	−0.959 376 2	0.131 475 03
6	−0.937 663 0	0.292 676 77
7	−0.943 973 7	0.287 076 18
8	−0.879 808 5	0.411 171 92
累积贡献	0.827 794 7	0.937 535 5

从表 10-4 可以看出，两个因子的累积贡献为 0.937 535 5.

表 10-5　　　　　　　　共线性方差和特殊方差（两个因子）

变量	共线性方差	特殊方差
1	0.949 829 0	0.050 170 99
2	0.939 427 4	0.060 572 57
3	0.891 593 1	0.108 406 89
4	0.900 250 5	0.099 749 54
5	0.937 688 3	0.062 311 71
6	0.964 871 6	0.035 128 37
7	0.973 499 0	0.026 501 00
8	0.943 125 4	0.056 874 60

从表 10-5 可以看出，共线性方差比较靠近 1，特殊方差比较靠近 0.
主成分分析法的 R 程序（程序名：factor. analy1. R）如下：

```
factor.analy1<-function(S,m){
  p<-nrow(S); diag_S<-diag(S); sum_rank<-sum(diag_S)
  rowname<-paste("X",1:p, sep="")
  colname<-paste("Factor", 1:m, sep="")
  A<-matrix(0, nrow=p, ncol=m,
        dimnames=list(rowname,colname))
  eig<-eigen(S)
  for(i in 1:m)
    A[,i]<-sqrt(eig$values[i]) * eig$vectors[,i]
  h<-diag(A%*%t(A))
  rowname<-c("SS loadings", "Proportion Var", "Cumulative Var")
  B<-matrix(0, nrow=3, ncol=m,
        dimnames=list(rowname, colname))
  for(i in 1:m){
  B[1,i]<-sum(A[,i]^2)
  B[2,i]<-B[1,i]/sum_rank
  B[3,i]<-sum(B[1,1:i])/sum_rank
  }
  method<-c("Principal Component Method")
  list(method=method, loadings=A,
    var=cbind(common=h, spcific=diag_S-h),B=B)
}
```

函数输入值 S 是样本协方差矩阵或相关矩阵，m 是因子个数. 函数输出值是列表形式,其内容有参数估计的方法(主成分法——Principal Component Method),因子载荷(loadings),共线性方差和特殊方差,以及因子对变量的贡献、贡献率和累积贡献率.

10.2.2 主因子法

主因子方法是对主成分方法的修正,假定我们首先对变量进行标准化变换,则

$$R = \Lambda\Lambda^{\mathrm{T}} + D,$$

其中,$D = \mathrm{diag}\{\sigma_1^2, \sigma_2^2, \cdots, \sigma_m^2\}$.

称 $R^* = \Lambda\Lambda^{\mathrm{T}} = R - D$ 为约相关系数矩阵,R^* 的对角线上的元素是 h_i^2.

在实际应用中,特殊因子的方差一般都是未知的,可以通过一组样本来估计.估计的方法有如下几种:

(1) 取 $h_i^2 = 1$,在这个情况下主因子解与主成分解等价.

(2) $h_i^2 = \max_{j \neq i} |r_{ij}|$,这意味着取 X_i 与其余的 X_j 的简单相关系数的绝对值最大者. 记

$$R^* = \begin{pmatrix} \hat{h}_1^2 & r_{12} & \cdots & r_{1p} \\ r_{21} & \hat{h}_2^2 & \cdots & r_{2p} \\ \vdots & \vdots & & \vdots \\ r_{p1} & r_{p2} & \cdots & \hat{h}_p^2 \end{pmatrix},$$

直接求 R^* 的前 p 个特征值 $\lambda_1^* \geqslant \lambda_2^* \geqslant \cdots \geqslant \lambda_p^*$ 和对应的正交特征向量 u_1^*,u_2^*,$\cdots$,u_p^*,得到如下的因子载荷矩阵:

$$\Lambda = (\sqrt{\lambda_1^*}\, u_1^* \quad \sqrt{\lambda_2^*}\, u_2^* \quad \cdots \quad \sqrt{\lambda_p^*}\, u_p^*). \tag{10.2.2}$$

10.2.3 求因子载荷矩阵的例子

下面给出两个求因子载荷矩阵的例子.

例 10.2.3 假定某地固定资产投资率 x_1,通货膨胀率 x_2,失业率 x_3,相关系数矩阵为

$$\begin{pmatrix} 1 & 1/5 & -1/5 \\ 1/5 & 1 & -2/5 \\ -1/5 & -2/5 & 1 \end{pmatrix},$$

试用主成分分析法求因子分析模型.

解 编写 MATLAB 程序(附后),有关计算结果如下:

特征值为 $\lambda_1 = 1.546\,4$, $\lambda_2 = 0.853\,6$, $\lambda_3 = 0.6$,对应的特征向量

$$\boldsymbol{u}_1 = \begin{pmatrix} 0.459\,7 \\ 0.628 \\ -0.628 \end{pmatrix}, \quad \boldsymbol{u}_2 = \begin{pmatrix} 0.888\,1 \\ -0.325\,1 \\ 0.325\,1 \end{pmatrix}, \quad \boldsymbol{u}_3 = \begin{pmatrix} 0 \\ 0.707\,1 \\ -0.707\,1 \end{pmatrix},$$

载荷矩阵为

$$\boldsymbol{\Lambda} = (\sqrt{\lambda_1}\boldsymbol{u}_1 \quad \sqrt{\lambda_2}\boldsymbol{u}_2 \quad \sqrt{\lambda_3}\boldsymbol{u}_3) = \begin{pmatrix} 0.571\,7 & 0.820\,5 & 0 \\ 0.780\,9 & -0.300\,3 & 0.544\,7 \\ -0.780\,9 & 0.300\,3 & 0.544\,7 \end{pmatrix}.$$

$$x_1 = 0.571\,7F_1 + 0.820\,5F_2,$$
$$x_2 = 0.780\,9F_1 - 0.300\,3F_2 + 0.544\,7F_3,$$
$$x_3 = -0.780\,9F_1 + 0.300\,3F_2 + 0.544\,7F_3.$$

可取前两个因子 F_1 和 F_2 为公共因子,第一公因子 F_1 为物价因子,对 X 的贡献为 $1.546\,4$,第二公因子 F_2 为投资因子,对 X 的贡献为 $0.853\,6$.共同度分别为 1, 0.7, 0.7.

有关 MATLAB 程序和计算结果如下:

```
clear
r=[1 1/5 -1/5;1/5 1 -2/5; -1/5 -2/5 1];%下面利用相关系数矩阵求主成分解,val
的列为 r 的特征向量,即主成分的系数
[vec,val,con]=pcacov(r)%val 为 r 的特征值,con 为各个主成分的贡献率
num=input('请选择公共因子的个数:');  %交互式选取主因子的个数
f1=repmat(sign(sum(vec)),size(vec,1),1);
vec=vec.*f1;%特征向量正负号转换
f2=repmat(sqrt(val)',size(vec,1),1);
a=vec.*f2 %计算初等载荷矩阵
aa=a(:,1:num);%提出两个主因子的载荷矩阵
s1=sum(aa.^2) %计算对 X 的贡献率,实际上等于对应的特征值
s2=sum(aa.^2,2)   %计算共同度
```

运行结果为

```
vec =
    -0.4597        0.8881         0
```

−0.6280	−0.3251	0.7071
0.6280	0.3251	0.7071

```
val =
    1.5464
    0.8536
    0.6000
con =
   51.5470
   28.4530
   20.0000
a =
    0.5717      0.8205           0
    0.7809     −0.3003      0.5477
   −0.7809      0.3003      0.5477
```

例 10.2.4 （续例 10.2.3）在例 10.2.3 中，假定某地固定资产投资率 x_1，通货膨胀率 x_2，失业率 x_3，相关系数矩阵为

$$\begin{bmatrix} 1 & 1/5 & -1/5 \\ 1/5 & 1 & -2/5 \\ -1/5 & -2/5 & 1 \end{bmatrix},$$

试用主因子分析法求因子载荷矩阵.

解 应用相关系数矩阵的数据进行有关计算（MATLAB 程序计附后）.

假设用 $\hat{h}_i^2 = \max_{j \neq i} |r_{ij}|$ 代替 h_i^2，则有，$h_1^2 = \frac{1}{5}$，$h_2^2 = \frac{2}{5}$，$h_3^2 = \frac{2}{5}$.

$$\boldsymbol{R}^* = \begin{bmatrix} 1/5 & 1/5 & -1/5 \\ 1/5 & 2/5 & -2/5 \\ -1/5 & -2/5 & 2/5 \end{bmatrix},$$

$\boldsymbol{R}^*$ 特征值为 $\lambda_1 = 0.9123$，$\lambda_2 = 0.0877$，$\lambda_3 = 0$，非零特征值对应的特征向量为

$$\boldsymbol{u}_1 = \begin{bmatrix} 0.3690 \\ 0.6572 \\ -0.6572 \end{bmatrix}, \quad \boldsymbol{u}_2 = \begin{bmatrix} 0.9294 \\ -0.2610 \\ 0.2610 \end{bmatrix}.$$

取两个主因子，求得载荷矩阵

$$\mathbf{\Lambda} = \begin{pmatrix} 0.352\,5 & 0.275\,2 \\ 0.627\,7 & -0.077\,3 \\ -0.627\,7 & 0.077\,3 \end{pmatrix}.$$

MATLAB 程序如下:

```
clear
r=[1 1/5 −1/5;1/5 1 −2/5; −1/5 −2/5 1];
n= size(r,1); rt= abs(r);
rt(1:n+1:n^2)=0;
rstar= r;
rstar(1:n+1:n^2)= max(rt');
[vec1,val,rate]= pcacov(rstar)
f1= repmat(sign(sum(vec1)), size(vec1,1),1);
vec2= vec1. * f1;
f2= repmat(sqrt(val)', size(vec2,1),1);
a= vec2. * f2
num= input('请选择公共因子的个数:');
aa= a(:,1:num)
s1= sum(aa.^2)
s2= sum(aa.^2,2) %计算共同度
```

10.3 因 子 旋 转

建立因子分析模型的目的不仅仅要找出公共因子以及对变量进行分组,更重要的要知道每个公共因子的意义,以便进行进一步的分析,如果每个公共因子的含义不清,则不便于进行实际背景的解释. 由于因子载荷阵是不唯一的,所以应该对因子载荷阵进行旋转. 目的是使因子载荷阵的结构简化,使载荷矩阵每列或行的元素平方值向 0 和 1 两级分化. 有三种主要的正交旋转法:方差最大法、四次方最大法和等量最大法.

(1) 方差最大法

方差最大法从简化因子载荷矩阵的每一列出发,使和每个因子有关的载荷的平方的方差最大. 当只有少数几个变量在某个因子上有较高的载荷时,对因子的解释最简单. 方差最大的直观意义是希望通过因子旋转后,使每个因子上的载荷尽量拉开距离,一部分的载荷趋于±1,另一部分趋于 0.

（2）四次方最大法

四次方最大旋转是从简化载荷矩阵的行出发,通过旋转初始因子,使每个变量只在一个因子上有较高的载荷,而在其他的因子上有尽可能低的载荷.如果每个变量只在一个因子上有非零的载荷,这时的因子解释是最简单的.四次方最大法通过使因子载荷矩阵中每一行的因子载荷平方的方差达到最大.

（3）等量最大法

等量最大法把四次方最大法和方差最大法结合起来,求它们的加权平均最大.对两个因子的载荷矩阵

$$\boldsymbol{\Lambda} = (a_{ij})_{p\times2}, \quad i=1, 2, \cdots, p; j=1, 2.$$

取正交矩阵

$$\boldsymbol{B} = \begin{pmatrix} \cos\phi & -\sin\phi \\ \sin\phi & \cos\phi \end{pmatrix}.$$

这是逆时针旋转,如果作正时针旋转,只需将矩阵 $\boldsymbol{B}$ 的次对角线上的两个元素对调即可.记 $\tilde{\boldsymbol{\Lambda}} = \boldsymbol{\Lambda}\boldsymbol{B}$ 为旋转因子的载荷矩阵,此时模型由 $\boldsymbol{X}-\boldsymbol{\mu} = \boldsymbol{\Lambda}\boldsymbol{F}+\boldsymbol{\varepsilon}$ 变为

$$\boldsymbol{X}-\boldsymbol{\mu} = \tilde{\boldsymbol{\Lambda}}(\boldsymbol{B}^{\mathrm{T}}\boldsymbol{F})+\boldsymbol{\varepsilon},$$

同时公因子 $\boldsymbol{F}$ 也随之变为 $\boldsymbol{B}^{\mathrm{T}}\boldsymbol{F}$,现在希望通过旋转,使因子的含义更加明确.

当公因子数 $m>2$ 时,可以考虑不同的两个因子的旋转,从 m 个因子中每次选取两个旋转,共有 $m(m-1)/2$ 种选择,这样共有 $m(m-1)/2$ 次旋转,做完这 $m(m-1)/2$ 次旋转就完成了一个循环,然后可以重新开始第二次循环,直到每个因子的含义都比较明确为止.

例 10.3.1 设某三个变量的样本相关系数矩阵为

$$\boldsymbol{R} = \begin{pmatrix} 1 & -1/3 & 2/3 \\ -1/3 & 1 & 0 \\ 2/3 & 0 & 1 \end{pmatrix},$$

试从 $\boldsymbol{R}$ 出发,作因子分析.

解 应用相关系数矩阵的数据进行因子分析(MATLAB 程序计附后).

（1）求 $\boldsymbol{R}$ 特征值及其特征向量

由特征方程 $\det(\boldsymbol{R}-\lambda\boldsymbol{I}) = 0$ 可以得到三个特征值 $\lambda_1 = 1.7454$, $\lambda_2 = 1$, $\lambda_3 = 0.2546$. 由于前面两个特征值的累积方差贡献率已达到 91.51%,所以只取两个主因子即可.以下给出前面两个特征值对应的特征向量:

$$\boldsymbol{\eta}_1 = (-0.707\,1,\ 0.316\,2,\ -0.632\,5)^{\mathrm{T}}, \quad \boldsymbol{\eta}_2 = (0,\ 0.894\,4,\ 0.447\,2)^{\mathrm{T}}.$$

(2) 求因子载荷矩阵 $\boldsymbol{\Lambda}_1$

由式(10.1.2)即可算出

$$\boldsymbol{\Lambda}_1 = \begin{pmatrix} 0.934\,2 & 0 \\ -0.417\,8 & 0.894\,4 \\ 0.835\,5 & 0.447\,2 \end{pmatrix},$$

(3) 对载荷矩阵 $\boldsymbol{\Lambda}_1$ 作正交旋转

对载荷矩阵 $\boldsymbol{\Lambda}_1$ 作正交旋转,使得到的矩阵 $\boldsymbol{\Lambda}_2 = \boldsymbol{\Lambda}_1 \boldsymbol{B}$ 的方差和最大. 计算结果为

$$\boldsymbol{B} = \begin{pmatrix} 0.932\,0 & -0.362\,5 \\ 0.362\,5 & 0.932\,0 \end{pmatrix}, \quad \boldsymbol{\Lambda}_2 = \begin{pmatrix} 0.870\,6 & -0.338\,6 \\ -0.065\,1 & 0.985\,0 \\ 0.940\,8 & 0.113\,9 \end{pmatrix}.$$

MATLAB 程序如下:

```
clear
r=[1 -1/3 2/3; -1/3 1 0;2/3 0 1];
[vec1,val,rate]=pcacov(r)
f1=repmat(sign(sum(vec1)),size(vec1,1),1);
vec2=vec1.*f1;
f2=repmat(sqrt(val)',size(vec2,1),1);
lambda= vec2.*f2;
num=2;
[lambda2,t]=rotatefactors(lambda( :,1:num),'method','varimax' )
```

10.4 因子得分

10.4.1 因子得分的概念

前面我们主要解决了用公共因子的线性组合来表示一组观测变量的有关问题. 如果我们要使用这些因子做其他的研究,比如把得到的因子作为自变量来做回归分析,对样本进行分类或评价,这就需要我们对公共因子进行度量,即给出公共因子的值. 前面已给出了因子分析的模型:

$$X = \mu + \Lambda F + \varepsilon,$$

其中

$$X = \begin{pmatrix} X_1 \\ X_2 \\ \vdots \\ X_p \end{pmatrix}, \mu = \begin{pmatrix} \mu_1 \\ \mu_2 \\ \vdots \\ \mu_p \end{pmatrix}, \Lambda = \begin{pmatrix} a_{11} & a_{12} & \cdots & a_{1m} \\ a_{21} & a_{22} & \cdots & a_{2m} \\ \vdots & \vdots & & \vdots \\ a_{p1} & a_{p2} & \cdots & a_{pm} \end{pmatrix}, F = \begin{pmatrix} F_1 \\ F_2 \\ \vdots \\ F_m \end{pmatrix}, \varepsilon = \begin{pmatrix} \varepsilon_1 \\ \varepsilon_2 \\ \vdots \\ \varepsilon_p \end{pmatrix}.$$

原变量被表示为公共因子的线性组合,当载荷矩阵旋转之后,公共因子可以做出解释,通常的情况下,我们还想反过来把公共因子表示为原变量的线性组合. 因子得分函数

$$F_j = c_j + b_{j1}X_1 + b_{j2}X_2 + \cdots + b_{jp}X_p, \quad j = 1, 2, \cdots, m,$$

可见,要求得每个因子的得分,必须求得分函数的系数,而由于 $p > m$,所以不能得到精确的得分,只能通过估计.

10.4.2 加权最小二乘法

把 $X_i - \mu_i$ 看作因变量,把因子载荷矩阵

$$\begin{pmatrix} a_{11} & a_{12} & \cdots & a_{1m} \\ a_{21} & a_{22} & \cdots & a_{2m} \\ \vdots & \vdots & & \vdots \\ a_{p1} & a_{p2} & \cdots & a_{pm} \end{pmatrix},$$

看成自变量的观测.

$$\begin{cases} X_1 - \mu_1 = a_{11}F_1 + a_{12}F_2 + \cdots + a_{1m}F_m + \varepsilon_1, \\ X_2 - \mu_2 = a_{21}F_1 + a_{22}F_2 + \cdots + a_{2m}F_m + \varepsilon_2, \\ \vdots \qquad\qquad\qquad\qquad \vdots \\ X_p - \mu_p = a_{p1}F_1 + a_{p2}F_2 + \cdots + a_{pm}F_m + \varepsilon_p. \end{cases}$$

由于特殊因子的方差相异 $\mathrm{Var}(\varepsilon_i) = \sigma_i^2$,所以用加权最小二乘法求得分,使

$$\sum_{i=1}^{p} \frac{\varepsilon_i^2}{\sigma_i^2} = \sum_{i=1}^{p} [(X_i - \mu_i) - (a_{i1}F_1 + a_{i2}F_2 + \cdots + a_{im}F_m)]^2 / \sigma_i^2$$

最小的 $\hat{F}_1, \hat{F}_2, \cdots, \hat{F}_m$ 是相应的因子得分.

用矩阵表达有

$$\boldsymbol{\varepsilon}^{\mathrm{T}} \boldsymbol{D}^{-1} \boldsymbol{\varepsilon} = \boldsymbol{X} - \boldsymbol{\mu} = \boldsymbol{\Lambda} \boldsymbol{F} + \boldsymbol{\varepsilon},$$

则要使

$$(\boldsymbol{X} - \boldsymbol{\mu} - \boldsymbol{\Lambda} \boldsymbol{F})^{\mathrm{T}} \boldsymbol{D}^{-1} (\boldsymbol{X} - \boldsymbol{\mu} - \boldsymbol{\Lambda} \boldsymbol{F})$$

达到最小,其中 $D = \mathrm{diag}\{ \sigma_1^2, \sigma_2^2, \cdots, \sigma_m^2 \}$,使上式取得最小值的 F 是相应的因子得分.

则得到 $\boldsymbol{F}$ 的加权最小二乘估计为

$$\hat{\boldsymbol{F}} = (\boldsymbol{\Lambda}^{\mathrm{T}} \boldsymbol{D}^{-1} \boldsymbol{\Lambda})^{-1} \boldsymbol{\Lambda}^{\mathrm{T}} \boldsymbol{D}^{-1} (\boldsymbol{X} - \boldsymbol{\mu}).$$

这个估计也称为巴特莱特因子得分.

10.5 因子分析的步骤

(1) 选择分析的变量

用定性分析和定量分析的方法选择变量,因子分析的前提条件是观测变量间有较强的相关性,因为如果变量之间无相关性或相关性较小的话,它们不会有共享因子,所以原始变量间应该有较强的相关性.

(2) 计算所选原始变量的相关系数矩阵

相关系数矩阵描述了原始变量之间的相关关系.可以帮助判断原始变量之间是否存在相关关系,这对因子分析是非常重要的,因为如果所选变量之间无关系,作因子分析是不恰当的.并且相关系数矩阵是估计因子结构的基础.

(3) 提出公共因子

这一步要确定因子求解的方法和因子的个数.需要根据研究者的设计方案或有关的经验或知识事先确定.因子个数的确定可以根据因子方差的大小.只取方差大于1(或特征值大于1)的那些因子,因为方差小于1的因子其贡献可能很小;按照因子的累计方差贡献率来确定,一般认为至少要达到80%才能符合要求.

(4) 因子旋转

通过坐标变换使每个原始变量在尽可能少的因子之间有密切的关系,这样因子解的实际意义更容易解释,并为每个潜在因子赋予有实际意义的名字.

(5) 计算因子得分

求出各样本的因子得分,有了因子得分值,则可以在许多分析中使用这些因子,例如以因子的得分做聚类分析的变量,做回归分析中的回归因子.

10.6　学生六门课程的因子分析

15 名学生六门课程：数学、物理、化学、语文、历史、英语的成绩见表 10-6. 目前的问题是，能不能把这个数据的 6 个变量用一两个综合变量来表示呢？这一两个综合变量包含有多少原来的信息呢？怎么解释它们呢？

表 10-6　　　　　　　　　　15 名学生六门课程的数据

学生代码	1	2	3	4	5	6	7	8	9	10	11	12	13	14	15
数学	65	77	67	80	74	78	66	77	83	76	64	69	64	70	69
物理	61	77	63	69	70	84	71	71	100	77	59	79	65	76	73
化学	72	76	49	75	80	75	67	57	79	69	50	76	77	58	62
语文	84	64	65	74	84	62	52	72	41	67	87	80	70	89	80
历史	81	70	67	74	81	71	65	86	67	74	85	76	70	88	75
英语	79	55	57	63	74	64	57	71	50	75	77	82	78	90	88

R 程序如下：

```
> x1 = c(65, 77, 67, 80, 74, 78, 66, 77, 83, 76, 64, 69, 64, 70, 69)
> x2 = c(61, 77, 63, 69, 70, 84, 71, 71, 100, 77, 59, 79, 65, 76, 73)
> x3 = c(72, 76, 49, 75, 80, 75, 67, 57, 79, 69, 50, 76, 77, 58, 62)
> x4 = c(84, 64, 65, 74, 84, 62, 52, 72, 41, 67, 87, 80, 70, 89, 80)
> x5 = c(81, 70, 67, 74, 81, 71, 65, 86, 67, 74, 85, 76, 70, 88, 75)
> x6 = c(79, 55, 57, 63, 74, 64, 57, 71, 50, 75, 77, 82, 78, 90, 88)
> student = data.frame(x1, x2, x3, x4, x5, x6)
> names(student) = c("math", "phi", "chem", "lit", "his", "eng")
> fa <- factanal(student, factors = 2)
> fa
```

结果为

```
Call:
factanal(x = student, factors = 2)

Uniquenesses:
    math      phi     chem      lit      his      eng
   0.475    0.005    0.774    0.005    0.295    0.260
```

```
Loadings:
                Factor1         Factor2
    math        -0.179          0.702
    phi         -0.222          0.973
    chem        -0.105          0.463
    lit          0.905         -0.420
    his          0.826         -0.151
    eng          0.844         -0.166


                Factor1         Factor2
SS loadings      2.305           1.879
Proportion Var   0.384           0.313
Cumulative Var   0.384           0.697
```

Test of the hypothesis that 2 factors are sufficient.

The chi square statistic is 8.27 on 4 degrees of freedom.

The p-value is 0.0823

结果说明:

(1) 我们用 x_1, x_2, x_3, x_4, x_5, x_6 来表示 math(数学), phys(物理), chem(化学), literat(语文), history(历史), english(英语)等变量. 这样因子 F_1 和 F_2 与这些原变量之间的关系是

$$x_1 = -0.179F_1 + 0.702F_2,$$
$$x_2 = -0.222F_1 + 0.973F_2,$$
$$x_3 = -0.105F_1 + 0.463F_2,$$
$$x_4 = 0.905F_1 - 0.420F_2,$$
$$x_5 = 0.826F_1 - 0.151F_2,$$
$$x_6 = 0.844F_1 - 0.166F_2.$$

这里,第一个因子主要和语文、历史、英语三科有很强的正相关,相关系数分别为 0.905, 0.826, 0.844; 而第二个因子主要和数学、物理、化学三科有较强的正相关相关系数分别为 0.702, 0.973, 0.463. 因此可以给第一个因子起名为"文科因子",而给第二个因子起名为"理科因子".

(2) Proportion Var 是方差贡献率, Cumulative Var 是累计方差贡献率, 检验表明两个因子已经充分.

从这个例子可以看出, 因子分析比主成分分析解释性更强, 它把不同性质的变量区分得更清楚.

10.7　我国上市公司的实证分析

以下对我国上市公司赢利能力与资本结构,应用因子分析法进行实证分析.上市公司的数据见表 10-7.

表 10-7　　　　　　　　　　　我国上市公司的数据

公司名称	销售净利润率	资产净利润率	净资产收益率	销售毛利率	资产负利率
歌华有限	43.31	7.39	8.73	54.89	15.35
五粮液	17.11	12.1	17.29	44.25	29.69
用友软件	21.11	6.03	7	89.37	13.82
太太药业	29.55	8.62	10.13	73	14.88
浙江阳光	11	8.41	11.83	25.22	25.49
烟台万华	17.63	13.86	15.41	36.44	10.03
方正科技	2.73	4.22	17.16	9.96	74.12
红河光明	29.11	5.44	6.09	56.26	9.85
贵州茅台	20.29	9.48	12.97	82.23	26.73
中铁二局	3.99	4.64	9.35	13.04	50.19
红星发展	22.65	11.13	14.3	50.51	21.59
伊利股份	4.43	7.3	14.36	29.04	44.74
青岛海尔	5.4	8.9	12.53	65.5	23.27
湖北宜化	7.06	2.79	5.24	19.79	40.68
雅戈尔	19.82	10.53	18.55	42.04	37.19
福建南纸	7.26	2.99	6.99	22.72	56.58

记 x_1 为"销售净利润率", x_2 为"资产净利润率", x_3 为"净资产收益率", x_4 为"销售毛利率", y 为"资产负利率".

(1) 对原始数据进行标准化处理

进行因子分析的指标变量有 4 个,就是上述 x_1, x_2, x_3, x_4,共有 16 个评价对象,第 i 个评价对象的 第 j 个指标的取值为 a_{ij}, $i=1, 2, \cdots, 16$; $j=1, 2, 3, 4$. 把各指标值转换成标准化指标 $\tilde{a}_{ij}$,有

$$\tilde{a}_{ij} = \frac{a_{ij} - \bar{\mu}_j}{s_j}, \quad i=1, 2, \cdots, 16; \ j=1, 2, 3, 4.$$

其中，$\overline{\mu}_j = \frac{1}{16}\sum_{i=1}^{16} a_{ij}$，$s_j = \sqrt{\frac{1}{16-1}\sum_{i=1}^{16}(a_{ij}-\overline{\mu}_j)^2}$，即 $\overline{\mu}_j$，s_j 为第 j 个指标的样本均值和样本标准差. 对应地, 称

$$\widetilde{x}_j = \frac{x_j - \overline{\mu}_j}{s_j}, \quad j = 1, 2, 3, 4$$

为标准化指标变量.

（2）计算相关系数矩阵

相关系数矩阵 $\boldsymbol{R} = (r_{ij})_{4\times4}$，

$$r_{ij} = \frac{\sum\limits_{k=1}^{16} \widetilde{a}_{ki}\,\widetilde{a}_{kj}}{16-1}, \quad i, j = 1, 2, 3, 4,$$

其中，$r_{ii} = 1$，$r_{ij} = r_{ji}$，r_{ij} 是第 i 个指标与第 j 个指标的相关系数.

（3）计算初等载荷矩阵

计算相关系数矩阵 $\boldsymbol{R}$ 的特征值 $\lambda_1 \geqslant \lambda_2 \geqslant \lambda_3 \geqslant \lambda_4 \geqslant 0$，及对应的特征向量 $\boldsymbol{u}_1$，$\boldsymbol{u}_2$，$\boldsymbol{u}_3$，$\boldsymbol{u}_4$，其中 $\boldsymbol{u}_j = (u_{1j}, \cdots, u_{4j})^{\mathrm{T}}$，初等载荷矩阵

$$\boldsymbol{\Lambda}_1 = (\sqrt{\lambda_1}\boldsymbol{u}_1, \sqrt{\lambda_2}\boldsymbol{u}_2, \sqrt{\lambda_3}\boldsymbol{u}_3, \sqrt{\lambda_4}\boldsymbol{u}_4).$$

（4）选择 $m(m \leqslant 4)$ 个主因子

根据初等载荷矩阵，计算各个公共因子的贡献率，并选择 $m(m \leqslant 4)$ 个主因子. 对提取的因子载荷矩阵进行旋转，得到矩阵 $\boldsymbol{\Lambda}_2 = \boldsymbol{\Lambda}_1^{(m)}\boldsymbol{B}$（其中 $\boldsymbol{\Lambda}_1^{(m)}$ 为 $\boldsymbol{\Lambda}_1$ 的前 m 列，$\boldsymbol{B}$ 为正交矩阵），构造因子模型

$$\begin{cases} \widetilde{x}_1 = \alpha_{11}F_1 + \cdots + \alpha_{1m}F_m, \\ \vdots \\ \widetilde{x}_4 = \alpha_{41}F_1 + \cdots + \alpha_{4m}F_m. \end{cases}$$

根据表 10-7 的数据，应用因子分析法进行了有关计算（MATLAB 程序计附后）.

我们选取两个主因子，第一公共因子 F_1 为销售利润因子，第二公共因子 F_2 为资产收益因子. 旋转因子贡献及贡献率见表 10-8，因子载荷矩阵见表 10-9.

表 10-8　　　　　　　　　　　　因子贡献及贡献率

因子	贡献	贡献率	累积贡献率
1	1.779 4	44.49	44.49
2	1.667 3	41.68	86.17

表 10-9　　　　　　　　　　　　旋转因子分析

指　　标	主因子 1	主因子 2
销售净利润率	0.893	0.008 2
资产净利润率	0.372	0.885 4
净资产收益率	−0.230 2	0.938 6
销售毛利率	0.888 2	0.049 4

（5）计算因子得分，并进行综合评价

用回归方法求单个因子得分函数

$$\hat{F}_j = \beta_{j1}\,\tilde{x}_1 + \beta_{j2}\,\tilde{x}_2 + \beta_{j3}\,\tilde{x}_3 + \beta_{j4}\,\tilde{x}_4, \quad j = 1,2.$$

记第 i 个样本点对第 j 个因子 F_j 得分的估计值为

$$\hat{F}_{ij} = \beta_{j1}\,\tilde{a}_{i1} + \beta_{j2}\,\tilde{a}_{i2} + \beta_{j3}\,\tilde{a}_{i3} + \beta_{j4}\,\tilde{a}_{i4}, \quad i = 1, 2, \cdots, 16; j = 1, 2.$$

则有

$$\begin{pmatrix} \beta_{11} & \beta_{12} \\ \vdots & \vdots \\ \beta_{14} & \beta_{24} \end{pmatrix} = \boldsymbol{R}^{-1}\boldsymbol{\Lambda}_2,$$

且

$$\hat{\boldsymbol{F}} = (\hat{F}_j)_{16\times2} = \boldsymbol{X}_0\boldsymbol{R}^{-1}\boldsymbol{\Lambda}_2,$$

其中，$\boldsymbol{X}_0 = (\tilde{a}_{ij})_{16\times4}$ 是原始数据的标准化数据矩阵；$\boldsymbol{R}$ 为相关系数矩阵；$\boldsymbol{\Lambda}_2$ 是前面得到的载荷矩阵.

计算得到各个因子得分函数为

$$F_1 = 0.506\,\tilde{x}_1 + 0.161\,5\,\tilde{x}_2 - 0.183\,1\,\tilde{x}_3 + 0.501\,5\,\tilde{x}_4,$$
$$F_2 = -0.045\,\tilde{x}_1 + 0.515\,1\,\tilde{x}_2 + 0.581\,\tilde{x}_3 - 0.019\,9\,\tilde{x}_4.$$

利用综合因子得分公式

$$F = \frac{44.49F_1 + 41.68F_2}{86.17},$$

计算 16 家上市公司赢利能力的综合得分，见表 10-10.

表 10-10 上市公司赢利能力的综合排名

排名	1	2	3	4	5	6	7	8
F_1	0.031 5	0.002 5	0.978 9	0.455 8	−0.056 3	1.279 1	1.515 9	1.247 7
F_2	1.469 1	1.447 7	0.395 9	0.854 8	1.357 7	−0.156 4	−0.581 4	−0.972 9
F	0.726 9	0.701 6	0.696 9	0.648 8	0.627 7	0.584 7	0.501 4	0.173 5
公司	烟台万华	五粮液	贵州茅台	红星发展	雅戈尔	太太药业	歌华有限	用友软件
排名	9	10	11	12	13	14	15	16
F_1	−0.035 1	0.931 3	−0.609 4	−0.985 9	−1.726 6	−1.250 9	−0.887 2	−0.891 0
F_2	0.316 6	−1.194 9	0.154 4	0.346 8	0.263 9	−0.742 4	−1.109 1	−1.240 3
F	0.135 0	−0.701 6	−0.239 9	−0.341 2	−0.763 9	−1.004 9	−1.109 1	−1.240 3
公司	青岛海尔	红河光明	浙江阳光	伊利股份	方正科技	中铁二局	福建南纸	湖北宜化

通过以上分析,得出 16 家上市公司赢利能力 F 与资产负利率 y 之间的相关系数为−0.698 7,这表明两者存在中度相关关系. 因子分析法的回归方程为

$$F = 0.829 - 0.026\ 8y,$$

回归方程在显著性水平为 0.05 时通过了假设检验.

有关 MATLAB 程序如下:

```
clear
load ssgs.txt    %把原始数据保存在纯文本文件 ssgs.txt 中
n = size(ssgs,1);
x = ssgs(:,[1:4]); y = ssgs(:,5); %分别提出自变量 x1...x4 和因变量 x 的值
x = zscore(x); %数据标准化
r = corrcoef(x) %求相关系数矩阵
[vec1,val,con1] = pcacov(r) %进行主成分分析的相关计算
f1 = repmat(sign(sum(vec1)),size(vec1,1),1);
vec2 = vec1. * f1;      %特征向量正负号转换
f2 = repmat(sqrt(val)',size(vec2,1),1);
a = vec2. * f2  %求初等载荷矩阵
num = input('请选择主因子的个数:');
am = a(:,[1:num]);   %提出 num 个主因子的载荷矩阵
[bm,t] = rotatefactors(am,'method','varimax')   %am 旋转变换,bm 为旋转后的载荷阵
bt = [bm,a(:,[num + 1:end])];   %旋转后全部因子的载荷矩阵,前两个旋转,后面不旋转
con2 = sum(bt.^2)      %计算因子贡献
```

check＝［con1,con2'/sum(con2)＊100］%该语句是领会旋转意义,con1 是未旋转前的贡献率

rate＝con2(1:num)/sum(con2)　%计算因子贡献率

coef＝inv(r)＊bm　　　　　%计算得分函数的系数

score＝x＊coef　　　　　%计算各个因子的得分

weight＝rate/sum(rate)　%计算得分的权重

Tscore＝score＊weight'　%对各因子的得分进行加权求和,即求各企业综合得分

［STscore,ind］＝sort(Tscore,'descend')　　%对企业进行排序

display＝［score(ind,:)';STscore';ind'］%显示排序结果

［ccoef,p］＝corrcoef([Tscore,y])　%计算 F 与资产负债的相关系数

［d,dt,e,et,stats］＝regress(Tscore,［ones(n,1),y］);%计算 F 与资产负债的方程

d,stats　%显示回归系数,和相关统计量的值

10.8　思考与练习题

1. 简要叙述因子分析的基本思想,并举例说明因子分析意义与作用.
2. 简要叙述因子分析与主成分分析的区别和联系.
3. 简要叙述 R 型因子分析和 Q 型因子分析,并举例说明它们意义与作用.
4. 收集近些年"我国一些上市公司"的数据,并用本章的方法对我国上市公司赢利能力与资本结构的进行实证分析.

11 | 对 应 分 析

对应分析(correspondence analysis)是因子分析的进一步推广,该方法已成为多元统计分析中同时对样品和变量进行分析,从而研究多变量内部关系的重要方法,它是在 R 型和 Q 型因子分析基础上发展起来的一种多元统计方法.而且我们研究样品之间或指标之间的关系,归根结底是为了研究样品与指标之间的关系,而因子分析没有办法做到这一点,对应分析则是为解决这个问题而出现的统计分析方法.

本章将介绍:对应分析简介、对应分析的原理、对应分析应用案例(文化程度和就业观点的对应分析、美国授予哲学博士学位的对应分析、对应分析在品牌定位研究中的应用研究).

11.1 对应分析简介

因子分析是用少数几个公共因子去提出研究对象的绝大部分信息,既减少了因子的数目,又把握住了研究对象的相互关系.在因子分析中根据研究对象的不同,分为 R 型和 Q 型,如果研究变量的相互关系时则采用 R 型因子分析;如果研究样品间相互关系时则采用 Q 型因子分析.但无论是 R 型或 Q 型都未能很好地揭示变量和样品间的双重关系,另一方面当样品容量 n 很大(如 $1\,000 > n$),进行 Q 型因子分析时,计算 n 阶方阵的特征值和特征向量对于普通的计算机而言,其容量和速度都是难以胜任的.还有进行数据处理时,为了将数量级相差很大的变量进行比较,常常先对变量作标准化处理,然而这种标准化处理对样品就不好进行了,换言之,这种标准化处理对于变量和样品是非对等的,这给寻找 R 型和 Q 型之间的联系带来一定的困难.

针对上述问题,在 20 世纪 70 年代初,由法国统计学家 Benzecri 提出了对应分析方法,这个方法是在因子分析的基础上发展起来的,它对原始数据采用适当的标度方法.把 R 型和 Q 型分析结合起来,同时得到两方面的结果——在同一因子平面上对变量和样品一起进行分类,从而揭示所研究的样品和变量间的内在联系.对应分析由 R 型因子分析的结果,可以很容易地得到 Q 型因子分析的结果,这不仅克服了服样品量大时作 Q 型因子分析所带来计算上的困难,且把 R 型和 Q 型因子分析统一起来,把样品点和变量点同时反映到相同的因子轴上,这就便于我们对研究的对象进行解释和推断.

基本思想:由于 R 型因子分析和 Q 型因子分析都是反映一个整体的不同侧面,因而它们之间一定存在内在的联系.对应分析就是通过对应变换后的标准化矩阵将两者有机地结合起来.

具体地说,首先给出变量间的协方差矩阵 $S_R = B^T B$ 和样品间的协方差矩阵 $S_Q = BB^T$,由于 $B^T B$ 和 BB^T 有相同的非零特征值,记为 $\lambda_1 \geqslant \lambda_2 \geqslant \cdots \geqslant \lambda_m > 0$,如果 S_R 的特征值 λ_i 对应的标准化特征向量 v_i,则 S_Q 对应的特征值 λ_i 的标准化特征向量为

$$u_i = \frac{1}{\sqrt{\lambda_i}} B v_i.$$

由此可以很方便地由 R 型因子分析而得到 Q 型因子分析的结果.

由 S_R 的特征值和特征向量即可写出 R 型因子分析的因子载荷矩阵(记为 A_R)和 Q 型因子分析的因子载荷矩阵(记为 A_Q):

$$A_R = (\sqrt{\lambda_1}\, v_1, \sqrt{\lambda_2}\, v_2, \cdots, \sqrt{\lambda_m}\, v_m) = \begin{pmatrix} v_{11}\sqrt{\lambda_1} & v_{12}\sqrt{\lambda_2} & \cdots & v_{1m}\sqrt{\lambda_m} \\ v_{21}\sqrt{\lambda_1} & v_{22}\sqrt{\lambda_2} & \cdots & v_{2m}\sqrt{\lambda_m} \\ \vdots & \vdots & & \vdots \\ v_{p1}\sqrt{\lambda_1} & v_{p2}\sqrt{\lambda_2} & \cdots & v_{pm}\sqrt{\lambda_m} \end{pmatrix},$$

$$A_Q = (\sqrt{\lambda_1}u_1, \sqrt{\lambda_2}u_2, \cdots, \sqrt{\lambda_m}u_m) = \begin{pmatrix} u_{11}\sqrt{\lambda_1} & u_{12}\sqrt{\lambda_2} & \cdots & u_{1m}\sqrt{\lambda_m} \\ u_{21}\sqrt{\lambda_1} & u_{22}\sqrt{\lambda_2} & \cdots & u_{2m}\sqrt{\lambda_m} \\ \vdots & \vdots & & \vdots \\ u_{p1}\sqrt{\lambda_1} & u_{p2}\sqrt{\lambda_2} & \cdots & u_{pm}\sqrt{\lambda_m} \end{pmatrix}.$$

由于 S_R 和 S_Q 具有相同的非零特征值,而这些特征值又正是各个公共因子的方差,因此可以用相同的因子轴同时表示变量点和样品点,即把变量点和样品点同时反映在具有相同坐标轴的因子平面上,以便对变量点和样品点一起考虑进行分类.

11.2 对应分析的原理

11.2.1 对应分析的数据变换方法

设有 n 个样品，每个样品观测 p 个指标，原始数据阵为

$$
\boldsymbol{A} = \begin{pmatrix}
a_{11} & a_{12} & \cdots & a_{1p} \\
a_{21} & a_{22} & \cdots & a_{2p} \\
\vdots & \vdots & & \vdots \\
a_{n1} & a_{n2} & \cdots & a_{np}
\end{pmatrix}.
$$

为了消除量纲或数量级的差异，经常对变量进行标准化处理，如标准化变换、极差标准化变换等，这些变换对变量和样品是不对称的. 这种不对称性是导致变量和样品之间关系复杂化的主要原因. 在对应分析中，采用数据的变换方法即可克服这种不对称性(假设所有数据 $a_{ij} > 0$，否则对所有数据同加一适当常数，便会满足以上要求). 数据变换方法的具体步骤如下：

(1) 化数据矩阵为规格化的"概率"矩阵 $\boldsymbol{P}$，令

$$
\boldsymbol{P} = \frac{1}{T} \boldsymbol{A} = (p_{ij})_{n \times p}, \tag{11.2.1}
$$

其中，$T = \sum\limits_{i=1}^{n} \sum\limits_{j=1}^{p} a_{ij}$，$p_{ij} = \frac{1}{T} a_{ij}$，$i = 1, 2, \cdots, n$；$j = 1, 2, \cdots, p$.

可以看出 $0 \leqslant p_{ij} \leqslant 1$，且 $\sum\limits_{i=1}^{n} \sum\limits_{j=1}^{p} p_{ij} = 1$. 因而 p_{ij} 可理解为数据 a_{ij} 出现的"概率"，并称 $\boldsymbol{P}$ 为对应矩阵.

记 $p_{\cdot j} = \sum\limits_{i=1}^{n} p_{ij}$ 可理解为第 j 个变量的边缘概率($j = 1, 2, \cdots, p$)；$p_{i \cdot} = \sum\limits_{j=1}^{p} p_{ij}$ 可理解为第 i 个样品的边缘概率($i = 1, 2, \cdots, n$).

记

$$
\boldsymbol{r} = \begin{pmatrix}
p_{1 \cdot} \\
p_{2 \cdot} \\
\vdots \\
p_{n \cdot}
\end{pmatrix}, \quad
\boldsymbol{c} = \begin{pmatrix}
p_{\cdot 1} \\
p_{\cdot 2} \\
\vdots \\
p_{\cdot p}
\end{pmatrix},
$$

则

$$r = P1_p, \quad c = P^\mathrm{T}1_n,\qquad(11.2.2)$$

其中，$1_p = (1, 1, \cdots, 1)^\mathrm{T}$ 为元素全为 1 的 p 维常数向量.

（2）进行数据的对应变换，令

$$B = (b_{ij})_{n \times p},$$

其中

$$b_{ij} = \frac{p_{ij} - p_{i\cdot}p_{\cdot j}}{\sqrt{p_{i\cdot}p_{\cdot j}}} = \frac{a_{ij} - a_{i\cdot}a_{\cdot j}/T}{\sqrt{a_{i\cdot}a_{\cdot j}}}, \quad i = 1, 2, \cdots, n; \, j = 1, 2, \cdots, p,$$

$$(11.2.3)$$

这里 $a_{i\cdot} = \sum_{j=1}^{p} a_{ij}$, $a_{\cdot j} = \sum_{i=1}^{n} a_{ij}$.

式（11.2.3）就是我们从同时研究 R 型和 Q 型因子分析的角度导出的数据对应变换公式.

（3）计算有关矩阵，记

$$S_R = B^\mathrm{T}B, \quad S_Q = BB^\mathrm{T},$$

考虑 R 型因子分析时应用 S_R，考虑 Q 型因子分析时应用 S_Q.

如果把所研究的 p 个变量看成一个属性变量的 p 个类目，而把 n 个样品看成另一个属性变量的 n 个类目，这时原始数据阵 A 就可以看成一张由观测得到的频数表或计数表. 首先由双向频数表 A 矩阵得到对应矩阵

$$P = (p_{ij}), \quad p_{ij} = \frac{1}{T}a_{ij}, \quad i = 1, 2, \cdots, n; \, j = 1, 2, \cdots, p.$$

设 $n > p$，且 $\mathrm{rank}(P) = p$. 以下从代数学角度由对应矩阵 P 来导出数据对应变换的公式.

引理 11.2.1　数据标准化矩阵

$$B = D_r^{-1/2}(P - rc^\mathrm{T})D_c^{-1/2},$$

其中，$D_r = \mathrm{diag}(p_{1\cdot}, p_{2\cdot}, \cdots, p_{n\cdot})$, $D_c = \mathrm{diag}(p_{\cdot 1}, p_{\cdot 2}, \cdots, p_{\cdot p})$，这里 $\mathrm{diag}(p_{1\cdot}, p_{2\cdot}, \cdots, p_{n\cdot})$ 表示对角线元素为 $p_{1\cdot}, p_{2\cdot}, \cdots, p_{n\cdot}$ 的对角矩阵.

因此，经过变换后所得到的新数据矩阵 B，可以看成是由对应矩阵 P 经过中心化和标准化后得到的矩阵.

设用于检验行与列是否不相关的 χ^2 统计量为

$$\chi^2 = \sum_{i=1}^{n} \sum_{j=1}^{p} \frac{(a_{ij} - m_{ij})^2}{m_{ij}} = \sum_{i=1}^{n} \sum_{j=1}^{p} \chi_{ij}^2,$$

其中 χ_{ij}^2 表示第 (i, j) 单元在检验行与列两个属性变量否不相关时对总 χ^2 统计量的贡献,有

$$\chi_{ij}^2 = \frac{(a_{ij} - m_{ij})^2}{m_{ij}} = Tb_{ij}^2,$$

其中 $\chi^2 = T \sum_{i=1}^{n} \sum_{j=1}^{p} b_{ij}^2 = T[\mathrm{tr}(\boldsymbol{B}^{\mathrm{T}} \boldsymbol{B})] = T[\mathrm{tr}(\boldsymbol{S}_R)] = T[\mathrm{tr}(\boldsymbol{S}_Q)]$, $\mathrm{tr}(\boldsymbol{S}_Q)$ 表示方阵 S_Q 的迹.

11.2.2　对应分析的原理和依据

将原始数据矩阵 $\boldsymbol{A}$ 变换为 $\boldsymbol{B}$ 矩阵后,记 $\boldsymbol{S}_R = \boldsymbol{B}^{\mathrm{T}} \boldsymbol{B}$, $\boldsymbol{S}_Q = \boldsymbol{BB}^{\mathrm{T}}$, $\boldsymbol{S}_R$ 和 $\boldsymbol{S}_Q$ 这两个矩阵存在明显的简单的对应关系,而且将原始数据 a_{ij} 变换为 b_{ij} 后,b_{ij} 关于 i, j 是对等的,即 b_{ij} 对变量和样品是对等的.

为了进一步研究 R 型与 Q 型因子分析,我们利用矩阵代数的一些结论.

引理 11.2.2　设 $\boldsymbol{S}_R = \boldsymbol{B}^{\mathrm{T}} \boldsymbol{B}$, $\boldsymbol{S}_Q = \boldsymbol{BB}^{\mathrm{T}}$,则 $\boldsymbol{S}_R$ 和 $\boldsymbol{S}_Q$ 的非零特征值相同.

引理 11.2.3　若 v 是 $\boldsymbol{B}^{\mathrm{T}} \boldsymbol{B}$ 相应于特征值 λ 的特征向量,则 $\boldsymbol{u} = \boldsymbol{Bv}$ 是 $\boldsymbol{BB}^{\mathrm{T}}$ 相应于特征值 λ 的特征向量.

定义 11.2.1(矩阵的奇异值分解)　设 $\boldsymbol{B}$ 为 $n \times p$ 矩阵,且

$$\mathrm{rank}(\boldsymbol{B}) = m \leqslant \min(n-1, \ p-1),$$

$\boldsymbol{B}^{\mathrm{T}} \boldsymbol{B}$ 的非零特征值为 $\lambda_1 \geqslant \lambda_2 \geqslant \cdots \geqslant \lambda_m > 0$,令 $d_i = \sqrt{\lambda_i}(i = 1, 2, \cdots, m)$,则称 d_i 为 $\boldsymbol{B}$ 的奇异值.

如果存在分解式

$$\boldsymbol{B} = \boldsymbol{U\Lambda V}^{\mathrm{T}}, \tag{11.2.4}$$

其中,$\boldsymbol{U}$ 为 $n \times n$ 正交矩阵,$\boldsymbol{V}$ 为 $p \times p$ 正交矩阵,$\boldsymbol{\Lambda} = \begin{pmatrix} \Lambda_m & 0 \\ 0 & 0 \end{pmatrix}$,这里 $\boldsymbol{\Lambda}_m = \mathrm{diag}(d_1, d_2, \cdots, d_m)$,则称分解式 $\boldsymbol{B} = \boldsymbol{U\Lambda V}^{\mathrm{T}}$ 为矩阵 $\boldsymbol{B}$ 的奇异值分解.

记 $\boldsymbol{U} = (U_1 \vdots U_2)$, $\boldsymbol{V} = (V_1 \vdots V_2)$, $\boldsymbol{\Lambda}_m = \mathrm{diag}(d_1, d_2, \cdots, d_m)$,其中 U_1 为 $m \times n$ 的列正交矩阵,V_1 为 $p \times m$ 的列正交矩阵,则奇异值分解式(11.2.4)等价于

$$\boldsymbol{B} = \boldsymbol{U}_1 \boldsymbol{\Lambda}_m \boldsymbol{V}_1^{\mathrm{T}}. \tag{11.2.5}$$

引理 11.2.4　任意非零矩阵 $\boldsymbol{B}$ 的奇异值分解必存在.

引理 11.2.4 的证明就是具体求出矩阵 B 的奇异值分解式(见高惠璇:统计计算(1995)). 从证明过程中可以看出:列正交矩阵 V_1 的 m 个列向量分别是 $B^T B$ 的非零征值为 $\lambda_1,\lambda_2,\cdots,\lambda_m$ 对应的特征向量;而列正交矩阵 U_1 的 m 个列向量分别是 BB^T 的非零征值为 $\lambda_1,\lambda_2,\cdots,\lambda_m$ 对应的特征向量,且 $U_1=BV_1\Lambda_m^{-1}$.

矩阵代数的这几个结论为我们建立了因子分析中 R 型与 Q 型的关系. 借助以上引理 11.2.2 和引理 11.2.3,我们从 R 型因子分析出发可以直接得到 Q 型因子分析的结果.

由于 S_R 和 S_Q 有相同的非零特征值,而这些非零特征值又表示各个公共因子所提供的方差,因此变量空间 R^p 中的第一公共因子、第二公共因子、…、直到第 m 个公共因子,它们与样本空间 R^p 中对应的各个公共因子在总方差中所占的百分比全部相同.

从几何的意义上看,即 R^p 中诸样品点与 R^p 中各因子轴的距离平方和,以及 R^p 中诸变量点与 R^p 中相对应的各因子轴的距离平方和是完全相同的. 因此可以把变量点和样品点同时反映在同一因子轴所确定的平面上(即取同一个坐标系),根据接近程度,可以对变量点和样品点同时考虑进行分类.

11.2.3 对应分析的计算步骤

对应分析的具体计算步骤如下:

(1) 由原始数据矩阵 A 出发计算对应矩阵 P 和对应变换后的新数据矩阵 B,计算公式见式(11.2.1)和式(11.2.3).

(2) 计算行轮廓分布(或行形象分布),记

$$R=\left(\frac{a_{ij}}{a_{i\cdot}}\right)_{n\times p}=\left(\frac{p_{ij}}{p_{i\cdot}}\right)_{n\times p}=D_r^{-1}P\overset{\text{def}}{=}\begin{pmatrix}R_1^T\\\vdots\\R_n^T\end{pmatrix},$$

R 矩阵由 A 矩阵(或对应矩阵 P)的每一行除以行和得到,其目的在于消除行点(即样品点)出现"概率"不同的影响.

记 $N(R)=\{R_i,\ i=1,2,\cdots,n\}$,$N(R)$ 表示 n 个行形象组成的 p 维空间的点集,则点集 $N(R)$ 的重心(每个样品点及 $p_{i\cdot}$ 为权重)为

$$\sum_{i=1}^n p_{i\cdot}R_i=\sum_{i=1}^n p_{i\cdot}\begin{pmatrix}\frac{p_{i1}}{p_{i\cdot}}\\\vdots\\\frac{p_{ip}}{p_{i\cdot}}\end{pmatrix}=\begin{pmatrix}\sum_{i=1}^n p_{i1}\\\vdots\\\sum_{i=1}^n p_{ip}\end{pmatrix}=\begin{pmatrix}p_{\cdot1}\\\vdots\\p_{\cdot p}\end{pmatrix}=c,$$

由式(11.2.2)可知,c 是 p 个列向量的边缘分布.

(3) 计算列轮廓分布(或列形象分布),记

$$C = \left(\frac{a_{ij}}{a_{\cdot j}}\right)_{n \times p} = \left(\frac{p_{ij}}{p_{\cdot j}}\right)_{n \times p} = PD_c^{-1} \overset{\text{def}}{=} (C_1, \cdots, C_p),$$

C 矩阵由 A 矩阵(或对应矩阵 P)的每一列除以列和得到,其目的在于消除列点(即变量点)出现"概率"不同的影响.

(4) 计算总惯量和 χ^2 统计量,第 k 个与第 l 个样品间的加权平方距离(或称 χ^2 距离)为

$$D^2(k, l) = \sum_{j=1}^{p} \left(\frac{p_{kj}}{p_{k\cdot}} - \frac{p_{lj}}{p_{l\cdot}}\right)^2 \Big/ p_{\cdot j} = (R_k - R_l)^\mathrm{T} D_c^{-1}(R_k - R_l),$$

我们把 n 个样品点(即行点)到重心 c 的加权平方距离的总和定义为行形象点集 $N(R)$ 的总惯量

$$Q = \sum_{i=1}^{n} p_{i\cdot} D^2(i, c) = \sum_{i=1}^{n} p_{i\cdot} \sum_{j=1}^{p} \left(\frac{p_{ij}}{p_{i\cdot}} - p_{\cdot j}\right)^2$$

$$= \sum_{i=1}^{n} \sum_{j=1}^{p} \frac{p_{i\cdot}}{p_{\cdot j}} \frac{(p_{ij} - p_{i\cdot} p_{\cdot j})^2}{p_{i\cdot}^2} = \sum_{i=1}^{n} \sum_{j=1}^{p} \frac{(p_{ij} - p_{i\cdot} p_{\cdot j})^2}{p_{i\cdot} p_{\cdot j}} = \sum_{i=1}^{n} \sum_{j=1}^{p} b_{ij}^2 = \frac{\chi^2}{T},$$

$$(11.2.6)$$

其中,χ^2 统计量是检验行点和列点是否互不相关的检验统计量.

(5) 对标准化后的新数据阵 B 作奇异值分解,由(11.2.5)式知

$$B = U_1 \Lambda_m V_1^\mathrm{T}, \quad m = \mathrm{rank}(B) \leqslant \min(n-1, p-1),$$

其中,$\Lambda_m = \mathrm{diag}(d_1, d_2, \cdots, d_m)$,$V_1^\mathrm{T} V_1 = I_m$,$U_1^\mathrm{T} U_1 = I_m$,即 V_1,U_1 分别为 $p \times m$ 和 $n \times m$ 列正交矩阵,求 B 的奇异值分解式其实是通过求 $S_R = B^\mathrm{T} B$ 矩阵的特征值和标准化特征向量得到. 设特征值为 $\lambda_1 \geqslant \lambda_2 \geqslant \cdots \geqslant \lambda_m > 0$ 相应标准化特征向量为 v_1,v_2,$\cdots$,v_m. 在实际应用中常按累积贡献率

$$\frac{\lambda_1 + \lambda_2 + \cdots + \lambda_l}{\lambda_1 + \lambda_2 + \cdots + \lambda_l + \cdots + \lambda_m} \geqslant 0.80 \quad (\text{或 } 0.70, 0.85)$$

确定所取公共因子个数 $l(l \leqslant m)$,B 的奇异值 $d_j = \sqrt{\lambda_j}(j = 1, 2, \cdots, m)$. 以下我们仍用 m 表示选定的因子个数.

(6) 计算行轮廓的坐标 G 和列轮廓的坐标 F. 令 $\alpha_i = D_c^{-1/2} v_i (i = 1, 2, \cdots, m)$,则 $\alpha_i^\mathrm{T} D_r \alpha_i = 1$. R 型因子分析的"因子载荷矩阵"(或列轮廓坐标)为

$$F = (d_1\boldsymbol{\alpha}_1, d_2\boldsymbol{\alpha}_2, \cdots, d_m\boldsymbol{\alpha}_m) = \boldsymbol{D}_c^{-1/2}\boldsymbol{V}_1\boldsymbol{\Lambda}_m = \begin{pmatrix} \dfrac{d_1}{\sqrt{p_{\cdot 1}}}v_{11} & \dfrac{d_2}{\sqrt{p_{\cdot 1}}}v_{12} & \cdots & \dfrac{d_m}{\sqrt{p_{\cdot 1}}}v_{1m} \\ \dfrac{d_1}{\sqrt{p_{\cdot 2}}}v_{21} & \dfrac{d_2}{\sqrt{p_{\cdot 2}}}v_{22} & \cdots & \dfrac{d_m}{\sqrt{p_{\cdot 2}}}v_{2m} \\ \vdots & \vdots & & \vdots \\ \dfrac{d_1}{\sqrt{p_{\cdot p}}}v_{p1} & \dfrac{d_2}{\sqrt{p_{\cdot p}}}v_{p2} & \cdots & \dfrac{d_m}{\sqrt{p_{\cdot p}}}v_{pm} \end{pmatrix},$$

其中,$\boldsymbol{D}_c^{-1/2}$ 为 p 阶矩阵,$\boldsymbol{V}_1$ 为 $p \times m$ 矩阵,有

$$\boldsymbol{V}_1 = (\boldsymbol{v}_1, \boldsymbol{v}_2, \cdots, \boldsymbol{v}_m) = \begin{pmatrix} v_{11} & \cdots & v_{1m} \\ \vdots & & \vdots \\ v_{p1} & \cdots & v_{pm} \end{pmatrix}.$$

令 $\beta_i = \boldsymbol{D}_r^{-1/2}u_i$,则 $\beta_i^{\mathrm{T}}\boldsymbol{D}_r\beta_i = 1$. Q 型因子分析的"因子载荷矩阵"(或行轮廓坐标)为

$$G = (d_1\boldsymbol{\beta}_1, d_2\boldsymbol{\beta}_2, \cdots, d_m\boldsymbol{\beta}_m) = \boldsymbol{D}_r^{-1/2}\boldsymbol{U}_1\boldsymbol{\Lambda}_m = \begin{pmatrix} \dfrac{d_1}{\sqrt{p_{1\cdot}}}u_{11} & \dfrac{d_2}{\sqrt{p_{1\cdot}}}u_{12} & \cdots & \dfrac{d_m}{\sqrt{p_{1\cdot}}}u_{1m} \\ \dfrac{d_1}{\sqrt{p_{2\cdot}}}u_{21} & \dfrac{d_2}{\sqrt{p_{2\cdot}}}u_{22} & \cdots & \dfrac{d_m}{\sqrt{p_{2\cdot}}}u_{2m} \\ \vdots & \vdots & & \vdots \\ \dfrac{d_1}{\sqrt{p_{n\cdot}}}u_{n1} & \dfrac{d_2}{\sqrt{p_{n\cdot}}}u_{n2} & \cdots & \dfrac{d_m}{\sqrt{p_{n\cdot}}}u_{nm} \end{pmatrix},$$

其中,$\boldsymbol{D}_r^{-1/2}$ 为 n 阶矩阵,$\boldsymbol{U}_1$ 为 $n \times m$ 矩阵,有

$$\boldsymbol{U}_1 = (\boldsymbol{u}_1, \boldsymbol{u}_2, \cdots, \boldsymbol{u}_m) = \begin{pmatrix} u_{11} & \cdots & u_{1m} \\ \vdots & & \vdots \\ u_{p1} & \cdots & u_{pm} \end{pmatrix}.$$

常把 $\boldsymbol{\alpha}_i$ 或 $\boldsymbol{\beta}_i$ $(i = 1, 2, \cdots, m)$ 称为加权意义下有单位长度的特征向量.

注意:行轮廓的坐标 G 和列轮廓的坐标 F 的定义与 Q 型和 R 型因子载荷矩阵稍有差别. G 的前两列包含了数据最优二维表示中的各对行点(样品点)的坐标,而 F 的前两列则包含了数据最优二维表示中的各对列点(变量点)的坐标.

(7) 在相同二维平面上用行轮廓的坐标 G 和列轮廓的坐标 F(取 $m = 2$)绘制出点的平面图,也就是把 n 个行点(样品点)和 p 个列点(变量点)在同一个平面坐

标系中绘制出来,对一组行点或一组列点,二维图中的欧氏距离与原始数据中各行(或列)轮廓之间的加权距离是相对应的.但需要注意,对应行轮廓的点与对应列轮廓的点之间没有直接的距离关系.

(8) 求总惯量 Q 和 χ^2 统计量的分解式.由式(11.2.6)可知

$$Q = \sum_{i=1}^{n} \sum_{j=1}^{p} b_{ij}^2 = \mathrm{tr}(\boldsymbol{B}^{\mathrm{T}} \boldsymbol{B}) = \sum_{i=1}^{m} \lambda_i = \sum_{i=1}^{m} d_i^2, \tag{11.2.7}$$

其中,$\lambda_i (i = 1, 2, \cdots, m)$ 是 $\boldsymbol{B}^{\mathrm{T}} \boldsymbol{B}$ 的特征值,称为第 i 个主惯量;$d_i = \sqrt{\lambda_i} (i = 1, 2, \cdots, m)$ 是 $\boldsymbol{B}$ 的奇异值. (11.2.7)给出 Q 的分解式,第 i 个因子$(i = 1, 2, \cdots, m)$ 轴末端的惯量 $Q_i = d_i^2$. 相应地,有

$$\chi^2 = TQ = T \sum_{i=1}^{m} d_i^2,$$

即给出总 χ^2 统计量的分解式.

(9) 对样品点和变量点进行分类,并结合专业知识进行成因解释.

11.3 文化程度和就业观点的对应分析

利用 20 世纪 90 年代初期对某市若干个郊区已婚妇女的调查资料,主要调查她们对"应该男人在外工作,妇女在家操持家务"的态度,依据文化程度和就业观点(分为非常同意、同意、不同意、非常不同意)两个变量进行分类汇总,数据见表 11-1.

表 11-1 文化程度和就业观点的调查数据

文化程度	非常同意	同意	不同意	非常不同意
小学以下	2	17	17	5
小学	6	65	79	6
初中	41	220	327	48
高中	72	224	503	47
大学	24	61	300	41

首先我们要用指令 library(MASS)加载 MASS 宏包,再用 corresp( )函数就可完成对应分析.该问题的 R 程序如下:

```
>x.df=data.frame(HighlyFor=c(2, 6, 41, 72, 24),
                 For  =c(17, 65, 220, 224, 61),
                 Against=c(17, 79, 327, 503, 300),
                 HighlyAgainst=c(5, 6, 48, 47, 41))
>rownames(x.df)<-c("BelowPrimary","Primary",
"Secondary", "HighSchool", "College")
>library(MASS)
>biplot(corresp(x.df, nf=2))
```

结果见图 11-1.

说明：biplot 作出的对应分析图,可以直观地来展示两个变量各个水平之间的关系.

结果说明：

(1) 对于该图(图 11-1),主要看横坐标的两种点(就业观点与文化程度)的距离,纵坐标的距离对于分析贡献意义不大.

(2) 对于该图可以看出对该观点持赞同态度的是小学以下,小学,初中,而大学文化程度的妇女主要持不同意或者非常不同意的观点,高中文化程度的持有非常不赞同或者非常同意两种观点.

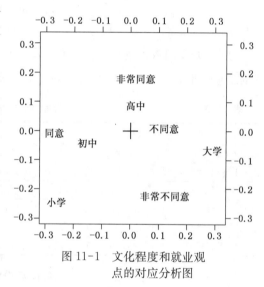

图 11-1 文化程度和就业观点的对应分析图

11.4 美国授予哲学博士学位的对应分析

对应分析处理的数据可以是二维频数表(或称双向列联表),或者是两个或多个属性变量的原始类目响应数据.

对应分析是列联表的一类加权主成分分析,它用于寻求列联表的行和列之间联系的低维图形表示法.每一行或每一列用单元频数确定的欧氏空间中的一个点表示.

表 11-2 的数据是美国在 1973—1978 年间授予哲学博士学位的数目(美国人口调查局,1979 年),试用对应分析方法分析该组数据.

表 11-2 美国 1973—1978 年间授予哲学博士学位的数据

学科/年	1973	1974	1975	1976	1977	1978
L(生命科学)	4 489	4 303	4 402	4 350	4 266	4 361
P(物理学)	4 101	3 800	3 749	3 572	3 410	3 234
S(社会学)	3 354	3 286	3 344	3 278	3 137	3 008
B(行为科学)	2 444	2 587	2 749	2 878	2 960	3 049
E(工程学)	3 338	3 144	2 959	2 791	2 641	2 432
M(数学)	1 222	1 196	1 149	1 003	959	959

如果把年度和学科作为两个属性变量,年度考虑 1973 年至 1978 年这 6 年的情况(6个类目),学科也考虑 6 种学科,那么表 11-2 就是一张两个属性变量的列联表.

对表 11-2 的数据进行对应分析(MATLAB 程序附后),可得出行形象(或称行剖面)、惯量和 χ^2 分解,以及行和列的坐标等.计算结果见表 11-3—表 11-6.

表 11-3 行轮廓分布阵

学科/年	1973	1974	1975	1976	1977	1978
L(生命科学)	0.171 526	0.164 419	0.168 201	0.166 215	0.163 005	0.166 635
P(物理学)	0.187 551	0.173 786	0.171 453	0.163 359	0.155 950	0.147 901
S(社会学)	0.172 824	0.169 320	0.172 309	0.168 908	0.161 643	0.154 996
B(行为科学)	0.146 637	0.155 217	0.164 937	0.172 677	0.177 596	0.182 936
E(工程科学)	0.192 892	0.181 682	0.170 991	0.161 283	0.152 615	0.140 537
M(数科学)	0.188 348	0.184 340	0.177 096	0.154 593	0.147 811	0.147 811

表 11-4 惯量和 χ^2 分解

奇异值	主惯量	χ^2	贡献率	累积贡献率
0.058 451	0.003 416	368.653 1	0.960 393	0.960 393
0.008 608	7.41E-05	7.994 719	0.020 827	0.981 221
0.006 940	4.82E-05	5.196 983	0.013 539	0.994 760
0.004 143	1.72E-05	1.851 840	0.004 824	0.999 584
0.001 217	1.48E-06	0.159 738	0.000 416	1

根据表 11-4,可得总 χ^2 统计量等于 383.856 3,该值是中心化的列联表的全部 5 维中行和列之间相关性的度量,它的最大维数 5(或坐标轴)是行数和列数的最小值减 1.即总 χ^2 统计量就是检验两个属性变量是否互不相关时的检验统计量,这里它的自由度为 25.在总 χ^2 或总惯量的 96% 以上可用第一维说明,也就是说,行和列的类目之间的联系实质上可用一维表示.

表 11-5 行坐标

	L(生命科学)	P(物理学)	S(社会学)	B(行为科学)	E(工程学)	M(数学)
第一维	0.025 8	−0.041 3	0.001 4	0.110 0	−0.070 4	−0.063 9
第二维	0.008 1	−0.002 4	−0.011 4	−0.001 3	−0.003 7	0.022 8

由表 11-5 可以看出,第一维显示 6 门学科(样品)授予博士学位数目的变化方向;同时也可看出:在第一维中坐标最大的样品点(0.110 0)所对应的学科是"行为科学",该学科授予博士学位的数目是随年度的变化而上升的;"生命科学"和"社会科学"变化不大;而另外三个学科授予博士学位的数目是随年度的变化而下降的.

表 11-6 列坐标

	1973	1974	1975	1976	1977	1978
第一维	−0.084 0	−0.050 9	−0.014 8	0.024 2	0.051 2	0.086 4
第二维	0.003 3	0.002 9	0.000 8	−0.012 9	−0.008 2	0.014 3

由表 11-6 可以看出,第一维显示出 6 个年度(变量)授予博士学位的数目随年份的增加而递增的变化方向.

图 11-2 给出了行、列坐标的散点图(MATLAB 程序附后). 从散点图可看出,由表示学科的行点沿横轴——第一维方向上的排列显示出,随年度变化授予的博士学位数目从最大(表示"表示行为科学"的B)减少到最小(表示"工程学"的E)的学科排列次序. 图 11-2 给出了授予的博士学位数目依赖于学科变化的变化率.

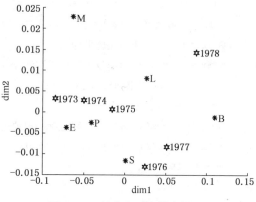

图 11-2 行点和列点散点图

由图 11-2、表 11-5 和表 11-6 可看出,6 个行点和 6 个列点可以分为三类:第一类包括"行为科学(B)",它在1978 年授予的博士学位数目的比例最大;第二类包括"社会学(S)"和"生命科学(L)",它们在 1975 年至 1977 年授予的博士学位数目的比例都是随年度下降;第三类包括"物理学(P)""工程学(E)"和"数学(M)",它们在 1973 年和 1974 年这两年授予的博士学位数目的比例最大.

有关 MATLAB 程序如下:

```
clear
format long g
```

```
a = load('dy.txt');   %原始文件保存在纯文本文件 dy.txt 中
T = sum(sum(a));
P = a/T;   %计算对应矩阵 P
r = sum(P,2),c = sum(P) %计算边缘分布
Row_prifile = a./repmat(sum(a,2),1,size(a,2))   %计算行轮廓分布阵
B = (P−r*c)./sqrt((r*c));   %计算标准化数据 B
[u,s,v] = svd(B,'econ')   %对标准化后的数据阵 B 作奇异值分解
w = sign(repmat(sum(v),size(v,1),1))   %修改特征向量的符号矩阵
%使得 v 中的每一个列向量的分量和大于 0
ub = u.*w   %修改特征向量的正负号
vb = v.*w   %修改特征向量的正负号
lamda = diag(s).^2   %计算 Z'*Z 的特征值,即计算惯量
ksi2square = T*(lamda)   %计算卡方统计量的分解
T_ksi2square = sum(ksi2square)   %计算总卡方统计量
con_rate = lamda/sum(lamda) %计算贡献率
cum_rate = cumsum(con_rate) %计算累积贡献率
beta = diag(r.^(−1/2))*ub;   %求加权特征向量
G = beta*s   %求行轮廓坐标
alpha = diag(c.^(−1/2))*vb;   %求加权特征向量
F = alpha*s   %求列轮廓坐标 F
num = size(G,1);
rang = minmax(G(:,1)');   %坐标的取值范围
delta = (rang(2)−rang(1))/(8*num);   %画图的标注位置调整量
ch = 'LPSBEM';
hold on
for i = 1:num
plot(G(i,1),G(i,2),'*','Color','k','LineWidth',1.3)   %画行点散布图
text(G(i,1)+delta,G(i,2),ch(i))   %对行点进行标注
plot(F(i,1),F(i,2),'H','Color','k','LineWidth',1.3)   %画列点散布图
text(F(i,1)+delta,F(i,2),int2str(i+1972))   %对列点进行标注
end
xlabel('dim1'),ylabel('dim2')
xlswrite('tt1',[diag(s),lamda,ksi2square,con_rate,cum_rate])
%把计算结果输出到 Excel 文件,这样便于把数据直接贴到 word 中的表格
format
```

11.5　对应分析在品牌定位研究中的应用

受某家电企业的委托,调查公司在全国 10 个大城市进行了入户调查,重点检测 5 个空调品牌的形象特征,形象空间包括少男、少女、白领等 8 个形象指标.

(1) 基础资料整理

对应分析需要将品牌指标与形象指标数据按交叉列表的方式整理,数据整理结果见表 11-7.

表 11-7　　　　　　　　　　　　　10 城市调查基础数据

品牌	少男	少女	白领	工人	农民	士兵	主管	教授	行和
A	543	342	453	609	261	360	243	183	2 994
B	245	785	630	597	311	233	108	69	2 978
C	300	200	489	740	365	324	327	228	2 973
D	401	396	395	693	350	309	263	143	2 950
E	147	117	410	726	366	447	329	420	2 962
列和	1 636	1 840	2 377	3 365	1 653	1 673	1 270	104	14 857

对表 11-7 的数据进行对应分析(MATLAB 程序附后),有关计算结果和画图,见表 11-8—表 11-11、图 11-3,具体如下.

(2) 计算惯量,确定维数

惯量实际上就是 $B^{\mathrm{T}}B$ 的特征值,表示相应维数对各类别的解释量,维数的数量最大等于"行变量数－1"与"列变量数－1"中的较少者,本例最多可以产生 4 个维数. 从计算结果(表 11-8)可见(Matlab 程序附后),第一维数的解释量达 75%,前 2 个维数的解释度已达 95%.

选取几个维数对结果进行分析,需结合实际情况,一般解释量累积达 85% 以上即可获得较好的分析效果,故本例取两个维数即可.

表 11-8　　　　　　　　　　各维数的惯量、奇异值、贡献率

维数	奇异值	惯量	贡献率	累积贡献率
1	0.289 7	0.083 9	0.750 0	0.750 0
2	0.149 8	0.022 4	0.200 0	0.950 0
3	0.064 0	0.004 1	0.036 6	0.986 6
4	0.038 8	0.001 5	0.013 4	1

（3）计算行坐标和列坐标

行坐标和列坐标的计算结果见表 11-9 和表 11-10（MATLAB 程序附后）.

表 11-9 行坐标

	A	B	C	D	E
第一维	−0.026 7	−0.479 0	0.164 4	−0.055 9	0.399 2
第二维	0.223 1	−0.159 0	0.006 4	0.094 6	−0.166 3

表 11-10 列坐标

	少男	少女	白领	工人	农民	士兵	主管	教授
第一维	−0.097 5	−0.614 7	−0.133 4	0.072 40	0.063 9	0.192 3	0.304 9	0.526 9
第二维	0.398 6	−0.106 2	−0.075 3	−0.018 8	−0.067 3	0.001 0	0.049 0	−0.160 1

在图 11-3 中，给出 5 个样品点（用 A，B，C，D，E 表示）和 8 个形象指标（少男，少女，白领，工人，农民，士兵，主管，教授分别用 L_1，L_2，$\cdots$，L_8 表示）在相同坐标系上绘制的散布图.

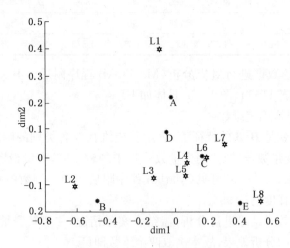

图 11-3　行点和列点的散布图

从图 11-3 中可以非常直观地反映出品牌 A 是"少男"，品牌 B 是"少女"，品牌 C 是"士兵"，品牌 D 是"工人"，品牌 E 是"教授".

（4）补充

由于品牌与形象指标在同一坐标系下，可以借助欧氏距离公式从数量的角度度量品牌与形象的密切程度，计算结果见表 11-11（MATLAB 程序附后）.

表 11-11 各品牌与各形象间的距离

	少男	少女	白领	工人	农民	士兵	主管	教授
A	0.189 3	0.674 0	0.317 0	0.261 7	0.304 1	0.311 9	0.374 5	0.673 3
B	0.675 6	0.145 6	0.355 6	0.569 0	0.550 7	0.690 2	0.811 1	1.006 0
C	0.471 6	0.787 2	0.308 8	0.095 4	0.124 6	0.028 5	0.146 8	0.399 0
D	0.306 9	0.593 8	0.186 7	0.171 2	0.201 3	0.265 3	0.363 6	0.636 0
E	0.752 2	1.015 7	0.540 3	0.358 6	0.349 6	0.266 0	0.235 0	0.127 9

从表 11-11 可见,品牌 A 的形象主要是"少男",品牌 B 的形象主要是"少女",品牌 C 的形象主要是"士兵",品牌 D 的形象主要是"工人",品牌 E 的形象主要是教授.这个结果与图 11-3 是一致的.

有关 MATLAB 程序如下:

```
clear
a = [543 342 453 609 261 360 243 183
245 785 630 597 311 233 108 69
300 200 489 740 365 324 327 228
401 396 395 693 350 309 263 143
147 117 410 726 366 447 329 420];
a_i_dot = sum(a,2)   %计算行和
a_dot_j = sum(a)   %计算列和
T = sum(a_i_dot)   %计算数据的总和
P = a/T;   %计算对应矩阵 P
r = sum(P,2), c = sum(P)   %计算边缘分布
Row_prifile = a./repmat(sum(a,2),1,size(a,2))   %计算行轮廓分布阵
B = (P-r*c)./sqrt((r*c));   %计算标准化数据 B
[u,s,v] = svd(B,'econ')   %对标准化后的数据阵 B 作奇异值分解
w1 = sign(repmat(sum(v),size(v,1),1))   %修改特征向量的符号矩阵
%使得 v 中的每一个列向量的分量和大于 0
w2 = sign(repmat(sum(v),size(u,1),1));   %根据 v 对应地修改 u 的符号
vb = v.*w1;   %修改特征向量的正负号
ub = u.*w2;   %修改特征向量的正负号
lamda = diag(s).^2   %计算 Z'*Z 的特征值,既计算惯量
ksi2square = T*(lamda)   %计算卡方统计量的分解
T_ksi2square = sum(ksi2square)   %计算总卡方统计量
con_rate = lamda/sum(lamda)   %计算贡献率
cum_rate = cumsum(con_rate)   %计算累积贡献率
```

```
beta = diag(r.^( - 1/2)) * ub;   %求加权特征向量
G = beta * s   %求行轮廓坐标 G
alpha = diag(c.^( - 1/2)) * vb;   %求加权特征向量
F = alpha * s   %求列轮廓坐标 F
num1 = size(G,1);   %样本点的个数
rang = minmax(G(:,[1 2])');   %行坐标的取值范围
delta = (rang(:,2) - rang(:,1))/(4 * num1);   %画图的标注位置调整量
chrow = {'A', 'B', 'C', 'D', 'E'};

strcol = {'少男','少女','白领','工人','农民','士兵','主管','教授'};
strcol = {'L1', 'L2', 'L3', 'L4', 'L5', 'L6', 'L7', 'L8'};

hold on
plot(G(:,1), G(:,2), '*', 'Color', 'k', 'LineWidth', 1.3)   %画行点散布图
text(G(:,1), G(:,2) - delta(2), chrow)   %对行点进行标注
plot(F(:,1), F(:,2), 'H', 'Color', 'k', 'LineWidth', 1.3)   %画列点散布图
text(F(:,1) - delta(1), F(:,2) + 1.2 * delta(2), strcol)   %对列点进行标注
xlabel('dim1'), ylabel('dim2')
xlswrite('tt', [diag(s), lamda, ksi2square, con_rate, cum_rate])
%把计算结果输出到 Excel 文件,这样便于把数据直接贴到 word 中的表格
dd = dist(G(:,1:2), F(:,1:2)')   %计算第一个矩阵的行向量与第二个矩阵的列向量之
间的距离
```

11.6 思考与练习题

1. 举例并简要说明对应分析和因子分析有什么不同?
2. 简要叙述对应分析的基本思想,并举例说明对应分析意义与作用.
3. 举例并简要说明对应分析的原理、依据、计算步骤.
4. 结合本章中的"文化程度和就业观点",收集近些年的有关数据进行对应分析.
5. 结合本章中的"美国授予哲学博士学位的对应分析",收集我国近些年博士学位的有关数据进行对应分析.
6. 结合本章中的"对应分析在品牌定位研究中的应用研究",收集你感兴趣问题的数据,并完成该问题的对应分析.

12 | 典型相关分析

在统计分析中,我们用简单相关系数反映两个变量之间的线性相关关系. 1936 年 Hotelling 将线性相关性推广到两组变量的讨论中,提出了典型相关分析 (canonical correlation analysis)方法.

现在的问题是为每一组变量选取一个综合变量作为代表,而一组变量最简单的综合形式就是该组变量的线性组合. 由于一组变量可以有无数种线性组合(线性组合由相应的系数确定),因此必须找到既有意义又可以确定的线性组合. 典型相关分析就是要找到这两组变量线性组合的系数使得这两个由线性组合生成的变量(和其他线性组合相比)之间的相关系数最大.

在本章中我们将介绍:典型相关分析的基本思想、典型相关的数学描述、原始变量与典型变量之间的相关性、典型相关系数的检验、典型相关分析应用案例(康复俱乐部数据的典型相关分析、职业满意度典型相关分析、中国城市竞争力与基础设施的典型相关分析).

12.1 典型相关分析的基本思想

典型相关分析是仿照主成分分析法中把多变量与多变量之间的相关化为两个变量之间相关的做法,首先在每组变量内部找出具有最大相关性的一对线性组合,然后再在每组变量内找出第二对线性组合,使其本身具有最大的相关性,并分别与第一对线性组合不相关. 如此下去,直到两组变量内各变量之间的相关性被提取完毕为止. 有了这些最大相关的线性组合,则讨论两组变量之间的相关,就转化为研究这些线性组合的最大相关,从而减少了研究变量的个数.

通常情况下,为了研究两组变量

$$(x_1, x_2, \cdots, x_p), \quad (y_1, y_2, \cdots, y_q)$$

的相关关系,可以用最原始的方法,分别计算两组变量之间的全部相关系数,一共

有 pq 个简单相关系数,这样又烦琐又不能抓住问题的本质. 如果能够采用类似于主成分分析的思想,分别找出两组变量的各自的某个线性组合,讨论线性组合之间的相关关系,则更简捷.

首先分别在每组变量中找出第一对线性组合,使其具有最大相关性,即

$$\begin{cases} u_1 = \alpha_{11}x_1 + \alpha_{21}x_2 + \cdots + \alpha_{p1}x_p, \\ v_1 = \beta_{11}y_1 + \beta_{21}y_2 + \cdots + \beta_{q1}y_q. \end{cases}$$

然后再在每组变量中找出第二对线性组合,使其分别与本组内的第一对线性组合不相关,第二对本身具有次大的相关性,有

$$\begin{cases} u_2 = \alpha_{12}x_1 + \alpha_{22}x_2 + \cdots + \alpha_{p2}x_p, \\ v_2 = \beta_{12}y_1 + \beta_{22}y_2 + \cdots + \beta_{q2}y_q. \end{cases}$$

u_2 与 u_1 及 v_2 与 v_1 不相关,但 u_2 和 v_2 相关. 如此继续下去,直至进行到 r 步,两组变量的相关性被提取完为止,可以得到 r 组变量,这里 $r \leqslant \min(p, q)$.

12.2 典型相关的数学描述

实际问题中,需要考虑两组变量之间的相关关系的问题很多. 例如,考虑几种主要产品的价格(作为第一组变量)和相应这些产品的销售量(作为第二组变量)之间的相关关系;考虑投资性变量(如劳动者人数、货物周转量、生产建设投资等)与国民收入变量(如工农业国民收入、运输业国民收入、建筑业国民收入等)之间的相关关系等等.

复相关系数描述两组随机变量 $\boldsymbol{X} = (x_1, x_2, \cdots, x_p)^{\mathrm{T}}$, $\boldsymbol{Y} = (y_1, y_2, \cdots, y_q)^{\mathrm{T}}$ 之间的相关程度. 其思想是先将每一组随机变量作线性组合,成为两个随机变量:

$$u = \boldsymbol{\rho}^{\mathrm{T}}\boldsymbol{X} = \sum_{i=1}^{p}\rho_i x_i, \quad v = \boldsymbol{\gamma}^{\mathrm{T}}\boldsymbol{Y} = \sum_{j=1}^{q}\gamma_j y_j.$$

再研究 u 与 v 的相关系数. 由于 v,u 与投影向量 $\boldsymbol{\rho}$,$\boldsymbol{\gamma}$ 有关,所以 $r_{uv} = r_{uv}(\rho, \gamma)$. 取在 $\boldsymbol{\rho}^{\mathrm{T}}\boldsymbol{\Sigma}_{XX}\boldsymbol{\rho} = 1$ 和 $\boldsymbol{\gamma}^{\mathrm{T}}\boldsymbol{\Sigma}_{YY}\boldsymbol{\gamma} = 1$ 的条件下使 r_{uv} 达到最大的 $\boldsymbol{\rho}$,$\boldsymbol{\gamma}$ 作为投影向量,这样得到的相关系数为复相关系数

$$r_{uv} = \max r_{uv}(\boldsymbol{\rho}, \boldsymbol{\gamma}).$$

将两组变量的协方差矩阵分块得

$$\mathrm{Cov}\begin{bmatrix} X \\ Y \end{bmatrix} = \begin{bmatrix} \mathrm{Var}(X) & \mathrm{Cov}(X, Y) \\ \mathrm{Cov}(Y, X) & \mathrm{Var}(Y) \end{bmatrix} = \begin{bmatrix} \boldsymbol{\Sigma}_{XX} & \boldsymbol{\Sigma}_{XY} \\ \boldsymbol{\Sigma}_{YX} & \boldsymbol{\Sigma}_{YY} \end{bmatrix},$$

此时

$$r_{uv} = \frac{\mathrm{Cov}(\boldsymbol{\rho}^{\mathrm{T}} X, \boldsymbol{\gamma}^{\mathrm{T}} Y)}{\sqrt{\mathrm{Var}(\boldsymbol{\rho}^{\mathrm{T}} X)}\sqrt{\mathrm{Var}(\boldsymbol{\gamma}^{\mathrm{T}} Y)}} = \frac{\boldsymbol{\rho}^{\mathrm{T}} \boldsymbol{\Sigma}_{XY} \boldsymbol{\gamma}}{\sqrt{\boldsymbol{\rho}^{\mathrm{T}} \boldsymbol{\Sigma}_{XX} \boldsymbol{\rho}}\sqrt{\boldsymbol{\gamma}^{\mathrm{T}} \boldsymbol{\Sigma}_{YY} \boldsymbol{\gamma}}} = \boldsymbol{\rho}^{\mathrm{T}} \boldsymbol{\Sigma}_{XY} \boldsymbol{\gamma}.$$

因此,问题转化为在 $\boldsymbol{\rho}^{\mathrm{T}} \boldsymbol{\Sigma}_{XX} \boldsymbol{\rho} = 1$ 和 $\boldsymbol{\gamma}^{\mathrm{T}} \boldsymbol{\Sigma}_{YY} \boldsymbol{\gamma} = 1$ 的条件下求 $\boldsymbol{\rho}^{\mathrm{T}} \boldsymbol{\Sigma}_{XY} \boldsymbol{\gamma}$ 的极大值. 根据条件极值法引入 Lagrange 乘数,可将问题转化为求

$$S(\boldsymbol{\rho}, \boldsymbol{\gamma}) = \boldsymbol{\rho}^{\mathrm{T}} \boldsymbol{\Sigma}_{XY} \boldsymbol{\gamma} - \frac{\lambda}{2}(\boldsymbol{\rho}^{\mathrm{T}} \boldsymbol{\Sigma}_{XX} \boldsymbol{\rho} - 1) - \frac{\omega}{2}(\boldsymbol{\gamma}^{\mathrm{T}} \boldsymbol{\Sigma}_{YY} \boldsymbol{\gamma} - 1)$$

的极大值,其中 λ, ω 是 Lagrange 乘数.

由极值的必要条件得方程组

$$\begin{cases} \dfrac{\partial S}{\partial \boldsymbol{\rho}} = \boldsymbol{\Sigma}_{XY} \boldsymbol{\gamma} - \lambda \boldsymbol{\Sigma}_{XX} \boldsymbol{\rho} = 0, \\ \dfrac{\partial S}{\partial \boldsymbol{\gamma}} = \boldsymbol{\Sigma}_{YX} \boldsymbol{\rho} - \omega \boldsymbol{\Sigma}_{YY} \boldsymbol{\gamma} = 0. \end{cases} \tag{12.2.1}$$

将上两式分别左乘 $\boldsymbol{\rho}^{\mathrm{T}}$ 与 $\boldsymbol{\gamma}^{\mathrm{T}}$,则得

$$\begin{cases} \boldsymbol{\rho}^{\mathrm{T}} \boldsymbol{\Sigma}_{XY} \boldsymbol{\gamma} = \lambda \boldsymbol{\rho}^{\mathrm{T}} \boldsymbol{\Sigma}_{XX} \boldsymbol{\rho} = \lambda, \\ \boldsymbol{\gamma}^{\mathrm{T}} \boldsymbol{\Sigma}_{YX} \boldsymbol{\rho} = \omega \boldsymbol{\gamma}^{\mathrm{T}} \boldsymbol{\Sigma}_{YY} \boldsymbol{\gamma} = \omega. \end{cases}$$

注意:$\boldsymbol{\Sigma}_{XY} = \boldsymbol{\Sigma}_{YX}^{\mathrm{T}}$,所以 $\lambda = \omega = \boldsymbol{\rho}^{\mathrm{T}} \boldsymbol{\Sigma}_{XY} \boldsymbol{\gamma}$.

代入方程组(12.2.1)得到

$$\begin{cases} \boldsymbol{\Sigma}_{XY} \boldsymbol{\gamma} - \lambda \boldsymbol{\Sigma}_{XX} \boldsymbol{\rho} = 0, \\ \boldsymbol{\Sigma}_{YX} \boldsymbol{\rho} - \lambda \boldsymbol{\Sigma}_{YY} \boldsymbol{\gamma} = 0. \end{cases} \tag{12.2.2}$$

用 $\boldsymbol{\Sigma}_{YY}^{-1}$ 左乘方程组(12.2.2)的第二式,得 $\lambda \boldsymbol{\gamma} = \boldsymbol{\Sigma}_{YY}^{-1} \boldsymbol{\Sigma}_{YX} \boldsymbol{\rho}$,所以

$$\boldsymbol{\gamma} = \frac{1}{\lambda} \boldsymbol{\Sigma}_{YY}^{-1} \boldsymbol{\Sigma}_{YX} \boldsymbol{\rho},$$

代入方程组(12.2.2)的第一式,得

$$(\boldsymbol{\Sigma}_{XY} \boldsymbol{\Sigma}_{YY}^{-1} \boldsymbol{\Sigma}_{YX} - \lambda^2 \boldsymbol{\Sigma}_{XX}) \boldsymbol{\rho} = 0.$$

同理可得

$$(\boldsymbol{\Sigma}_{YX}\boldsymbol{\Sigma}_{XX}^{-1}\boldsymbol{\Sigma}_{XY} - \lambda^2\boldsymbol{\Sigma}_{YY})\boldsymbol{\gamma} = 0.$$

记

$$\boldsymbol{M}_1 = \boldsymbol{\Sigma}_{XX}^{-1}\boldsymbol{\Sigma}_{XY}\boldsymbol{\Sigma}_{YY}^{-1}\boldsymbol{\Sigma}_{YX}, \quad \boldsymbol{M}_2 = \boldsymbol{\Sigma}_{YY}^{-1}\boldsymbol{\Sigma}_{YX}\boldsymbol{\Sigma}_{XX}^{-1}\boldsymbol{\Sigma}_{XY}, \tag{12.2.3}$$

则有

$$\boldsymbol{M}_1\boldsymbol{\rho} = \lambda^2\boldsymbol{\rho}, \quad \boldsymbol{M}_2\boldsymbol{\gamma} = \lambda^2\boldsymbol{\gamma}. \tag{12.2.4}$$

式(12.2.4)说明 λ^2 既是 $\boldsymbol{M}_1$ 又是 $\boldsymbol{M}_2$ 的特征根，$\boldsymbol{\rho}$，$\boldsymbol{\gamma}$ 就是其相应于 $\boldsymbol{M}_1$ 和 $\boldsymbol{M}_2$ 的特征向量. $\boldsymbol{M}_1$ 和 $\boldsymbol{M}_2$ 的特征根非负，均在 $[0，1]$ 上，非零特征根的个数等于 $\min(p，q)$，不妨设为 q.

设 $\boldsymbol{M}_1\boldsymbol{\rho} = \lambda^2\boldsymbol{\rho}$ 的特征根排序为 $\lambda_1^2 \geqslant \lambda_2^2 \geqslant \cdots \geqslant \lambda_q^2$，其余 $p-q$ 个特征根为 0，称 $\lambda_1，\lambda_2，\cdots，\lambda_q$ 为典型相关系数. 相应地，从 $\boldsymbol{M}_1\boldsymbol{\rho} = \lambda^2\boldsymbol{\rho}$ 解出的特征向量为 $\boldsymbol{\rho}^{(1)}$，$\boldsymbol{\rho}^{(2)}$，$\cdots$，$\boldsymbol{\rho}^{(q)}$，从 $\boldsymbol{M}_2\boldsymbol{\gamma} = \lambda^2\boldsymbol{\gamma}$ 解出的特征向量为 $\boldsymbol{\gamma}^{(1)}$，$\boldsymbol{\gamma}^{(2)}$，$\cdots$，$\boldsymbol{\gamma}^{(q)}$，从而可得 q 对线性组合

$$u_i = \boldsymbol{\rho}^{(i)\mathrm{T}}\boldsymbol{X}, \; v_i = \boldsymbol{\gamma}^{(i)\mathrm{T}}\boldsymbol{Y}, \quad i = 1，2，\cdots，q,$$

称每一对变量为典型变量. 求典型相关系数和典型变量归结为求 $\boldsymbol{M}_1$ 和 $\boldsymbol{M}_2$ 的特征根和特征向量.

还可以证明，当 $i \neq j$ 时，有

$$\mathrm{Cov}(u_i，u_j) = \mathrm{Cov}(\boldsymbol{\rho}^{(i)\mathrm{T}}\boldsymbol{X}，\boldsymbol{\rho}^{(j)\mathrm{T}}\boldsymbol{X}) = \boldsymbol{\rho}^{(i)\mathrm{T}}\boldsymbol{\Sigma}_{XX}\boldsymbol{\rho}^{(j)} = 0,$$
$$\mathrm{Cov}(v_i，v_j) = \mathrm{Cov}(\boldsymbol{\gamma}^{(i)\mathrm{T}}\boldsymbol{Y}，\boldsymbol{\gamma}^{(j)\mathrm{T}}\boldsymbol{Y}) = \boldsymbol{\gamma}^{(i)\mathrm{T}}\boldsymbol{\Sigma}_{YY}\boldsymbol{\gamma}^{(j)} = 0,$$

表示一切典型变量都是不相关的，并且其方差为 1，即

$$\mathrm{Cov}(\boldsymbol{u}_i，\boldsymbol{u}_j) = \delta_{ij},$$
$$\mathrm{Cov}(\boldsymbol{v}_i，\boldsymbol{v}_j) = \delta_{ij},$$

其中

$$\delta_{ij} = \begin{cases} 1，& i = j, \\ 0，& i \neq j. \end{cases}$$

$\boldsymbol{X}$ 与 $\boldsymbol{Y}$ 的同一对典型变量 $\boldsymbol{u}_i$ 和 $\boldsymbol{v}_i$ 之间的相关系数为 λ_i，不同对的典型变量 $\boldsymbol{u}_i$ 和 $\boldsymbol{v}_j(i \neq j)$ 之间不相关，也就是说协方差为 0，即

$$\mathrm{Cov}(\boldsymbol{u}_i，\boldsymbol{v}_j) = \begin{cases} \lambda_i，& i = j, \\ 0，& i \neq j. \end{cases}$$

当总体的均值向量 $\boldsymbol{\mu}$ 和协差矩阵 $\boldsymbol{\Sigma}$ 未知时,无法求总体的典型相关系数和典型变量,因而需要给出样本的典型相关系数和典型变量.

设 $X_{(1)}$, $X_{(2)}$, $\cdots$, $X_{(n)}$, $Y_{(1)}$, $Y_{(2)}$, $\cdots$, $Y_{(n)}$ 为来自总体容量为 n 的样本,这时协方差矩阵的无偏估计为

$$\hat{\boldsymbol{\Sigma}}_{XX} = \frac{1}{n-1} \sum_{i=1}^{n} (\boldsymbol{X}_{(i)} - \overline{\boldsymbol{X}})(\boldsymbol{X}_{(i)} - \overline{\boldsymbol{X}})^{\mathrm{T}},$$

$$\hat{\boldsymbol{\Sigma}}_{YY} = \frac{1}{n-1} \sum_{i=1}^{n} (\boldsymbol{Y}_{(i)} - \overline{\boldsymbol{Y}})(\boldsymbol{Y}_{(i)} - \overline{\boldsymbol{Y}})^{\mathrm{T}},$$

$$\hat{\boldsymbol{\Sigma}}_{XY} = \hat{\boldsymbol{\Sigma}}_{XY}^{\mathrm{T}} = \frac{1}{n-1} \sum_{i=1}^{n} (\boldsymbol{X}_{(i)} - \overline{\boldsymbol{X}})(\boldsymbol{Y}_{(i)} - \overline{\boldsymbol{Y}})^{\mathrm{T}},$$

其中 $\overline{\boldsymbol{X}} = \frac{1}{n} \sum_{i=1}^{n} X_{(i)}$, $\overline{\boldsymbol{Y}} = \frac{1}{n} \sum_{i=1}^{n} Y_{(i)}$,用 $\hat{\boldsymbol{\Sigma}}$ 代替 $\boldsymbol{\Sigma}$ 并按式(12.2.3)和式(12.2.4)求出 $\hat{\lambda}_i$ 和 $\hat{\rho}$, $\hat{\gamma}$,称 $\hat{\lambda}_i$ 为样本的典型相关系数,称 $\hat{\boldsymbol{u}}_i = \hat{\boldsymbol{\rho}}^{(i)\mathrm{T}} \boldsymbol{X}$, $\hat{\boldsymbol{v}}_i = \hat{\boldsymbol{\gamma}}^{(i)\mathrm{T}} \boldsymbol{Y}(i = 1, 2, \cdots, q)$ 为样本的典型变量.

计算时也可从样本的相关系数矩阵出发求样本的典型相关系数和典型变量,将相关系数矩阵取代协方差阵,计算过程是一样的.

如果复相关系数中的一个变量是一维的,那么也可以称为偏相关系数. 偏相关系数是描述一个随机变量 y 与多个随机变量(一组随机变量)$\boldsymbol{X} = (x_1, x_2, \cdots, x_p)^{\mathrm{T}}$ 之间的关系. 其思想是先将那一组随机变量作线性组合,成为一个随机变量

$$\boldsymbol{u} = \boldsymbol{c}^{\mathrm{T}} \boldsymbol{X} = \sum_{i=1}^{p} c_i x_i.$$

再研究 y 与 u 的相关系数. 由于 u 与投影向量 c 有关,所以 $r_{yu} = r_{yu}(\boldsymbol{c})$ 与 c 有关. 我们取在 $\boldsymbol{c}^{\mathrm{T}} \boldsymbol{\Sigma}_{XX} \boldsymbol{c} = 1$ 的条件下使 r_{yu} 达到最大的 c 作为投影向量得到的相关系数为偏相关系数

$$r_{yu} = \max r_{yu}(\boldsymbol{c}).$$

其余推导、计算过程与复相关系数类似.

12.3 原始变量与典型变量之间的相关性

(1) 原始变量与典型变量之间的相关系数

设原始变量相关系数矩阵

$$R = \begin{bmatrix} R_{11} & R_{12} \\ R_{21} & R_{22} \end{bmatrix},$$

X 典型变量系数矩阵

$$\boldsymbol{\Lambda} = (\rho^{(1)}, \rho^{(2)}, \cdots, \rho^{(s)})_{p \times s} = \begin{bmatrix} \alpha_{11} & \alpha_{12} & \cdots & \alpha_{1s} \\ \alpha_{21} & \alpha_{22} & \cdots & \alpha_{2s} \\ \vdots & \vdots & & \vdots \\ \alpha_{p1} & \alpha_{p2} & \cdots & \alpha_{ps} \end{bmatrix},$$

Y 典型变量系数矩阵

$$\boldsymbol{\Gamma} = (\gamma^{(1)}, \gamma^{(2)}, \cdots, \gamma^{(s)})_{q \times s} = \begin{bmatrix} \beta_{11} & \beta_{12} & \cdots & \beta_{1s} \\ \beta_{21} & \beta_{22} & \cdots & \beta_{2s} \\ \vdots & \vdots & & \vdots \\ \beta_{s1} & \beta_{q2} & \cdots & \beta_{qs} \end{bmatrix},$$

则有

$$\mathrm{Cov}(x_i, u_j) = \mathrm{Cov}\left(x_i, \sum_{k=1}^{p} \alpha_{kj} x_k\right) = \sum_{k=1}^{p} \alpha_{kj} \mathrm{Cov}(x_i, x_k), \quad j = 1, 2, \cdots, s,$$

x_i 与 u_j 的相关系数

$$r(x_i, u_j) = \sum_{k=1}^{p} \alpha_{kj} \frac{\mathrm{Cov}(x_i, x_k)}{\sqrt{\mathrm{Var}(x_i)}}, \quad j = 1, 2, \cdots, s,$$

同理可计算得

$$r(x_i, v_j) = \sum_{k=1}^{q} \beta_{kj} \frac{\mathrm{Cov}(x_i, y_k)}{\sqrt{\mathrm{Var}(x_i)}}, \quad j = 1, 2, \cdots, s,$$

$$r(y_i, u_j) = \sum_{k=1}^{p} \alpha_{kj} \frac{\mathrm{Cov}(y_i, x_k)}{\sqrt{\mathrm{Var}(y_i)}}, \quad j = 1, 2, \cdots, s,$$

$$r(y_i, v_j) = \sum_{k=1}^{q} \beta_{kj} \frac{\mathrm{Cov}(y_i, y_k)}{\sqrt{\mathrm{Var}(y_i)}}, \quad j = 1, 2, \cdots, s.$$

(2) 各组原始变量被典型变量所解释的方差

X 组原始变量被 u_i 解释的方差比例

$$m_{u_i} = \sum_{k=1}^{p} r^2(u_i, x_k)/p.$$

X 组原始变量被 v_i 解释的方差比例

$$m_{v_i} = \sum_{k=1}^{p} r^2(v_i, x_k)/p.$$

Y 组原始变量被 u_i 解释的方差比例

$$n_{u_i} = \sum_{k=1}^{q} r^2(u_i, y_k)/q.$$

Y 组原始变量被 v_i 解释的方差比例

$$n_{v_i} = \sum_{k=1}^{q} r^2(v_i, y_k)/q.$$

12.4　典型相关系数的检验

在实际应用中,总体的协方差矩阵常常是未知的,需要从总体中抽出一个样本,根据样本对总体的协方差或相关系数矩阵进行估计,然后利用估计得到的协方差或相关系数矩阵进行分析. 由于估计中抽样误差的存在,所以估计以后还需要进行有关的假设检验.

(1) 计算样本的协方差矩阵

假设有 X 组和 Y 组变量,样本容量为 n,观测值矩阵为

$$\begin{pmatrix} a_{11} & \cdots & a_{1p} & b_{11} & \cdots & b_{1q} \\ a_{21} & \cdots & a_{2p} & b_{21} & \cdots & b_{2q} \\ \vdots & & \vdots & \vdots & & \vdots \\ a_{n1} & \cdots & a_{np} & b_{n1} & \cdots & b_{nq} \end{pmatrix}_{n \times (p+q)}$$

对应的标准化数据矩阵为

$$\boldsymbol{C} = \begin{pmatrix} \dfrac{a_{11} - \overline{x}_1}{\sigma_x^1} & \cdots & \dfrac{a_{1p} - \overline{x}_p}{\sigma_x^p} & \dfrac{b_{11} - \overline{y}_1}{\sigma_y^1} & \cdots & \dfrac{b_{1q} - \overline{y}_q}{\sigma_y^q} \\ \dfrac{a_{21} - \overline{x}_1}{\sigma_x^1} & \cdots & \dfrac{a_{2p} - \overline{x}_p}{\sigma_x^p} & \dfrac{b_{21} - \overline{y}_1}{\sigma_y^1} & \cdots & \dfrac{b_{2q} - \overline{y}_q}{\sigma_y^q} \\ \vdots & & \vdots & \vdots & & \vdots \\ \dfrac{a_{n1} - \overline{x}_1}{\sigma_x^1} & \cdots & \dfrac{a_{np} - \overline{x}_p}{\sigma_x^p} & \dfrac{b_{n1} - \overline{y}_1}{\sigma_y^1} & \cdots & \dfrac{b_{nq} - \overline{y}_q}{\sigma_y^q} \end{pmatrix}_{n \times (p+q)}$$

样本的协方差矩阵

$$\hat{\boldsymbol{\Sigma}} = \frac{1}{n-1}\boldsymbol{C}^{\mathrm{T}}\boldsymbol{C} = \begin{pmatrix} \hat{\boldsymbol{\Sigma}}_{XX} & \hat{\boldsymbol{\Sigma}}_{XY} \\ \hat{\boldsymbol{\Sigma}}_{YX} & \hat{\boldsymbol{\Sigma}}_{YY} \end{pmatrix}.$$

(2) 整体检验($H_0: \Sigma_{XY} = 0$, $H_1: \Sigma_{XY} \neq 0$)

$H_0: \lambda_1 = \lambda_2 = \cdots = \lambda_s = 0$, $s = \min(p, q)$, $H_0: \lambda_i(i = 1, 2, \cdots, s)$ 至少有一个非零.

记

$$\Lambda_1 = \frac{|\hat{\boldsymbol{\Sigma}}|}{|\hat{\boldsymbol{\Sigma}}_{XX}||\hat{\boldsymbol{\Sigma}}_{YY}|},$$

经计算得

$$\Lambda_1 = \left| \boldsymbol{I}_p - \hat{\boldsymbol{\Sigma}}_{XX}^{-1}\hat{\boldsymbol{\Sigma}}_{XY}\hat{\boldsymbol{\Sigma}}_{YY}^{-1}\hat{\boldsymbol{\Sigma}}_{YX} \right| = \prod_{i=1}^{s}(1-\lambda_i)^2.$$

在原假设为真的情况下,检验的统计量

$$Q_1 = -\left[n - 1 - \frac{1}{2}(p+q+1)\right]\ln\Lambda_1$$

近似服从自由度为 pq 的 χ^2 分布. 在给定的显著水平 α 下,如果 $Q_1 \geqslant \chi_\alpha^2(pq)$,则拒绝原假设,认为至少第一对典型变量之间的相关性显著.

(3) 部分总体典型相关系数为零的检验

$H_0: \lambda_2 = \lambda_3 = \cdots = \lambda_s = 0$, $H_1: \lambda_i(i = 2, 3, \cdots, s)$ 至少有一个非零.

若原假设 H_0 被接受,则认为只有第一对典型变量是有用的;若原假设 H_0 被拒绝,则认为第二对典型变量也是有用的,并进一步检验假设

$H_0: \lambda_3 = \lambda_4 = \cdots = \lambda_s = 0$, $H_1: \lambda_i(i = 3, 4, \cdots, s)$ 至少有一个非零.

如此进行下去,直至对某个 k

$H_0: \lambda_k = \lambda_{k+1} = \cdots = \lambda_s = 0$, $H_1: \lambda_i(i = k, k+1, \cdots, s)$ 至少有一个非零.

记

$$\Lambda_k = \prod_{i=k}^{s}(1-\lambda_i)^2.$$

在原假设为真的情况下,检验的统计量

$$Q = -\left[n - k - \frac{1}{2}(p+q+1)\right]\ln\Lambda_k$$

近似服从自由度为$(p-k+1)(q-k+1)$的χ^2分布.在给定的显著水平α下,如果$Q \geqslant \chi_\alpha^2[(p-k+1)(q-k+1)]$,则拒绝原假设,认为至少第$k$对典型变量之间的相关性显著.

12.5 康复俱乐部数据的典型相关分析

某康复俱乐部对 20 名中年人测量了三个生理指标:体重(x_1)、腰围(x_2)、脉搏(x_3)和三个训练指标:引体向上(y_1)、起从次数(y_2)、跳跃次数(y_3).其相关系数矩阵数据见表 12-1,试对这组数据进行典型相关分析.

表 12-1 相关系数矩阵数据

序号	x_1	x_2	x_3	y_1	y_2	y_3	序号	x_1	x_2	x_3	y_1	y_2	y_3
1	191	36	50	5	162	60	11	189	37	52	2	110	60
2	193	38	58	12	101	101	12	162	35	62	12	105	37
3	189	35	46	13	155	58	13	182	36	56	4	101	42
4	211	38	56	8	101	38	14	167	34	60	6	125	40
5	176	31	74	15	200	40	15	154	33	56	17	251	250
6	169	34	50	17	120	38	16	166	33	52	13	210	115
7	154	34	64	14	215	105	17	247	46	50	1	50	50
8	193	36	46	6	70	31	18	202	37	62	12	210	120
9	176	37	54	4	60	25	19	157	32	52	11	230	80
10	156	33	54	15	225	73	20	138	33	68	2	110	43

用数据框输入数据,为了消除数据量级的影响,先将数据标准化,再调用函数 cancor( )进行计算.编写 R 程序如下:

```
> test<-data.frame(
X1=c(191, 193, 189, 211, 176, 169, 154, 193, 176, 156,
     189, 162, 182, 167, 154, 166, 247, 202, 157, 138),
X2=c(36, 38, 35, 38, 31, 34, 34, 36, 37, 33,
     37, 35, 36, 34, 33, 33, 46, 37, 32, 33),
X3=c(50, 58, 46, 56, 74, 50, 64, 46, 54, 54,
     52, 62, 56, 60, 56, 52, 50, 62, 52, 68),
Y1=c(5, 12, 13, 8, 15, 17, 14, 6, 4, 15,
     2, 12, 4, 6, 17, 13, 1, 12, 11, 2),
Y2=c(162, 101, 155, 101, 200, 120, 215, 70, 60, 225,
     110, 105, 101, 125, 251, 210, 50, 210, 230, 110),
```

```
Y3 = c(60, 101, 58, 38, 40, 38, 105, 31, 25, 73,
       60, 37, 42, 40, 250, 115, 50, 120, 80, 43)
)
> test<-scale(test)
> ca<-cancor(test[,1:3],test[,4:6])
> ca
```

计算结果为

```
$ cor
[1] 0.79560815   0.20055604   0.07257029


$ xcoef
              [,1]            [,2]            [,3]
   X1     -0.17788841     -0.43230348     -0.04381432
   X2      0.36232695      0.27085764      0.11608883
   X3     -0.01356309     -0.05301954      0.24106633


$ ycoef
              [,1]            [,2]            [,3]
   Y1     -0.08018009     -0.08615561     -0.29745900
   Y2     -0.24180670      0.02833066      0.28373986
   Y3      0.16435956      0.24367781     -0.09608099


$ xcenter
                X1              X2              X3
        2.289835e-16    4.315992e-16   -1.778959e-16


$ ycenter
                Y1              Y2              Y3
        1.471046e-16   -1.776357e-16    4.996004e-17
```

其中 cor 是典型相关系数，xcoef 是关于数据 x 的系数，也称关于数据 x 的典型载荷，即样本典型变量 **u** 系数矩阵 **A** 的转置. ycoef 是关于数据 y 的系数，也称关于数据 y 的典型载荷，即样本典型变量 **v** 系数矩阵 **B** 的转置. xcenter 是数据 x 的中心，即样本 x 的均值. ycenter 是数据 y 的中心，即样本 y 的均值. 由于数据已作了标准化处理，因此这里计算出来的样本均值为 0.

对于康复俱乐部数据，与计算结果相对应的统计意义是

$$\begin{cases} u_1 = -0.178x_1^* + 0.362x_2^* - 0.013\,6x_3^*, \\ u_2 = -0.432x_1^* + 0.271x_2^* - 0.053\,0x_3^*, \\ u_3 = -0.043\,8x_1^* + 0.116x_2^* + 0.241x_3^*. \end{cases}$$

$$\begin{cases} v_1 = -0.080\,1y_1^* - 0.241\,8y_2^* + 0.164\,3y_3^*, \\ v_2 = -0.086\,1y_1^* + 0.028\,3y_2^* + 0.243\,6y_3^*, \\ v_3 = -0.297\,4y_1^* + 0.283\,7y_2^* - 0.096y_3^*. \end{cases}$$

其中 x_i^*，y_i^* $(i = 1, 2, 3)$ 是标准化后的数据. 相应的相关系数为

$$\rho(u_1, v_1) = 0.795\,6, \quad \rho(u_2, v_2) = 0.200\,6, \quad \rho(u_3, v_3) = 0.072\,6.$$

下面计算样本在典型变量下的得分. 由于 $\boldsymbol{u} = \boldsymbol{Ax}$，$\boldsymbol{v} = \boldsymbol{By}$，所以得分的 R 程序为

```
> U<-as.matrix(test[,1:3])%*%ca$xcoef
> V<-as.matrix(test[,4:6])%*%ca$ycoef
```

运行结果如下

```
> U
```

	[,1]	[,2]	[,3]
[1,]	-0.009969788	-0.121501078	-0.20419401
[2,]	0.186887139	-0.046163013	0.13223387
[3,]	-0.101193522	-0.141661215	-0.37063341
[4,]	0.060964112	-0.346166669	0.03342558
[5,]	-0.512831098	-0.458299483	0.44354554
[6,]	-0.077780541	0.094512914	-0.23766491
[7,]	0.003955674	0.254201102	0.25701898
[8,]	-0.016855040	-0.127105942	-0.34147617
[9,]	0.203734347	0.196310283	-0.00758741
[10,]	-0.104800666	0.208124774	-0.11711820
[11,]	0.113834968	-0.016598895	-0.09752299
[12,]	0.063237343	0.213427257	0.21221151
[13,]	0.043586465	-0.008040409	0.01237648
[14,]	-0.082181602	0.055998387	0.10021686
[15,]	-0.094153311	0.228436101	-0.04670258
[16,]	-0.173085857	0.047742282	-0.20173015
[17,]	0.718139369	-0.256090676	0.05898572
[18,]	0.001362964	-0.317746855	0.21374067
[19,]	-0.221400693	0.120731486	-0.22201469
[20,]	-0.001450263	0.420339649	0.38288931

```
> V
```

	[,1]	[,2]	[,3]
[1,]	−0.02909460	0.031027608	0.344302062
[2,]	0.23190170	0.084158321	−0.403047146
[3,]	−0.12979237	−0.112030106	−0.133855684
[4,]	0.09063830	−0.150034732	−0.059921010
[5,]	−0.39173848	−0.209788233	−0.008592976
[6,]	−0.11930102	−0.288113119	−0.480186091
[7,]	−0.22619839	0.122191086	−0.006091381
[8,]	0.21834490	−0.164740837	−0.074849953
[9,]	0.26809619	−0.165185828	0.003582504
[10,]	−0.38258341	−0.041647344	0.042948559
[11,]	0.21737727	0.056375494	0.277291769
[12,]	0.01130349	−0.218167527	−0.264987331
[13,]	0.16412985	−0.065834278	0.157664098
[14,]	0.03462910	−0.097067107	0.157711712
[15,]	0.05393456	0.778658842	−0.283334468
[16,]	−0.15965387	0.183746435	0.008766141
[17,]	0.43237930	−0.002016448	0.080198839
[18,]	−0.12845980	0.223805116	0.055667431
[19,]	−0.31879992	0.059073577	0.277587462
[20,]	0.16288721	−0.024410919	0.309145462

画出相关变量 u_1，v_1 和 u_3，v_3 为坐标的数据散点图，其 R 程序为

```
> plot(U[,1], V[,1], xlab = "U1", ylab = "V1")
> plot(U[,3], V[,3], xlab = "U3", ylab = "V3")
```

散点图见图 12-1 和图 12-2.

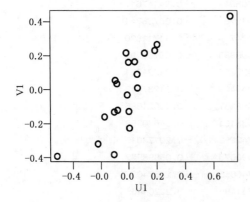
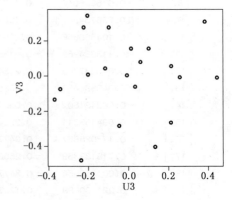

图 12-1　第一典型变量为坐标的散布图　　　　图 12-2　第三典型变量为坐标的散布图

从以上两个图中我们可以看出,图 12-1 中的点基本上在一条直线附近,而图 12-2 中的点基本上分布很散.这是为什么呢? 事实上,图 12-1 画的是第一典型变量的散点图,其相关系数为 0.796,与 1 比较接近,所以在一条直线附近;而图12-2 画的是第三典型变量的散点图,其相关系数为 0.072 6,与 0 比较接近,所以很分散.

12.6 职业满意度的典型相关分析

某调查公司从一个大型零售公司随机调查了 784 人,测量了 5 个职业特性指标和 7 个职业满意变量,有关的变量如下:

X 组:x_1—用户反馈,x_2—任务重要性,x_3—任务多样性,x_4—任务特殊性,x_5—自主性.

Y 组:y_1—主管满意度,y_2—事业前景满意度,y_3—财政满意度,y_4—工作强度满意度,y_5—公司地位满意度,y_6—工作满意度,y_7—总体满意度.

讨论两组指标之间是否相联系.

相关系数矩阵数据见表 12-2.

表 12-2　　　　　　　　　　**相关系数矩阵数据**

	x_1	x_2	x_3	x_4	x_5	y_1	y_2	y_3	y_4	y_5	y_6	y_7
x_1	1.00	0.49	0.53	0.49	0.51	0.33	0.32	0.20	0.19	0.30	0.37	0.21
x_2	0.49	1.00	0.57	0.46	0.53	0.30	0.21	0.16	0.08	0.27	0.35	0.20
x_3	0.53	0.57	1.00	0.48	0.57	0.31	0.23	0.14	0.07	0.24	0.37	0.18
x_4	0.49	0.46	0.48	1.00	0.57	0.24	0.22	0.12	0.19	0.21	0.29	0.16
x_5	0.51	0.53	0.57	0.57	1.00	0.38	0.32	0.17	0.23	0.32	0.36	0.27
y_1	0.33	0.30	0.31	0.24	0.38	1.00	0.43	0.27	0.24	0.34	0.37	0.40
y_2	0.32	0.21	0.23	0.22	0.32	0.43	1.00	0.33	0.26	0.54	0.32	0.58
y_3	0.20	0.16	0.14	0.12	0.17	0.27	0.33	1.00	0.25	0.46	0.29	0.45
y_4	0.19	0.08	0.07	0.19	0.23	0.24	0.26	0.25	1.00	0.28	0.30	0.27
y_5	0.30	0.27	0.24	0.21	0.32	0.34	0.54	0.46	0.28	1.00	0.35	0.59
y_6	0.37	0.35	0.37	0.29	0.36	0.37	0.32	0.29	0.30	0.35	1.00	0.31
y_7	0.21	0.20	0.18	0.16	0.27	0.40	0.58	0.45	0.27	0.59	0.31	1.00

一些计算结果见下面的表 12-3(有关计算 MATLAB 程序附后).

表 12-3   **X 组的典型变量**

	u_1	u_2	u_3	u_4	u_5
x_1	0.421 7	−0.342 9	0.857 7	−0.788 4	0.030 8
x_2	0.195 1	0.668 3	−0.443 4	−0.269 1	0.983 2
x_3	0.167 6	0.853 2	0.259 2	0.468 8	−0.914 1
x_4	−0.022 9	−0.356 1	0.423 1	1.042 3	0.524 4
x_5	0.459 7	−0.728 7	−0.979 9	−0.168 2	−0.439 2

表 12-4   **原始变量与本组典型变量之间的相关系数**

	u_1	u_2	u_3	u_4	u_5
x_1	0.829 3	−0.109 3	0.485 3	−0.246 9	0.061 1
x_2	0.730 4	0.436 6	−0.200 1	0.002 1	0.485 7
x_3	0.753 3	0.466 1	0.105 6	0.302 0	−0.336 0
x_4	0.616 0	−0.222 5	0.205 2	0.661 4	0.302 6
x_5	0.860 6	−0.266 0	−0.388 6	0.148 4	−0.124 6

	v_1	v_2	v_3	v_4	v_5
y_1	0.756 4	0.044 6	0.339 5	0.129 4	−0.337 0
y_2	0.643 9	0.358 2	−0.171 7	0.353 0	−0.333 5
y_3	0.387 2	0.037 3	−0.176 7	0.534 8	0.414 8
y_4	0.377 2	0.791 9	−0.005 4	−0.288 7	0.334 1
y_5	0.653 2	0.108 4	0.209 2	0.437 6	0.434 6
y_6	0.804 0	−0.241 6	−0.234 8	−0.405 2	0.196 5
y_7	0.502 4	0.162 9	0.493 3	0.189 0	0.067 8

表 12-5   **原始变量与对应组典型变量之间的相关系数**

	v_1	v_2	v_3	v_4	v_5
x_1	0.459 2	0.025 9	−0.057 9	0.017 83	0.003 5
x_2	0.404 4	−0.103 2	0.023 9	−0.000 2	0.027 82
x_3	0.417 1	−0.110 2	−0.012 6	−0.021 8	−0.019 2
x_4	0.341 1	0.052 6	−0.024 5	−0.047 8	0.017 3
x_5	0.476 5	0.062 9	0.046 3	−0.010 7	−0.007 1

	u_1	u_2	u_3	u_4	u_5
y_1	0.418 8	−0.010 6	−0.040 5	−0.009 34	−0.019 3
y_2	0.356 5	−0.084 7	0.020 5	−0.025 5	−0.019 1
y_3	0.214 4	−0.008 8	0.010 6	−0.038 6	0.023 8
y_4	0.208 8	−0.187 2	0.000 6	0.020 9	0.019 1
y_5	0.361 7	−0.025 6	−0.024 9	−0.031 6	0.024 9
y_6	0.445 2	0.057 1	0.028 0	0.029 3	0.011 3
y_7	0.278 2	−0.038 5	−0.058 8	−0.013 7	0.003 9

表 12-6 典型相关系数

1	2	3	4	5
0.553 7	0.236 4	0.119 2	0.072 2	0.057 3

可以看出,所有五个表示职业特性的变量与 u_1 有大致相同的相关系数,u_1 视为形容职业特性的指标.第一对典型变量的第二个成员 v_1 与 y_1, y_2, y_5, y_6 有较大的相关系数,说明 v_1 主要代表了主管满意度,事业前景满意度,公司地位满意度和工种满意度.而 u_1 和 v_1 之间的相关系数 0.553 7.

u_1 和 v_1 解释的本组原始变量的比率为(MATLAB 程序、运行结果附后)

$$m_{u_1} = 0.581\,8, \quad n_{v_1} = 0.372\,1.$$

X 组的原始变量被 u_1 到 u_5 解释了 100%,Y 组的原始变量被 v_1 到 v_5 解释了 80.3%.

有关 MATLAB 程序如下

```
clear
load r.txt    %原始的相关系数矩阵保存在纯文本文件 r.txt 中
n1 = 5;n2 = 7;num = min(n1,n2);
s1 = r([1:n1],[1:n1]);   %提出 X 与 X 的相关系数
s12 = r([1:n1],[n1+1:end]); %提出 X 与 Y 的相关系数
s21 = s12';   %提出 Y 与 X 的相关系数
s2 = r([n1+1:end],[n1+1:end]); %提出 Y 与 Y 的相关系数
m1 = inv(s1) * s12 * inv(s2) * s21; %计算矩阵 M1,式(10.60)
m2 = inv(s2) * s21 * inv(s1) * s12; %计算矩阵 M2,式(10.60)
[vec1,val1] = eig(m1); %求 M1 的特征向量和特征值
for i = 1:n1
    vec1(:,i) = vec1(:,i)/sqrt(vec1(:,i)' * s1 * vec1(:,i)); %特征向量归一化,满
足 a's1a = 1
    vec1(:,i) = vec1(:,i)/sign(sum(vec1(:,i))); %特征向量乘以 1 或 -1,保证所有
分量和为正
end
val1 = sqrt(diag(val1));      %计算特征值的平方根
[val1,ind1] = sort(val1,'descend');   %按照从大到小排列
a = vec1(:,ind1(1:num))   %取出 X 组的系数阵
dcoef1 = val1(1:num)   %提出典型相关系数
flag = 1; %把计算结果写到 Excel 中的行计数变量
xlswrite('bk.xls',a,'Sheet1','A1')   %把计算结果写到 Excel 文件中去
```

```
flag = n1 + 2; str = char(['A', int2str(flag)]); %str 为 Excel 中写数据的起始位置
xlswrite('bk.xls', dcoef1, 'Sheet1', str)
[vec2, val2] = eig(m2);
for i = 1:n2
    vec2(:,i) = vec2(:,i)/sqrt(vec2(:,i)' * s2 * vec2(:,i)); %特征向量归一化,满
足 b's2b = 1
    vec2(:,i) = vec2(:,i)/sign(sum(vec2(:,i))); %特征向量乘以 1 或 - 1,保证所有
分量和为正
end
val2 = sqrt(diag(val2));        %计算特征值的平方根
[val2, ind2] = sort(val2, 'descend');     %按照从大到小排列
b = vec2(:, ind2(1:num))    %取出 Y 组的系数阵
dcoef2 = val2(1:num)    %提出典型相关系数
flag = flag + 2; str = char(['A', int2str(flag)]); %str 为 Excel 中写数据的起始位置
xlswrite('bk.xls', b, 'Sheet1', str)
flag = flag + n2 + 1; str = char(['A', int2str(flag)]); %str 为 Excel 中写数据的起始
位置
xlswrite('bk.xls', dcoef2, 'Sheet1', str)
x_u_r = s1 * a      %x,u 的相关系数
y_v_r = s2 * b      %y,v 的相关系数
x_v_r = s12 * b     %x,v 的相关系数
y_u_r = s21 * a     %y,u 的相关系数
flag = flag + 2; str = char(['A', int2str(flag)]);
xlswrite('bk.xls', x_u_r, 'Sheet1', str)
flag = flag + n1 + 1; str = char(['A', int2str(flag)]);
xlswrite('bk.xls', y_v_r, 'Sheet1', str)
flag = flag + n2 + 1; str = char(['A', int2str(flag)]);
xlswrite('bk.xls', x_v_r, 'Sheet1', str)
flag = flag + n1 + 1; str = char(['A', int2str(flag)]);
xlswrite('bk.xls', y_u_r, 'Sheet1', str)
mu = sum(x_u_r.^2)/n1    %x 组原始变量被 u_i 解释的方差比例
mv = sum(x_v_r.^2)/n1    %x 组原始变量被 v_i 解释的方差比例
nu = sum(y_u_r.^2)/n2    %y 组原始变量被 u_i 解释的方差比例
nv = sum(y_v_r.^2)/n2    %y 组原始变量被 v_i 解释的方差比例
fprintf('X 组的原始变量被 u1~u%d 解释的比例为 %f\n', num, sum(mu));
fprintf('Y 组的原始变量被 v1~v%d 解释的比例为 %f\n', num, sum(nv));
```

运行结果如下

a =

0.4217	−0.3429	0.8577	−0.7884	0.0308
0.1951	0.6683	−0.4434	−0.2691	0.9832
0.1676	0.8532	0.2592	0.4688	−0.9141
−0.0229	−0.3561	0.4231	1.0423	0.5244
0.4597	−0.7287	−0.9799	−0.1682	−0.4392

dcoef1 =

0.5537
0.2364
0.1192
0.0722
0.0573

b =

0.4252	−0.0880	0.4918	0.1284	−0.4823
0.2089	0.4363	−0.7832	0.3405	−0.7499
−0.0359	−0.0929	−0.4778	0.6059	0.3457
0.0235	0.9260	−0.0065	−0.4044	0.3116
0.2903	−0.1011	0.2831	0.4469	0.7030
0.5157	−0.5543	−0.4125	−0.6876	0.1796
−0.1101	−0.0317	0.9285	−0.2739	−0.0145

dcoef2 =

0.5537
0.2364
0.1192
0.0722
0.0573

x_u_r =

0.8293	−0.1093	0.4853	−0.2469	0.0611
0.7304	0.4366	−0.2001	0.0021	0.4857
0.7533	0.4661	0.1056	0.3020	−0.3360
0.6160	−0.2225	0.2053	0.6614	0.3026
0.8606	−0.2660	−0.3886	0.1484	−0.1246

y_v_r =

0.7564	0.0446	0.3395	0.1294	−0.3370
0.6439	0.3582	−0.1717	0.3530	−0.3335
0.3872	0.0373	−0.1767	0.5348	0.4148
0.3772	0.7919	−0.0054	−0.2886	0.3341
0.6532	0.1084	0.2092	0.4376	0.4346
0.8040	−0.2416	−0.2348	−0.4052	0.1964
0.5024	0.1628	0.4933	0.1890	0.0678

x_v_r =

0.4592	0.0258	−0.0578	0.0178	0.0035
0.4044	−0.1032	0.0239	−0.0002	0.0278
0.4171	−0.1102	−0.0126	−0.0218	−0.0192
0.3411	0.0526	−0.0245	−0.0478	0.0173
0.4765	0.0629	0.0463	−0.0107	−0.0071

y_u_r =

0.4188	−0.0105	−0.0405	−0.0093	−0.0193
0.3565	−0.0847	0.0205	−0.0255	−0.0191
0.2144	−0.0088	0.0211	−0.0386	0.0238
0.2088	−0.1872	0.0006	0.0208	0.0191
0.3617	−0.0256	−0.0249	−0.0316	0.0249
0.4452	0.0571	0.0280	0.0293	0.0112
0.2782	−0.0385	−0.0588	−0.0136	0.0039

mu =

0.5818	0.1080	0.0960	0.1223	0.0919

mv =

0.1784	0.0060	0.0014	0.0006	0.0003

nu =

0.1141	0.0068	0.0011	0.0007	0.0003

nv =

0.3721	0.1222	0.0740	0.1289	0.1058

12.7　中国城市竞争力与基础设施的典型相关分析

随着经济全球化和我国加入 WTO,作为区域中心的城市在区域经济发展中的作用越来越重要,城市间的竞争也愈演愈烈,许多有识之士甚至断言,21 世纪,国家之间、区域之间、国际企业之间的竞争将突出地表现为城市层面上的竞争.因此,为了应对新的经济社会环境,积极探索影响城市竞争力的因素,研究提高城市综合实力的方法,充分发挥其集聚与扩散作用,以进一步带动整个区域经济建设,已成为一项重要的战略课题,城市竞争力研究已受到学术界的高度重视.

下面将典型相关分析方法引入到城市竞争力评价问题中,对城市竞争力与城市基础设施的相关性进行实证分析.

12.7.1　城市竞争力指标与基础设施指标

城市竞争力主要取决于产业经济效益、对外开放程度、基础设施、市民素质、政府管理及环境质量等因素.城市基础设施是以物质形态为特征的城市基础结构系统,是指城市可利用的各种设施及质量,包括交通、通讯、能源动力系统,住房储备,文、卫、科教机构和设施等.基础设施是城市经济、社会活动的基本载体,它的规模、类型、水平直接影响着城市产业的发展和价值体系的形成,因此,基础设施竞争力是城市竞争力的重要组成部分,对提高城市竞争力非常重要.

我们选取了从不同的角度表现城市竞争力的四个关键性指标,构建了城市竞争力指标体系:市场占有率、GDP 增长率、劳动生产率和居民人均收入.城市基础设施指标体系主要包含六个指标:对外设施指数(由城市货运量和客运量指标综合构成),对内基本设施指数(由城市能源、交通、道路、住房等具体指标综合而成),每百人拥有电话机数,技术性设施指数(是城市现代交通、通讯、信息设施的综合指数,由港口个数、机场等级、高速公路、高速铁路、地铁个数、光缆线路数等加权综合构成),文化设施指数(由公共藏书量、文化馆数量、影剧院数量等指标加权综合构成),卫生设施指数(由医院个数、万人医院床位数综合构成).

我们选取了 20 个最具有代表性的城市,城市名称和竞争力、基础设施各项指标数据见表 12-6、表 12-7.

记 y_1:城市劳动生产率,y_2:市场占有率(%), y_3:居民人均收入(元),y_4:长期经济增长率(%).

表 12-6 城市竞争力表现要素得分

城市	y_1	y_2	y_3	y_4	城市	y_1	y_2	y_3	y_4
上海	45 623.05	2.5	8 439	16.27	青岛	33 334.62	0.63	6 222	11.63
深圳	52 256.67	1.3	18 579	21.5	武汉	24 633.27	0.59	5 573	16.39
广州	46 551.87	1.13	10 445	11.92	温州	39 258.78	−0.69	9 034	22.43
北京	28 146.76	1.38	7 813	15	福州	38 201.47	−0.34	7 083	18.53
厦门	38 670.43	0.12	8 980	26.71	重庆	16 524.32	0.44	5 323	12.22
天津	26 316.96	1.37	6 609	11.07	成都	31 855.63	−0.02	6 019	11.88
大连	45 330.53	0.56	6 070	12.4	宁波	22 528.80	−0.16	9 069	15.70
杭州	45 853.89	0.28	7 896	13.93	石家庄	21 831.94	−0.15	5 497	13.56
南京	35 964.64	0.74	6 497	8.97	西安	19 966.36	−0.15	5 344	12.43
珠海	55 832.61	−0.12	13 149	9.22	哈尔滨	19 225.71	−0.16	4 233	10.16

数据来源:倪鹏飞等,《城市竞争力蓝皮书:中国城市竞争力报告 NO.1》,北京,社会科学出版社,2003 年.

记 x_1:城市对外设施指数,x_2:对内设施指数,x_3:每百人电话数,x_4:技术设施指数,x_5:文化设施指数,x_6:卫生设施指数.

表 12-7 城市基础设施构成要素得分

城市	x_1	x_2	x_3	x_4	x_5	x_6
上海	1.03	0.42	50	2.15	1.23	1.64
深圳	1.34	0.13	131	0.33	−0.27	−0.64
广州	1.07	0.40	48	1.31	0.49	0.09
北京	−0.43	0.19	20	0.87	3.57	1.8
厦门	−0.53	0.25	32	−0.09	−0.33	−0.84
天津	−0.11	0.07	27	0.68	−0.12	0.87
大连	0.35	0.06	31	0.28	−0.3	−0.16
杭州	−0.5	0.27	38	−0.78	−0.12	1.61
南京	0.31	0.25	43	0.49	−0.09	−0.06
珠海	−0.28	0.84	37	−0.79	−0.49	−0.98
青岛	0.01	−0.14	24	0.37	−0.40	−0.49
武汉	0.02	−0.47	28	0.03	0.15	0.26
温州	−0.47	0.03	45	−0.76	−0.46	−0.75
福州	−0.45	−0.2	34	−0.45	−0.34	−0.52
重庆	0.72	−0.83	13	0.05	−0.09	0.56
成都	0.37	−0.54	21	−0.11	−0.24	−0.02
宁波	0.01	0.38	40	−0.17	−0.4	−0.71

续表

城市	x_1	x_2	x_3	x_4	x_5	x_6
石家庄	-0.81	-0.49	22	-0.38	-0.21	-0.59
西安	-0.24	-0.91	18	-0.05	-0.27	0.61
哈尔滨	-0.53	-0.77	27	-0.45	-0.18	1.08

数据来源:倪鹏飞等,《城市竞争力蓝皮书:中国城市竞争力报告 NO.1》,北京,社会科学出版社,2003年.

12.7.2　城市竞争力与基础设施的典型相关分析

将上述经过整理的指标数据利用 MATLAB 编程进行处理(有关程序附后),得出如下结果.

(1)典型相关系数及其检验

典型相关系数如表 12-8 所示.

表 12-8 典型相关系数

序号	1	2	3	4
典型相关系数	0.960 1	0.949 9	0.647 0	0.357 1

由表 12-8 可知,前两个典型相关系数均较高,表明相应典型变量之间密切相关.但要确定典型变量相关性的显著程度,尚需进行相关系数的 χ^2 统计量检验,具体做法是:比较统计量 χ^2 计算值与临界值的大小,根据比较结果判定典型变量相关性的显著程度.其结果如表 12-9 所示.

表 12-9 相关系数检验表

序号	自由度	χ^2 计算值	χ^2 临界值(显著水平 0.05)
1	24	74.977 5	3.760 8E-007
2	15	40.828 4	3.396 3E-004
3	8	9.294 2	0.318 1
4	3	2.057 9	0.560 5

注:表中的 E-007 表示 10^{-7}.

从表 12-9 可以看出这 4 对典型变量均通过了 χ^2 统计量检验,表明相应典型变量之间相关关系显著,能够用城市基础设施变量组来解释城市竞争力变量组.

(2)典型相关模型

鉴于原始变量的计量单位不同,不宜直接比较,以下采用标准化的典型系数,给出典型相关模型如下:

$$u_1 = 0.153\,5x_1^* + 0.342\,3x_2^* + 0.491\,3x_3^* + 0.337\,2x_4^*$$
$$+ 0.114\,9x_5^* + 0.141\,9x_6^*,$$

$$v_1 = 0.139\,5y_1^* + 0.718\,5y_2^* + 0.427y_3^* + 0.028\,5y_4^*,$$

$$u_2 = -0.214\,3x_1^* - 0.273\,7x_2^* - 0.395\,3x_3^* + 0.869x_4^*$$
$$- 0.242\,9x_5^* + 0.385\,6x_6^*,$$

$$v_2 = 0.132\,2y_1^* - 0.736\,1y_2^* + 0.772y_3^* + 0.005\,9y_4^*.$$

其中,x_i^*($i=1,2,3,4,5,6$)和 y_j^*($j=1,2,3,4$)是标准化变量.

由以上第一组典型相关方程可知,基础设施方面的主要因素是 x_2,x_3,x_4(典型系数分别为 0.342 3,0.491 3,0.337 2),说明基础设施中影响城市竞争力的主要因素是对内设施指数(x_2)、每百人电话数(x_3)和技术设施指数(x_4);城市竞争力的第一典型变量 v_1 与 y_2 呈高度相关,说明在城市竞争力中,市场占有率(y_2)占有主要地位. 根据第二组典型相关方程,x_4(技术设施指数)是基础设施方面的主要因素,而居民人均收入(y_3),是反映城市竞争力的一个重要指标. 由于第一组典型变量占有信息量比重较大,所以总体上基础设施方面的主要因素按重要程度依次是 x_3,x_2,x_4,反映城市竞争力的主要指标是 y_2,y_3.

(3) 典型结构

结构分析是依据原始变量与典型变量之间的相关系数给出的,如表 12-10 所示.

表 12-10　　　　　　　　　结构分析(相关系数)

	u_1	u_2	v_1	v_2
x_1	0.714 5	0.094 5	0.686 0	−0.089 7
x_2	0.637 3	−0.344 2	0.611 9	0.327 0
x_3	0.719 0	−0.542 6	0.690 3	0.515 4
x_4	0.723 2	0.632 0	0.694 4	−0.600 4
x_5	0.410 2	0.468 8	0.393 8	−0.445 3
x_6	0.196 8	0.725 2	0.189 0	−0.688 9
	v_1	v_2	u_1	u_2
y_1	0.629 2	0.497 4	0.604 1	−0.472 5
y_2	0.847 5	−0.529 5	0.813 7	0.503 0
y_3	0.699 1	0.702 4	0.671 2	−0.667 2
y_4	0.169 3	0.388 7	0.162 5	−0.369 3

由表 12-10 知,x_1,x_2,x_3,x_4 与"基础设施组"的第一典型变量 u_1 均呈高度相关,说明对外设施、对内设施、每百人电话数和技术设施在反映城市基础设施方面占

有主导地位,其中又以技术设施居于首位. x_4 与基础设施组的第二典型变量和竞争力组的第二典型变量都呈高度相关."竞争力组"的第一典型变量 v_1 与 y_2 的相关系数均比较高,体现了 y_2 在反映城市竞争力中占有主导地位. y_3 与 v_1 呈较高相关,与 v_2 呈高相关,但 v_2 凝聚的信息量有限,因而 y_3 在"竞争力"中的贡献低于 y_2. 由于第一对典型变量之间的高度相关,导致"基础设施组"中四个主要变量与"竞争力组"中的第一典型变量呈高度相关;而"竞争力组"中的 y_2 则与"影响组"的第一典型变量也呈高度相关. 这种一致性从数量上体现了"基础设施组"对"竞争力组"的本质影响作用,与指标的实际经济联系非常吻合,说明典型相关分析结果具有较高的可信度.

值得一提的是,与线性回归模型不同,相关系数与典型系数可以有不同的符号. 如基础设施方面的 u_2 与 x_5 相关系数为正值(0.468 8),而典型系数却为负值(−0.242 9). 由于出现这种反号的情况,称 x_5 为抑制变量. 由表 12-10 的相关系数还可以看出,"影响组"的第一典型变量 u_1 对 y_2(市场占有率)有相当高的预测能力,相关系数为 0.813 7,而对 y_4(长期经济增长率)预测能力较差,相关系数仅为 0.162 5.

(4) 典型冗余分析与解释能力

典型相关系数的平方的实际意义是一对典型变量之间的共享方差在两个典型变量各自方差中的比例.

典型冗余分析用来表示各典型变量对原始变量组整体的变差解释程度,分为组内变差解释和组间变差解释,典型冗余分析的结果见表 12-11 和表 12-12.

表 12-11 被典型变量解释的 X 组原始变量的方差

	被本组的典型变量解释				被对方 Y 组典型变量解释	
	比例	累积比例	典型相关系数平方		比例	累积比例
u_1	0.360 6	0.360 6	0.921 8	v_1	0.332 4	0.332 4
u_2	0.261 2	0.621 8	0.902 4	v_2	0.235 7	0.568 1
u_3	0.063 1	0.684 9	0.418 6	v_3	0.026 4	0.594 5
u_4	0.079 5	0.764 4	0.127 5	v_4	0.010 1	0.604 6

表 12-12 被典型变量解释的 Y 组原始变量的方差数

	被本组的典型变量解释				被对方 X 组典型变量解释	
	比例	累积比例	典型相关系数平方		比例	累积比例
v_1	0.407 9	0.407 9	0.921 8	u_1	0.376 0	0.376 0
v_2	0.293 0	0.700 9	0.902 4	u_2	0.264 4	0.640 4
v_3	0.154 9	0.855 8	0.418 6	u_3	0.064 8	0.705 3
v_4	0.144 2	1.000 0	0.127 5	u_4	0.018 4	0.723 7

从表 12-11 和表 12-12 可以看出,两对典型变量 u_1, u_2 和 v_1, v_2 均较好地预测了对应的那组变量,而且交互解释能力也比较强. 来自城市"竞争力组"的方差被"基础设施组"典型变量 u_1, u_2 解释的比例和为 64.04%;来自"基础设施组"的方差被"竞争力组"典型变量 v_1, v_2 解释的方差比例和为 56.81%. 城市竞争力变量组被其自身及其对立典型变量解释的百分比、基础设施变量组被其自身及其对立典型变量解释的百分比均较高,尤其是第一对典型变量具有较高的解释百分比,反映两者之间较高的相关性.

12.7.3 有关 MATLAB 程序

```
clear
load x.txt    %原始的 x 组的数据保存在纯文本文件 x.txt 中
load y.txt    %原始的 y 组的数据保存在纯文本文件 y.txt 中
p=size(x,2);q=size(y,2);
x=zscore(x);y=zscore(y);   %标准化数据
n=size(x,1);   %观测数据的个数
%下面做典型相关分析,a1,b1 返回的是典型变量的系数,r 返回的是典型相关系数
%u1,v1 返回的是典型变量的值,stats 返回的是假设检验的一些统计量的值
[a1,b1,r,u1,v1,stats]=canoncorr(x,y)
%下面修正 a1,b1 每一列的正负号,使得 a,b 每一列的系数和为正
%对应的,典型变量取值的正负号也要修正
a=a1.* repmat(sign(sum(a1)),size(a1,1),1)
b=b1.* repmat(sign(sum(b1)),size(b1,1),1)
u=u1.* repmat(sign(sum(a1)),size(u1,1),1)
v=v1.* repmat(sign(sum(b1)),size(v1,1),1)
x_u_r=x'* u/(n-1)    %计算 x,u 的相关系数
y_v_r=y'* v/(n-1)    %计算 y,v 的相关系数
x_v_r=x'* v/(n-1)    %计算 x,v 的相关系数
y_u_r=y'* u/(n-1)    %计算 y,u 的相关系数
ux=sum(x_u_r.^2)/p   %x 组原始变量被 u_i 解释的方差比例
ux_cum=cumsum(ux)    %x 组原始变量被 u_i 解释的方差累积比例
vx=sum(x_v_r.^2)/p   %x 组原始变量被 v_i 解释的方差比例
vx_cum=cumsum(vx)    %x 组原始变量被 v_i 解释的方差累积比例
vy=sum(y_v_r.^2)/q   %y 组原始变量被 v_i 解释的方差比例
vy_cum=cumsum(vy)    %y 组原始变量被 v_i 解释的方差累积比例
uy=sum(y_u_r.^2)/q   %y 组原始变量被 u_i 解释的方差比例
uy_cum=cumsum(uy)    %y 组原始变量被 u_i 解释的方差累积比例
val=r.^2             %典型相关系数的平方,M1 或 M2 矩阵的非零特征值
```

12.8 思考与练习题

1. 简要叙述典型相关分析的基本思想.
2. 举出实际中可能应用典型相关分析的例子.
3. 收集你感兴趣问题中的数据,结合本章中"康复俱乐部数据的典型相关分析"的过程完成该问题的典型相关分析.
4. 收集你感兴趣问题中的数据,结合本章中"职业满意度典型相关分析"的过程完成该问题的典型相关分析.
5. 收集你感兴趣问题中的数据,结合本章中"中国城市竞争力与基础设施的典型相关分析"的过程完成该问题的典型相关分析.

参 考 文 献

[1] Afifi A A, Clark V A, May S. Computer-Aided Multivariate Analysis [M]. 4th ed. Chapman and Hall, 2004.

[2] Anderson T W. An Introduction to Multivariate Statistical Analysis [M]. 3rd ed. John Wiley & Sons, 2003(中译本,多元统计分析导论[M]. 张润楚, 程秩, 等译. 北京:人民邮电出版社, 2010).

[3] Bryan F J M. Multivariate Statistical Methods: A Primer [M]. Chapman Hall, 1986.

[4] Cryer J D, Chan K S. Time Series Analysis with Applications in R[M]. 2nd ed. Springer Science + Business Media,2008.

[5] Devore J L. Probability and Statistics for Engineering and the Science [M]. 6th ed. Brooks/Cole, 2004.

[6] Everitt B S, Dunn G. Applied Multivariate Data Analysis [M]. 2nd ed. London: Arnold, 2001.

[7] Everitt B S, Landau S, Leese M. Cluster Analysis [M]. 4th ed. London: Arnold, 2001.

[8] Everitt B S. Modern Medical Statistics: A Practical Guide. London: Arnold, 2002.

[9] Freedman D A. Statistical Models: Theory and Practice [M]. 2nd ed. Cambridge University Press. 2009(中译本, 统计模型——理论和实践[M]. 吴喜之,译. 北京:机械工业出版社,2010).

[10] Johnson R A, Wichern D W. Applied Multivariate Statistical Analysis [M]. 6th ed. Pearson Education, Prentice Hall, 2007(中译本,实用多元统计分析[M]. 陆璇,叶俊,等译. 北京:清华大学出版社,2008).

[11] Joseph F H, Rolph E A, Ronald L T, William C B. Multivariate Data Analysis [M]. 5th ed. Prentice Hall, 1998.

[12] Lee E T. Statistical Models for Survival Data Analysis[M]. 2nd ed. John Wiley & Sons, 1992(中译本,生存数据分析的统计方法[M]. 陈家鼎,戴中维,译. 北京:中国统计出版社,1998).

[13] Mardia K V, Kent J T, Bibby J M. Multivariate Analysis [M]. London: Academic, Press. 1979.

[14] Miller I, Miller M, John E. Freund's Mathematical Statistics with Applications [M]. 7th ed. Pearson Education, Prentice Hall, 2004.

[15] Rencher A C. Models of Multivariate Analysis [M]. New York: Wiley, 1995.

[16] 肯德尔(Kendall). 多元分析[M]. 中国科学院计算中心概率统计组, 译. 北京: 科学技术出版社, 1983.

[17] 张尧庭, 方开泰. 多元统计分析引论[M]. 北京: 科学出版社, 1982/2003.

[18] 张尧庭. 多元统计分析选讲[M]. 北京: 中国统计出版社, 2002.

[19] 方开泰. 实用多元统计分析[M]. 上海: 华东师范出版社, 1989.

[20] 王学仁. 地质数据的多变量统计分析[M]. 北京: 科学出版社, 1986.

[21] 王学仁, 王松桂. 实用多元统计分析[M]. 上海: 上海科学技术出版社, 1990.

[22] 高惠璇. 应用多元统计分析[M]. 北京: 北京大学出版社, 2005.

[23] 高惠璇. 统计计算[M]. 北京: 北京大学出版社, 1995.

[24] 王静龙. 多元统计分析[M]. 北京: 科学出版社, 2010.

[25] 张润楚. 多元统计分析[M]. 北京: 科学出版社, 2010.

[26] 何晓群. 多元统计分析[M]. 3 版. 北京: 中国人民大学出版社, 2012.

[27] 何晓群. 现代统计分析方法与应用[M]. 北京: 中国人民大学出版社, 1998.

[28] 王国梁, 何晓群. 多变量经济数据统计分析[M]. 西安: 陕西科学技术出版社, 1993.

[29] 于秀林, 任雪松. 多元统计分析[M]. 北京: 中国统计出版社, 1999.

[30] 朱建平. 应用多元统计分析[M]. 北京: 科学出版社, 2009.

[31] 王力宾. 多元统计分析: 模型、案例及 SPSS 应用[M]. 北京: 经济科学出版社, 2010

[32] 王斌会. 多元统计分析及 R 语言建模[M]. 广州: 暨南大学出版社, 2010.

[33] 管宇. 应用多元统计分析[M]. 杭州: 浙江大学出版社, 2011.

[34] 张恒喜, 郭基联, 朱家元, 等. 小样本多元数据分析方法及应用[M]. 西安: 西北工业大学出版社, 2002.

[35] 范金城, 梅长林. 数据分析[M]. 2 版. 北京: 科学出版社, 2010.

[36] 陈毅恒, 梁沛霖. R 软件操作入门[M]. 北京: 中国统计出版社, 2006.

[37] 薛毅, 陈立萍. 统计建模与 R 软件[M]. 北京: 清华大学出版社, 2007.

[38] 汤银才. R 语言与统计分析[M]. 北京: 高等教育出版社, 2008.

[39] 何春雄, 朱锋峰, 龙卫江. 数理统计及其应用[M]. 广州: 华南理工大学出版社, 2012.

[40] 薛毅. 数学建模基础[M]. 2 版. 北京: 科学出版社, 2011.

[41] 包科研. 数据分析教程[M]. 北京: 清华大学出版社, 2011.

[42] 吴喜之. 统计学: 从数据到结论[M]. 4 版. 北京: 中国统计出版社, 2013.

[43] 吴喜之, 田茂再. 现代回归模型诊断[M]. 北京: 中国统计出版社, 2003.

[44] 姜启源, 谢金星, 叶俊. 数学模型[M]. 4 版. 北京: 高等教育出版社, 2011.

[45] 姜启源, 谢金星, 邢文训. 大学数学实验[M]. 2 版. 北京: 清华大学出版社, 2011.

[46] 司守奎, 孙玺菁. 数学建模算法与应用[M]. 北京: 国防工业出版社, 2011.

[47] 唐守正, 李勇. 生物数学模型的统计学基础[M]. 北京: 科学出版社, 2002.

[48] 朱慧明, 韩玉启. 贝叶斯多元统计推断理论[M]. 北京: 科学出版社, 2005.

[49] 张智丰. 数学实验[M]. 北京: 科学出版社, 2008.

[50] 周品, 赵新芬. MATLAB 数理统计[M]. 北京: 国防工业出版社, 2009.

［51］周品，赵新芬. MATLAB 数学建模与仿真［M］. 北京：国防工业出版社，2009.

［52］何正风. MATLAB 概率与数理统计分析［M］. 北京：机械工业出版社，2012.

［53］韩明. 数据挖掘及其对统计学的挑战［J］. 统计研究，2001，18(8)：55-57.

［54］韩明. 概率论与数理统计［M］. 4 版. 上海：同济大学出版社，2016.

［55］韩明，王家宝，李林. 数学实验(MATLAB 版)［M］. 3 版. 上海：同济大学出版社，2015.

［56］韩明，张积林，李林，等. 数学建模案例［M］. 上海：同济大学出版社，2012.

［57］Kabacoff R I. R 语言实战［M］. 高涛，肖楠，陈钢，译，北京：人民邮电出版社，2013.

［58］Tsay R S. 金融数据分析导论：基于 R 语言［M］. 李洪成，尚秀芬，郝瑞丽，译，北京：机械工业出版社，2013.

［59］吴喜之. 复杂数据统计方法——基于 R 的应用［M］. 2 版. 北京：中国人民大学出版社，2013.

［60］肖枝洪，朱强，苏理云，等. 多元数据分析及其 R 实现［M］. 北京：科学出版社，2013.

［61］吴浪，邱瑾. Applied Multivariate Statistical Analysis and Related Topics with R［M］. 北京：科学出版社，2014.

［62］费宇. 多元统计分析——基于 R［M］. 北京：中国人民大学出版社，2014.

［63］韩明. 概率论与数理统计教程［M］. 上海：同济大学出版社，2014.

［64］韩明. 多元统计分析教学研究与实践［J］. 数学学习与研究，2014，21：12-13.

［65］韩明. 贝叶斯统计学及其应用［M］. 上海：同济大学出版社，2015.